西安石油大学优秀学术著作出版基金资助出版
西安石油大学油气资源经济与管理研究中心资助

油田结垢腐蚀因素调查与分析

马文庆　著

中国石化出版社

内 容 提 要

油田中的腐蚀和结垢是油田设备的两种主要破坏形式，加强该领域的腐蚀和防护研究可以挽回巨大的经济损失。通过对油田结垢腐蚀因素的调查，结合油田中腐蚀结垢的分类、腐蚀结垢的危害、防腐防垢技术等，分析并得出了其腐蚀结垢机理。本书共分为七章，主要论述了腐蚀速率评价的方法及结果，腐蚀机理的分析过程，垢样分析方法，垢样趋势预测的模型及应用理论，水样配伍性分析的可行性，防腐防垢工艺措施及建议。

本书论述严谨，数据翔实，具有科学性与技术性，可供油田领域现场操作人员使用，也可供相关领域科研人员和管理人员参考阅读。

图书在版编目(CIP)数据

油田结垢腐蚀因素调查与分析 / 马文庆著. — 北京 :
中国石化出版社，2022. 8
ISBN 978-7-5114-6808-6

Ⅰ. ①油… Ⅱ. ①马… Ⅲ. ①石油机械-结垢-腐蚀
-研究 Ⅳ. ①TE98

中国版本图书馆 CIP 数据核字(2022)第 130511 号

中国石化出版社出版发行
地址：北京市东城区安定门外大街 58 号
邮编：100011　电话：(010)57512500
发行部电话：(010)57512575
http://www. sinopec-press. com
E-mail：press@ sinopec. com
北京科信印刷有限公司印刷
全国各地新华书店经销
*
710×1000 毫米 16 开本 13. 5 印张 271 千字
2022 年 8 月第 1 版　2022 年 8 月第 1 次印刷
定价：68. 00 元

目　录

第1章 绪　论

油田在开发过程中，尤其是进入开发中后期，高矿化度的地层水环境，以及开发开采过程中产生的酸性气体与地下流体结合而形成的酸性强腐蚀性溶液，都会造成油井不同程度的腐蚀。对于后期正常开发开采造成严重的影响，直接或间接导致了经济效益的巨大损失。因此，本书从腐蚀结垢的类型、成因及机理出发，展开调研、实验与讨论，深入分析了油井腐蚀结垢机理，并提出了治理及防治腐蚀结垢的方法措施。

1.1 油田腐蚀分析

1.1.1 腐蚀的概念及分类

(1) 概念

腐蚀是金属材料在周围环境的作用下引起的破坏或变质现象。

(2) 腐蚀分类

① 按环境分为干腐蚀、湿腐蚀和工业介质腐蚀。

干腐蚀：一般指在高温气体中发生的腐蚀，包括失泽、高温氧化。

湿腐蚀：指金属在有水存在条件下的腐蚀，包括大气腐蚀、土壤腐蚀、海水腐蚀、微生物腐蚀等。

工业介质腐蚀：酸、碱、盐溶液中的腐蚀，工业水中的腐蚀，高温高压水中的腐蚀。

② 按腐蚀形态分为全面腐蚀或均匀腐蚀、局部腐蚀及应力作用下的腐蚀。

全面腐蚀或均匀腐蚀：全面腐蚀是最常见的腐蚀形态，其特征是腐蚀分布于金属的整个表面，使金属整体减薄。发生全面腐蚀的条件是：腐蚀介质能够均匀地抵达金属表面的各部位，而且金属的成分和组织比较均匀。例如碳钢或锌板在稀硫酸中的溶解，以及某些材料在大气中的腐蚀都是典型的全面腐蚀。均匀腐蚀的危险性相对较小，因为若知道了腐蚀的速度，即可推知材料的使用寿命，并在设计时将此因素考虑在内。

局部腐蚀：又称不均匀腐蚀，腐蚀主要集中在金属表面某一区域，而表面的其他部分几乎未被破坏，如电偶腐蚀、点蚀、缝隙腐蚀、晶间腐蚀、剥蚀、选择性腐蚀、丝状腐蚀等。虽然重量损失比均匀腐蚀小，但因可导致金属结构的不紧密或穿漏现象，故其危险性较大。垢下腐蚀形成的垢下槽沟、块状的腐蚀，不易被发现，往往是在清垢后或腐蚀穿孔后才知道，管线、容器在使用较短的时间内造成腐蚀穿孔，致使原油泄漏，影响油田正常生产。

应力作用下的腐蚀：材料、机械零件或构件在静应力（主要是拉应力）和腐蚀的共同作用下产生的失效现象。它常出现于锅炉用钢、黄铜、高强度铝合金和不锈钢中，凝汽器管、矿山用钢索、飞机紧急刹车用高压气瓶内壁等所产生的应力腐蚀也很显著，包括应力腐蚀断裂、氢脆和氢致开裂、腐蚀疲劳、磨损腐蚀、空泡腐蚀、微振腐蚀。

③ 按腐蚀机理分为化学腐蚀、电化学腐蚀和物理腐蚀。

化学腐蚀：金属表面与非电解质直接发生纯化学作用引起的破坏。在化学腐蚀过程中，电子的传递是在金属与氧化剂之间直接进行的，因而没有电流产生，但单纯的化学腐蚀的离子是很少见的。很多金属与空气中的氧作用，在金属表面形成一层氧化物薄膜。表面膜的性质（如完整性、可塑性、与金属的附着力等）对于化学腐蚀速率有直接的影响，它作为保护层而具有保护作用，首先必须是紧密的、完整的。以金属在空气中被氧化为例，只有当生成的氧化物膜把金属表面全部遮盖，即氧化物的体积大于所消耗的金属体积时，才能保护金属不至于进一步被氧化，否则氧化膜就不能覆盖整个金属表面，就会成为多孔疏松的膜。

电化学腐蚀：金属电化学腐蚀的产生，是由于金属与电解质溶液接触时形成了腐蚀原电池导致的。金属表面与离子导电的介质（电解质）发生电化学反应引起的破坏，任何电化学腐蚀反应至少包含有一个阳极反应和一个阴极反应。电化学腐蚀是最常见最普遍的腐蚀，金属在大气、土壤、海水和各种电解质溶液中的腐蚀都属于电化学腐蚀。电化学腐蚀过程由下列三个环节组成：

a. 在阳极，金属溶解，变成金属离子进入溶液中：

$$\mathrm{Me} \longrightarrow \mathrm{Me}^{n+} + ne \text{（阳极过程）}$$

b. 电子从阳极流向阴极。

c. 在阴极，电子被溶液中能够吸收电子的物质（D）所接受：

$$e^- + \mathrm{D} \longrightarrow [\mathrm{D} \cdot e^-] \text{（阴极过程）}$$

在阴极附近能够与电子结合的物质很多，但在大多数情况下，是溶液中的 H^+ 和 O_2，H^+ 与电子结合形成 H_2，O_2 在溶液中与电子结合生成 OH^-：

$$2H^+ + 2e \longrightarrow H_2$$

$$O_2 + 2H_2O + 4e \longrightarrow 4OH^- \text{（在中性或碱性溶液中）}$$

$$O_2+4H^++4e \longrightarrow 2H_2O$$（在酸性介质中）

以上三个环节是相互关联的，三者缺一不可，如果其中一个环节停止进行，则整个腐蚀过程也就停止。

物理腐蚀：金属由于单纯物理溶解作用引起的破坏，主要是金属与熔融金属接触而引起的溶解或开裂，如许多金属在高温熔盐、熔碱及液态金属中可发生物理腐蚀。

（3）腐蚀速度的表示方法

金属遭受腐蚀后，其质量、厚度、机械性能、组织结构、电极过程都会发生变化，这些物理性能和力学性能的变化率可用来表示金属腐蚀的程度。在均匀腐蚀的情况下通常采用质量指标、深度指标和电流指标来表示。

1）质量指标

这种指标就是把金属因腐蚀而发生的质量变化，换算成相当于单位金属表面积于单位时间内的质量的变化的数值。所谓质量变化，在失重时是指腐蚀前的质量与消除了腐蚀产物后的质量之间的差值；在增重时是指腐蚀后带有腐蚀产物时的质量与腐蚀前的质量之差，可根据腐蚀产物容易去除或完全牢固地附着在试件表面的情况来选取失重或增重表示法。

2）深度指标

此指标表示单位时间内金属的厚度因腐蚀而减少的量。在衡量不同密度的各种金属的腐蚀程度时，这个指标很方便，与质量指标间有如下换算关系：

$$v_L = v \times 8.76/\rho \tag{1-1}$$

式中　v_L——腐蚀的深度指标，mm/a；

v——金属的腐蚀速度，g/（m^2·h）；

ρ——被腐蚀金属的密度，g/cm^3。

根据金属年腐蚀深度的不同，管道及储罐的介质腐蚀性评价按 SY/T 0087—95 中的规定执行。

3）电流指标

此指标是以金属电化学腐蚀过程的阳极电流密度的大小来衡量金属的电化学腐蚀速度。可通过法拉第定律把电流指标和质量指标联系起来，两者有如下所示的关系：

$$i_a = v \times n \times 26.8 \times 10^{-4}/A \tag{1-2}$$

式中　i_a——腐蚀的阳极电流密度，A/cm^2；

v——金属的腐蚀速度，g/（m^2·h）；

n——阳极反应中化合价的变化值；

A——参加阳极反应的金属的原子质量，g。

1.1.2 油田中的腐蚀

影响金属腐蚀行为的因素很多，它既与金属自身的因素相关，又与腐蚀环境相连。了解这些因素，可以帮助我们解决油田生产中的腐蚀问题，弄清影响腐蚀的主要因素，从而采取有效的防腐措施，进一步做好油田防腐工作。

（1）金属材料的影响

1）金属的化学稳定性

金属耐腐蚀的好坏，首先与其本性有关。各种金属的热力学稳定性，可近似地用其标准平衡电位来评定。电位越正，金属的稳定性越高，金属越耐腐蚀。反之，金属离子化倾向越高，金属就越容易腐蚀。但是也有些金属，如 Al 等，虽然活性大，由于其表面易生成保护膜，所以具有良好的耐腐蚀性能。金属的电极电位和其耐腐蚀性只是在一定程度上近似地反映其对应关系，并不存在严格的规律。

2）金属成分的影响

由于纯金属的各种性能不能满足工业需要，因此在实际应用中多采用它们的合金。合金又分单相合金和多相合金。

单相合金：单相固溶体合金，由于组织均一，具有较高的化学稳定性，因而耐腐蚀性就高，如不锈钢等。

单相合金的腐蚀速度与稳定的贵金属组分的加入量有一特殊的规律叫“$n/8$”(原子分数)定律(n 为正整数，一般为 1、2、4、6……)，也就是当贵金属(或化学稳定性较高的金属)组分含量占合金的 12.5%、25%、50%……时，合金的耐腐蚀性才突然提高。

两相或多相合金：由于各相的化学稳定性不同，在与电解质溶液接触时，在合金表面上形成许多腐蚀微电池，所以比单相合金容易遭受腐蚀。但也有耐腐蚀很高的多相合金，如硅铸铁、硅铅合金等。合金的腐蚀速度与以下三点有关：当合金各组分存在较大电位差时，合金就容易腐蚀；若合金中阳极以夹杂物形式存在且面积较小时，阳极首先溶解，使合金成为单相，对腐蚀不产生明显的影响；若合金中阴极相以夹杂物形式存在，阳极作为合金的基底将遭受腐蚀，且阴极夹杂物分散性越大，腐蚀就越强烈。

3）金属表面状态的影响

表面光滑的金属材料表面易极化，形成保护膜。而加工粗糙不光滑的金属表面容易腐蚀，如金属的擦伤、缝隙等部位都是天然的腐蚀源。粗糙的表面易聚集水滴，造成大气腐蚀，而深洼部分则易造成氧浓差电池而受腐蚀。总之，金属工件加工表面应光洁。

4）金相组织与热处理的影响

金属的耐腐蚀性能取决于金属及合金的化学组分，而金相组织与金属的化学组分密切相关，当合金的成分一定时，随加热和冷却能进行物理转变的合金，其金相组织就与热处理有密切关系，其可随温度变化产生不同的金相组织，而后者变化又影响了金属的耐腐蚀性。

5）变形及应力的影响

金属在加工过程中变形，产生很大的内应力，其中拉应力能引起金属晶格扭曲而降低金属电位，使腐蚀过程加速，而压应力可降低腐蚀破裂的倾向。

（2）油田中的腐蚀

水是石油的天然伴生物。水对金属设备和管道会产生腐蚀，尤其是含有大量杂质的油田水对金属会产生严重的腐蚀。油田水中的溶解盐类对金属腐蚀有很大的影响，其中最主要的是氯化物。另一类最常见的引起金属腐蚀的物质是水中的溶解氧、二氧化碳、硫化氢等气体。此外，油田水中含有的硫酸盐还原菌等微生物也会对金属产生严重的腐蚀。下面针对油田水各种因素对腐蚀的影响分别做介绍。

石油天然气开采中的腐蚀是油田开发过程中对油水井生产和井筒影响十分严重的现象，因油水井套管腐蚀穿孔造成的油水井报废、各种管线腐蚀穿孔、生产设备因腐蚀而频繁地更换和报废、井下管杆泵等因腐蚀损坏造成作业周期缩短等，均给油田的生产带来巨大的经济损失。

石油天然气开采中的腐蚀主要分为化学腐蚀、电化学腐蚀、硫化氢腐蚀、二氧化碳腐蚀、氧气腐蚀、大气腐蚀、土壤腐蚀及细菌腐蚀。

① 化学腐蚀：主要发生在石油天然气开采的施工过程中，如酸化、压裂、管线和大罐的清洗施工等。

② 电化学腐蚀：电化学腐蚀是石油天然气开采中腐蚀的主要存在形式，石油管道、井下套管、油管、抽油杆及其井下工具等长期与土壤、井液、天然气和地层水(海水)接触，而使用的金属种类、组织、结晶方向、内应力、外力、表面光洁度、表面处理状况等的差别，金属不同部位接触的电解质的种类、浓度、温度、流速等的差别，在金属表面出现许许多多的属不同部位接触的电解质的种类、浓度、温度、流速等的差别，在金属表面出现许许多多的阳极区和阴极区，阳极区和阴极区通过金属本身互相闭合形成腐蚀电池，不同的井筒所接触的地层、井液电解质不同、含水不同使井筒构成不同的宏观腐蚀电池和微观腐蚀电池。石油天然气开采中的电化学腐蚀是所有金属腐蚀中最复杂最特殊的腐蚀。

③ 硫化氢腐蚀：硫化氢水溶液呈弱酸性，含有 H^+、HS^-、S^{2-} 和 H_2S 分子，

具有氢去极化腐蚀，生成硫化铁，吸附的HS^-使金属电位移向负值，加速阳极过程使金属电化学腐蚀加快。生成的黑色的硫化铁(Fe_9S_8)层与钢材形成腐蚀电池，硫化铁(Fe_9S_8)是较强的还原物。在腐蚀电池中，钢材是阳极硫化铁是阴极，使腐蚀速度比未覆盖硫化铁的部位高若干倍，形成典型的垢下腐蚀。H_2S还会引起钢材的氢脆和硫化物应力腐蚀破裂等多种腐蚀。

④ 二氧化碳腐蚀：二氧化碳腐蚀是非含硫油气田的腐蚀介质，二氧化碳溶于水后生成碳酸，对钢材产生氢去极化腐蚀，对含硫井二氧化碳会加速硫化氢对金属的腐蚀。

⑤ 氧气腐蚀：氧气腐蚀是一种最常见的氧气腐蚀，对石油天然气的管道储罐等产生氧去极化腐蚀和氧浓差腐蚀。

⑥ 大气腐蚀：暴露在大气中的管道储罐等受氧气、水蒸气等影响产生的氧去极化腐蚀。

⑦ 土壤腐蚀：石油天然气井套管穿过地层不同的层位，接触不同的土壤、岩层、水层、岩层等电解质，形成的电化学腐蚀。

⑧ 细菌腐蚀：石油天然气开采中最典型的细菌腐蚀是硫酸盐厌氧菌腐蚀。

1.2 油田腐蚀的危害

金属腐蚀的危害巨大，主要表现在以下五个方面。

(1) 造成巨大的经济损失

据统计，工业发达国家每年由于金属腐蚀的直接经济损失占其国民经济总产值的2%~4%，远远超过水灾、火灾、风灾和地震(平均值)损失的总和，这还不包括间接损失。如发电厂一台锅炉管子腐蚀损坏，其价值不大，但造成一大片工厂停产，则损失要大得多。又如常减压蒸馏装置的腐蚀虽未造成事故，但会使重馏分油铁离子含量偏高，从而导致加氢裂化装置压力降过大，被迫提前更换(或部分更换)昂贵的催化剂，停产十几天，一次损失就达几百万元。

(2) 严重影响安全

腐蚀不仅造成经济上的损失，也经常构成对安全的威胁。均匀腐蚀，如铁生锈，一般进展缓慢，危害性不大；但一些局部腐蚀如孔蚀或应力腐蚀开裂，常常是突发性的，极易引起安全事故。如飞机因某一部件破裂而坠毁，桥梁因钢梁产生裂缝而塌陷，炼油厂高温转油线因孔蚀漏油而发生火灾等。化工厂设备破坏而造成的安全事故60%是由腐蚀引起的。

(3) 造成环境污染

炼油厂设备管道的跑、冒、滴、漏，均会造成环境污染，有毒气体如H_2S、CO

等的泄漏污染范围则更大，严重时还会危及人的生命安全。输油管道漏油几十吨，经济损失不大，但对土壤、水体的污染则可持续几年甚至几十年，绝不可小视。

(4) 阻碍新技术的发展

一项新技术、新产品的生产过程中，往往会遇到需克服的腐蚀问题，只有解决了腐蚀问题，新技术、新产品才会迅速工业化。如在发现了不锈钢之后，生产硝酸和应用硝酸的工业才得以蓬勃发展。目前人们已认识到石油资源是有限的，我国从战略角度考虑，已在进行利用蕴藏量巨大的煤转化生产液体燃料和气体燃料，但这就会遇到一连串的高温、高压和临氢腐蚀问题。只有解决了相应的腐蚀问题，才可以从煤中获得价格合理的、优质的液体燃料和气体燃料。

(5) 加速自然资源的耗损

地球蕴藏的金属矿藏是有限的。人类从矿石中提炼出金属，腐蚀又使金属变成无用的、散碎的氧化物等，一些大的贮罐、换热器也常常因为局部穿孔而变成一堆破铜烂铁。这些都加速了自然资源的耗损。从延缓自然资源耗竭的观点看，防腐蚀工作是重要的，也是可持续发展的需要。

1.3 防腐工艺介绍

1.3.1 防止腐蚀的方法和原理

① 正确选用金属材料：选用耐腐蚀材料。

② 改变环境成分，添加缓蚀剂：缓蚀剂的原理是形成隔离膜对工具或材料进行保护。

③ 采用电化学保护(包括外加电流阴极保护、牺牲阳极保护和阳极保护)：采用牺牲阳极的自然电位保护或强制电流阴极保护。

④ 采用保护性覆盖层或涂层：地面防腐工程中常用的方法，井下用的玻璃衬技术、涂料技术或镍磷电镀、镀铬等。

⑤ 改进系统或构件的设计。

1.3.2 防止腐蚀方法分析

① 改变金属材料：如选用不锈钢、碳纤维等材料适用于井下工具如抽油泵、封隔器和特殊设备等专用工具，缺点是由于价格性能等原因无法大规模使用。

② 添加缓蚀剂：适用于施工过程的防腐保护，如压裂酸化施工、地面管线酸洗除垢、钻井泥浆等，具有较好的缓蚀防腐作用且应用广泛；缺点是使用量大，对腐蚀环境或腐蚀介质量小的环境效果较好，对材料和腐蚀介质的选择性

强，无法防止结垢和垢下腐蚀，缓蚀剂形成的覆盖膜覆盖不到的部位会成为阳极区加快腐蚀速度。

③ 电化学保护：广泛应用于港口船舶、埋地管道、城市供水供暖系统、储罐等各个领域，目前在海洋、地面储罐、埋地管道等方面强制电流阴极保护已成为一项成熟的防腐技术，具有经济有效抗蚀能力强的优点；缺点是不适用于化学腐蚀和物理腐蚀，牺牲阳极保护靠自然电位保护其效果没有强制电流阴极保护效果好。

1.4 石油天然气开采中的结垢

1.4.1 油田结垢基本概述

油田产出液中的水中含碳酸钙和镁、铁、锶等金属离子，产出液的矿化度很高，因此在油田开发中液体流动的各个环节，都存在结垢的可能性。油田结垢通常是多种无机盐和油垢的混合物，最常见的垢物成分是 $CaCO_3$，占 80%以上，其次为 $NaCl$、$CaSO_4$、$BaSO_4$、Fe_2O_3、$Fe(OH)_3$、部分有机物及少量泥沙。晶核垢的存在，增加了油田开发的难度，增大了油田开发的成本，给油田开发带来许多危害。

1.4.2 油田开发中结垢的环境

地层液产出过程，从地层到井筒储积、联合站、水处理站，再经泵站进行水处理注到地下，有以下几个结垢环境：

① 井近井段，炮眼处，沉积结垢。

② 井筒内壁结垢。

③ 井下工具，泵、电泵等采油工具结垢。

④ 地面集输管线、闸门结垢。

⑤ 容器内结垢。

⑥ 注水井地面管线结垢。

⑦ 注水井井下管柱内壁结垢。

⑧ 注水井地层结垢。

1.4.3 结垢机理

油田水结垢大体可分为两种情况：

① 温度、压力等热力学条件改变，导致水中离子平衡状态改变，结垢组分

溶解度降低而析出结晶沉淀。

② 离子组成不相溶，相互混合而产生沉淀。结垢的形成可表示如下：

$$Ca^{2+}+CO_3{}^{2-}\longrightarrow CaCO_3$$

$$Ca^{2+}+SO_4{}^{2-}\longrightarrow CaSO_4$$

$$Ba^{2+}+SO_4{}^{2-}\longrightarrow BaSO_4$$

分子结合和排列形成微晶体，然后产生粒子化过程，垢离子堆积、沉积，液体流动过程中地层水中的垢相互碰撞吸附，形成垢晶，越长越大，堆积并沉降在管壁流道上。垢结晶主要有以下原因：

① 液体不配伍：油井施工入井液、注入水等与地层水不配伍造成结垢。

② 地层生产压差过大，造成地层孔隙壁上的微粒汇积，在喉管处结垢堵塞。

③ 热力学变化：因温度、压力变化，地层液中渗解 CO_2 气体逸出，破坏渗液的相对平衡而结垢。

④ 气驱或化学驱油：如空气驱油、二氧化碳驱油或三元复合驱油等改变了产出液体气体的成分。

⑤ 离子吸附：液体中的固体离子相互吸附。

⑥ 电化学吸附：井筒中油管、工具等材料、材质不同形成的金属自然电位差，使垢离子吸附。

⑦ 无机物胶结：油垢胶压成分的胶结成垢。

⑧ 潜油电泵机组发热使水蒸发，井中金属离子呈过饱和状态结垢。

⑨ 井下电泵高速旋转，液体速度高垢晶碰撞堆积。

⑩ 井下管柱、液体流动不光滑表面易形成垢沉积的环境。

⑪ 多层开采井：地层液相混合在井筒中，离子浓度发生变化。

1.4.4 结垢形式及分类

结垢形式：吸附沉积垢、流道堆积垢、颗粒沉积垢、碰撞、油垢胶压包裹垢。

垢分类为：颗粒污垢、结晶污垢、化学反应污垢、腐蚀污垢、胶结污垢、生物污垢、凝固污垢。

1.5 结垢的危害

① 污染油层，造成渗透率下降，致使油井产能下降，注水上升。

② 垢在套管壁上沉积，导致井筒直径缩小，影响油井井筒施工和下入大直径工具。

③ 井下抽油泵、电泵工作降低泵效，缩短井下工具寿命，严重造成泵卡。

④ 地面沉积、堵塞管道，使闸门关闭不严。

⑤ 堵塞地面注水管道，使供水压力增大，增加能耗。

⑥ 注水井管柱结垢，使测试等施工无法进行。

⑦ 堵塞注水层孔隙，增大注水压差，降低注水量。

⑧ 管壁、容器结垢，增大垢下腐蚀，造成管柱、容器损坏。

1.6 常用的防垢技术

常用的除垢技术有化学除垢、物理法防垢及工艺法防垢。

（1）化学防垢

通过稀释和加入阻垢剂阻止或减缓结垢，其机理为：增溶作用、分散作用、静电斥力作用、晶体畸变作用、去活化作用。

① 增溶作用。利用含羟基或磺基功能团的高分子防垢剂，与 $CaCO_3$或 $CaSO_4$等无机盐中的 Ca^{2+}发生络合反应，生成可溶性的络合物或螯合物，从而起到增溶作用防垢。

② 分散作用：利用聚羧酸阴离子溶于水后离解成带负电的聚离子，与流体中的垢离子碰撞时产生物理或化学吸附，使垢离子吸附在聚离子的分子链上呈分散状态悬浮于流体中。

③ 静电斥力作用：低相对分子质量的高分子阻垢剂具有较强的电荷密度，可以产生离子斥力，阻止流体中的无机盐微粒相互接触。

④ 晶体畸变作用：防垢剂的高分子络合能力阻碍和干扰无机盐垢的正常生长，打乱了晶体的正常排列，致使垢晶发生畸变不能结成硬垢，而松散的垢晶在流体的冲刷下被带走。

（2）物理法防垢

通过物理方法阻止无机盐沉积的方法。其作用原理有：振散作用、振壁作用、电解作用、电化学效应、磁场效应、辐射作用、催化作用、转嫁作用。

（3）工艺法防垢

比如油田水的处理、工艺方法的改变。

1.7 对油田腐蚀结垢的观点

① 腐蚀是当前油田生产中危害最大的问题。从调查得知，A 油田的一个采油厂每年新抽油杆投入量是井下总杆的 1/3，就是说抽油杆的寿命只有三年；B

油田的一个厂当油管更换量低于 1/6 时，其油井检泵施工量要上升 20%，其油管的使用寿命也只有六年。腐蚀是油田后期影响采油成本的一个最大因素，防腐是控制成本提高开发效益的最大增长点。

② 结垢。成型的结垢很直观，结垢还是很多井下故障的隐形杀手，比如泵漏泵卡凡尔失效现象，其真正的原因是垢和砂。

③ 腐蚀和结垢。在井下腐蚀结垢环境中有这么一种关系：

腐蚀←稳定→结垢

④ 油井是油田的生命，延长其寿命的最主要点是防腐，防腐不仅仅是井筒或地面的工艺，还有套管、地面线，以及现在不腐蚀的地方。

⑤ 图 1-1 所示表示了油田开发中投入比例与油田运行状况的实际情况。

图 1-1　油田开发中投入比例与油田运行状况

⑥ 现在老油田都面临产量、资金、成本等压力，但是长期利益和短期效益不是绝对的矛盾，特别是防腐防垢的工作。

⑦ 油田开发中的蜡、盐、垢、砂、腐蚀是一种客观存在的现实，防腐防垢的经营观点应该建立在减少损失和性能的最优化上。

⑧ 腐蚀和结垢的形态千变万化，每一个腐蚀点和结垢点其腐蚀和结垢的原因和程度都不同，因此防腐防垢的方法要多样化，要有针对性，重点是做好效果评价。

⑨ 防腐防垢的技术观点。腐蚀和结垢是一种现象，它有一种方向还有一种平衡，防腐防垢技术的应用就是怎样改变腐蚀和结垢的方向和平衡。

⑩ 任何一种技术都不是万能的，任何一种产品在效果上都有其局限性，所以不会有某一种方法能解决所有油田腐蚀或结垢问题，也不是某一种技术在个别井上失败就是无效工艺。

⑪ 防腐防垢要有合理的投入，没有一种不花钱就能有效的技术，也没有一种无损耗就能起作用的方法。

⑫ 方法和效果是选择技术的前提，最经济化的投入方法和最佳效果要有对比和评价。

1.8　油田现场腐蚀结垢类型

（1）大港油田油水井垢样

大港油田油水井垢样如图 1-2 所示。

（2）大庆油田三元复合驱后硅酸盐结垢

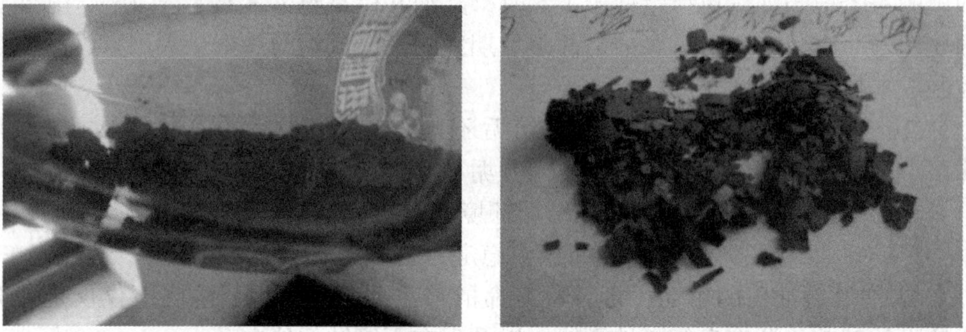

图 1-2　大港油田油水井垢样

大庆油田三元复合驱后硅酸盐结垢现场情况如图 1-3 所示。

图 1-3　大庆油田三元复合驱后硅酸盐结垢

（3）胜利油田采油厂 10-4 井结垢

胜利油田采油厂 10-4 井结垢情况如图 1-4 所示。

图 1-4　胜利油田采油厂 10-4 井结垢

（4）华北油田油井腐蚀图片

华北油田油井腐蚀情况如图 1-5 所示。

图 1-5 华北油田油井腐蚀

（5）中原油田腐蚀图片

中原油田油井腐蚀情况如图 1-6 所示。

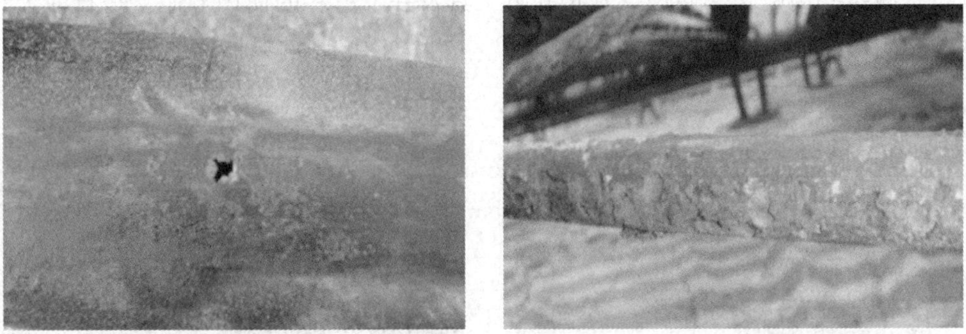

图 1-6 中原油田油井腐蚀

1.9 油田防腐产品

随着油田的不断发展，油田防腐产品也越来越多，应用较为广泛的防腐技术就是阴极保护技术。它是电化学保护技术的一种，其原理是向被腐蚀金属结构物表面施加一个外加电流，被保护结构物成为阴极，从而使得金属腐蚀发生的电子迁移得到抑制，避免或减弱腐蚀的发生。目前的油田防腐产品主要有油管阴极保护器、抽油杆防腐防磨器、油水井在线微量加注井筒多元防护技术生产的各类设备等。

（1）油管阴极保护器

KXY-2 型油管阳极形成的自然电位可以保护上下 50m 的油管柱，因此，在安装油管阳极时每 90~100m 安装一只，油管阳极的安装方法是在下油管过程中将加工好的油管阳极串接在油管柱上，上紧丝扣即完成油管阳极的安装。KXY-2型油管阳极的使用寿命为三年。

KXY-2 型油管阴极保护器已在中原油田推广应用，通过现场评价，KXY-2型油管阴极保护器对油水井井下油管的内外壁、套管内壁、潜油电泵、抽油杆等井下钢材都有不同程度的保护作用，对减缓井筒化学腐蚀延长井下工具、井下材料的使用寿命具有较强的针对性。在使用成功的基础上，又开发了适用于防止石油天然气开采中的电化学腐蚀的 KXY 系列油水井牺牲阳极电极，根据使用环境的不同形成了用于防止套管外壁电化学腐蚀的套管阳极，用于防止套管内壁、油管、抽油杆及其他井下工具电化学腐蚀的油管阳极，用于防止抽油杆电化学腐蚀的抽油杆阳极，用于防止结垢的防垢阳极，如图 1-7 和图 1-8 所示。从现场使用的效果可以得出如下结论：KXY 系列油水井牺牲阳极对石油天然气开采中的电化学腐蚀的防止针对性强、防腐效果显著、工艺可靠、对井筒无负面影响、投入成本合理，避免了其他防腐方式在井下应用存在的问题，利用牺牲阳极电化学防腐技术减缓井筒电化学腐蚀，延长井下工具及井下材料的使用寿命，是石油天然气开采中防腐的首选技术。

图 1-7　夏 52-1 井在用阴极保护器及油管受保护情况(胜利临盘作业时现场照片，使用 13 个月)

图 1-8　马 11-146 井牺牲阳极使用情况（中原六厂作业时现场照片，使用 6 个月）

（2）抽油杆防腐防磨器

图 1-9　抽油杆防腐防磨器

综合防止偏磨工艺提出的抽油杆多功能防腐防磨器是集多项技术于一体的多功能防止偏磨的技术，如图 1-9 所示。其技术优点有：高强度抽油杆短节、固化尼龙扶正器扶正、高镍合金耐磨接箍防磨损、牺牲阳极电化学防腐，四项技术组合成 HPNA 技术。

技术原理：

① 高强度抽油杆短节：以高强度抽油杆短节为抽油杆多功能防腐防磨器的主体，使 HPNA 具有较高的抗拉性能，工具的整体性能等同或优于抽油杆的性能。

② 固化尼龙扶正器：集中现有使用的尼龙扶正器的优点，限制抽油杆与油管的直接接触，达到降低磨损的目的，而且扶正器固定于多功能防腐防磨器上部，不会因受力产生移动和脱落，固化方便，更换操作简便。

③ 牺牲阳极电化学防腐：针对偏磨的电化学腐蚀原因，特别在含水较高的抽油井中。由于地层产出水矿化度高，使油管和抽油杆处于一种强电解质中，油管、抽油杆、抽油杆接箍等不同材料的金属在地层液的强电解质中，因不同的自然电位产生电化学腐蚀。由于抽油杆接箍的材料相对抽油杆、油管不同，使抽油杆接箍成为电化学腐蚀的阳极被腐蚀，其机械性能大幅度下降，而使磨蚀速度加快。利用牺牲阳极电化学防腐技术，在正在作用的腐蚀电池体系中接入一个电极，该电极的电位较负，与原腐蚀的电池构成一个新的宏观电池，这一负的电极是新电池的阳极，原腐蚀电池即称为阴极。从阳极体上通过电解质向被保护体提供一个阴极电流，使被保护体进行阴极极化，实现阴极保护，随着电流的不断流动，阳极材料不断被消耗掉，有效防止电化学腐蚀对抽油杆的损坏。

为了防止阳极材料在管内受流体冲刷或碰撞脱落，阳极体上设计有尼龙护套，尼龙护套的下端也是一个尼龙扶正器。

④ 高镍合金耐磨接箍防磨损：抽油杆对油管的摩擦磨损是点对面的磨损，抽油杆接箍总是磨损速度最快的部位，高镍合金耐磨接箍使接箍的表面光滑耐磨，大大提高了抽油杆接箍的使用寿命。

安装：抽油杆多功能防腐防磨器制造成抽油杆短节，使用时将抽油杆多功能防腐防磨器与抽油杆接箍连接，完成抽油杆多功能防腐防磨器的安装。

使用建议：抽油杆多功能防腐防磨器应用了多项实用高新技术，成本较高且牺牲阳极自然电位保护范围为50m，不能在杆体上连续安装，在使用中建议结合现有的低成本扶正器和单体的耐磨接箍合理多功能地使用。

(3) 油水井在线微量加注井筒多元防护技术

油水井在线加注工艺是根据油井防蜡、缓蚀、防垢、防盐和注水防垢等任务的需要，配备专用的微量注入装置，对油水井进行连续微量加注工作液。

通过对防垢工艺方法的对比，油井防蜡、缓蚀、防垢、防盐和注水井防垢等都有相同的共性。

油井防蜡采用连续滴加高效防蜡剂的方法可以有效防蜡，可以降低防蜡成本、减少热水洗井造成的油井污染、降低管理费用、有效延长检泵周期。

油井防腐采用连续滴加高效防腐剂的方法可以有效防止井筒腐蚀，降低防腐成本、降低管理费用、减少套管油管的腐蚀，提高油井井下材料的效用。

该技术优点：

① 改除为防：实现清蜡、除垢等工艺方法的转变。

② 连续加注，实现井筒防护工艺的连续性。

③ 长效：使用期限为油井的生产期限，可以长期使用。

④ 微量加注，入井液量少，避免排液耗能耗时和油层污染。

⑤ 管理方便，一次性安装完成后可以长期使用，管理上只需要补充工作液。

⑥ 最经济成本运行，合理控制入井工作液和有效使用量，实现井筒防护的成本最优化。

⑦ 可以对井筒蜡、垢、盐、高分子成分、腐蚀等成分进行针对性多元防护。

⑧ 泵输出口以上全部是常压系统，安全无危害。

⑨ 产品性能菜单可选性强：根据入井液量大小可以选择合理的微量滴加装置；根据油水井生产环境选配常温型、低温型或恒温型；根据油井类型可以选择电动型、自动型；根据环境安全情况有常用型和防盗型。具体分类见表 1-1。

表 1-1　油水井在线加注工艺

名称	特点	规格	类型
专用设备	电动微量黏液泵、机动微量黏液泵、高压微量黏液泵	2.5~40MPa	采油井、注水井
投加装置	油井在线加注装置、注水井在线加注装置、油井在线防盐装置	2.5~40MPa	采油井、注水井
投加防护	在线防垢、防蜡、防腐蚀、防盐、综合防护	常温型、低温型、恒温型	采油井、注水井
专用材料	钙镁型防垢剂、钡锶垢防垢剂、硅酸盐垢防垢剂	电动型、自动型、防盗型	采油井、注水井
	油井缓蚀剂、防蜡剂、注水井缓蚀剂、油井综合防护剂		采油井、注水井

在线加注装置：油水井在线加注工艺的动力和储液装置，其动力单元是根据油水井防蜡、缓蚀、防垢、防盐和注水井防垢等任务的需要配套在线加注专用泵，储液单元是钢制或玻璃钢制罐；控制单元有电动控制或机动控制系统，电动控制系统使用电力动力，机动控制系统使用抽油机下行的撞击作为动力；机架外体单元可以做成防盗型、油井防盗箱一体型和常规型；环境温度适应单元有常温型、具有保温构造的低温型和具有加热功能的恒温型。

第2章 腐蚀速率评价

随着我国油田开发的不断深入，很多油田已由开发初期的低含水量过渡到开发中后期的高含水量，这使得油田开采过程中产生的污水量不断增加，与之同时带来的设备腐蚀问题也日益严重。具有腐蚀性的油田污水不仅造成了污水运输管线的刺漏和穿孔，而且给污水处理设施的运行也带来极大的不便。可见，在油田污水处理问题上，控制腐蚀已成为一个亟待解决的问题。

就目前现有技术而言，要控制腐蚀必须控制其腐蚀速率，因此，对于腐蚀速率的研究就显得尤为重要，本章将从腐蚀速率的概念、测定方法、井筒挂环监测等几个方面对腐蚀速率进行详细分析，并对其作出合理的评价。

2.1 腐蚀速率

2.1.1 概念

腐蚀速率又称腐蚀率，是单位时间内，单位面积上金属材料损失的重量，或单位时间内，金属材料损失的平均厚度。

2.1.2 单位

金属受到均匀的腐蚀，腐蚀速率表示方法一般有两种：一种是用在单位时间内，单位面积上金属损失(或增加量)的质量来表示，通常采用的单位是 $g/(m^2 \cdot h)$；另一种是用单位时间内金属腐蚀的深度来表示，通常采用的单位是 mm/a。

2.1.3 测定方法

目前，测定腐蚀速率的方法有很多种，如重量法、容量法、极化曲线法(极化电阻法)等。

重量法是一种经典的方法，适用于实验室和现场挂片，是测定金属腐蚀速率最可靠的方法之一，可用于检测材料的耐腐蚀性能、评选腐蚀剂、改变工艺条件时检查防腐效果等。

重量法是根据腐蚀前后试件质量的变化来测定金属腐蚀速率的，分为失重法和增重法两种。当金属表面上的腐蚀产物容易除净且不至于损坏金属本体时常用失重法，当腐蚀产物完全牢靠地附着在试件表面时，则采用增重法。

工业生产中测定金属腐蚀速率的方法，是把金属材料做成试验小件，放在腐蚀环境中(如化工设备、大气、海水、土壤或实验介质中)，经过一定时间之后取出，并测量其质量及尺寸的变化，再计算其腐蚀速率。

2.1.4 腐蚀速率的一般测定步骤

(1) 腐蚀速率测定的材质

A3碳钢试片、20#碳钢试片、不锈钢试片、黄铜试片、紫铜试片、铝试片、铸铁试片等。

(2) 新挂片的处理(密封包装的标准挂片)

① 将新挂片浸入无水乙醇中用脱脂棉擦洗两遍；

② 然后再移入清洁的无水乙醇中浸泡片刻；

③ 置于干净滤纸上，冷风吹干；

④ 用滤纸包好，置于干燥器中，24h后称重待用(称重精确至0.002g)。

(3) 用后挂片的处理

① 将用后的挂片小心取出，观察记录表面状况后再处理，发现有点蚀时应注意蚀坑的大小、形状、数目和分布情况，测出最大和最小坑深，有代表性的试验结果应照相存档。

② 对腐蚀沉积不明显的，用绘图橡皮擦拭，使其露出金属本色，然后浸入无水乙醇中用脱脂棉擦洗两遍，再浸入清洁的无水乙醇中浸泡片刻，取出，置于干净滤纸上，冷风吹干，用滤纸包好，置于干燥器中，24h(至少30min，不用滤纸包时)后称重(称重精确至0.002g)，得出失重，计算腐蚀速率。

③ 对腐蚀沉积物较多的挂片，先用竹片或塑料片进行物理清理，再用化学水冲洗，取出后浸入清洁的无水乙醇中，用滤纸擦干，然后用绘图橡皮擦拭，露出金属本色，后处理同上述②中步骤一致。

2.2 井筒腐蚀挂环监测

本章中对42套井筒挂环装置进行挂环监测，其中包括城壕作业区10口井，樊家川作业区8口井，华池作业区6口井，岭北作业区2口井，南梁作业区4口井，温台作业区4口井，西峰一区4口井，西峰三区2口井，西峰三区2口井。详细数据见表2-1。

根据油田在线腐蚀监测现场的井筒数据，设计制造合适的井筒挂环短节，安装于油管外侧，如图 2-1 所示。挂环试样为圆形环，每套挂环短节上包含有 5 件挂环，以这 5 件试环数据的平均值作为实验最终结果。试环经刨、磨工序，多次打磨使其表面光滑，粗糙度为 0.63～1.25μm。在实验前，用游标卡尺测量并计算出其表面积，经过严格清洗去油，再经过干燥，并用天平称重(精确到 0.1mg)，记录好试环的编号与对应的质量。

图 2-1 实验前井筒挂环短节

表 2-1 油井井筒腐蚀挂环监测

序号	作业区	区块	井号	投产时间	开采层位	生产情况		
						产液量/t	产油量/t	含水/%
1	城壕	城 80	城 133-30	2014.06.13	延 8	6.29	0.27	94.8
2	城壕	城 80	城 135-28	2014.08.22	延 9	7.1	2.58	55.6
3	城壕	城 81	城 148-30A	2012.10.02	延 9	6.3	0.54	90
4	城壕	城 81	城 152-40	2013.09.30	延 8	5.09	2.27	47.5
5	城壕	里 151	里 148-09	2011.04.29	延 6	6.61	0.45	92
6	城壕	里 151	里 150-1	2009.12.16	延 8	11.32	4.45	53.7
7	城壕	西 259	西 258-07	2008.08.27	长 3	6.17	0.26	95.1
8	城壕	西 259	西 260-2	2008.06.07	长 3	5.65	2.15	55.2
9	城壕	悦 22	华侧 9-25	2007.08.06	延 8	4.69	1.68	57.8
10	城壕	悦 22	华 11-32	1983.07.17	延 8 延 9	21.18	0.9	95
11	樊家川	环 82	环 204-57	2012.01.04	长 8	8.77	0.46	93.8
12	樊家川	环 82	环 213-58	2014.03.15	长 8	5.18	1.64	62.3
13	樊家川	环 91	环 92-1	2013.09.30	延 9	4.59	0.29	92.6
14	樊家川	环 91	环 90-7	2014.12.06	延 9	7.53	2.86	55.3
15	樊家川	木 30	木 103-3	2012.08.24	长 8	2.2	0.65	64.8
16	樊家川	木 30	木 101-6	2013.10.08	长 8	2.07	0.93	46.8
17	樊家川	木 34	木 31-3	2011.09.24	延 10	9.44	0.7	91.2
18	樊家川	木 34	木 27-01	2012.06.24	延 10	7.17	2.67	55.6

续表

序号	作业区	区块	井号	投产时间	开采层位	生产情况		
						产液量/t	产油量/t	含水/%
19	华池	白 455	陈 311-294	2008. 12. 24	长 8	4. 71	0. 47	88. 2
20	华池	白 455	陈 297-300	2011. 01. 01	长 8	3. 96	1. 52	54. 8
21	华池	华 152	剖 35-2	1997. 09. 22	长 3	3. 76	1. 22	61. 7
22	华池	华 152	剖 20-1	2001. 12. 27	长 3	7. 45	0. 42	93. 4
23	华池	华 201	华 201-35	1999. 08. 04	延 8	2. 01	0. 6	65
24	华池	华 201	华 201-9	1999. 06. 02	延 8	9. 31	0. 61	92. 3
25	岭北	里 173	里 14-100	2012. 01. 01	延 9	4. 29	1. 46	59. 6
26	岭北	里 173	里 14-11	2012. 01. 01	延 9	3. 16	0. 85	67. 8
27	南梁	南梁西	山 3-30	2003. 12. 20	长 4+5	4. 05	1. 53	55. 1
28	南梁	南梁西	山侧 31-6	2007. 12. 02	延 7	22. 53	0. 74	96. 1
29	南梁	午 86	山 64-012	2013. 11. 27	延 9 长 4+5	5. 5	0. 23	95
30	南梁	午 86	山 67-017	2015. 08. 25	长 4+5	5. 76	2. 6	46. 2
31	温台	环 56	环 507-68	2012. 01. 04	延 9	6. 87	0. 78	86. 5
32	温台	环 56	环 513-70	2013. 08. 11	长 8	6. 81	2. 6	54. 6
33	温台	里 167	里 167-2	2010. 08. 06	延 10	12. 4	1. 03	90. 1
34	温台	里 167	里 164-02	2012. 01. 12	延 10	10. 19	3. 81	55. 5
35	西峰二区	董志	董 65-63	2005. 07. 15	长 8	2. 82	1. 16	51. 1
36	西峰二区	董志	董 78-58	2005. 07. 23	长 8	4. 36	0. 11	96. 9
37	西峰三区	白马中	西 28-14	2003. 11. 27	长 8	10. 41	0. 81	90. 9
38	西峰三区	白马中	西 29-13	2003. 11. 26	长 8	9. 73	4. 09	50. 5
39	西峰一区	西 41	西 339-372	2012. 08. 22	长 8	9. 1	0. 57	92. 6
40	西峰一区	西 41	西 337-366	2012. 05. 10	长 8	4. 82	1. 77	56. 8
41	西峰一区	西 90	西 283-5	2008. 09. 30	长 3	4. 19	0. 37	89. 5
42	西峰一区	西 90	西 278-03	2008. 12. 01	长 3	4. 25	1. 79	50. 4

下入挂环器和挂环试件：

利用作业井检泵作业时，将称重好的井筒挂环短节嵌装在油管外侧，并按设计悬挂深度安装下井，安装试环时要特别注意不能磕碰试环。同时记录入井时间、试环编号和挂深等。

结果处理：

待实验周期结束，将井筒挂环短节从油管上取出，用滤纸轻轻擦去试环上的油污，用丙酮洗油。

为计算平均腐蚀速率，需要对实验后的试环进行酸洗，从而充分去除腐蚀产物。把试样放在酸洗液中清洗 1~5min（清洗时，可用毛刷轻轻刷洗），清洗后用 1%NaOH 溶液中和，并用蒸馏水充分冲洗。将试环用无水乙醇脱水，并用滤纸擦干表面，将其存放于干燥器中，4h 后使用电子天平称重，精确到 0.1mg。

根据试环的初重和后重，计算出腐蚀速率 v，具体计算公式见式(2-1)：

$$v=\frac{(m_0-m_1)\times 3650}{S\cdot t\cdot \rho} \tag{2-1}$$

式中 v——金属的腐蚀速度，mm/a；

m_0——试件初重，g；

m_1——试件后重，g；

S——试件表面积，cm^2；

t——挂环时间，d；

ρ——试件材料密度，g/cm^3。

根据标准《钢质管道及储罐腐蚀评价标准 埋地钢质管道内腐蚀直接评价》（SY/T 0087.2—2020）和标准《水腐蚀性测试方法》（SY/T 0026—1999），对腐蚀情况进行评估，详细分级标准见表 2-2。

表 2-2 管道内介质腐蚀性分级标准

项目	评价级别			
	轻微	中度	严重	极严重
平均腐蚀速率/(mm/a)	<0.025	0.025~0.125	0.12~0.25	≥0.25
点蚀速率/(mm/a)	<0.13	0.13~0.20	0.20~0.38	≥0.38

取出 4 套井筒挂环装置，其实验数据见表 2-3，酸洗干燥后的试环实物如图 2-2所示。

由表 2-3 可知，西 339-372、西 339-371、西 283-3 的平均腐蚀速率分别为 0.1087mm/a、0.0368mm/a、0.0398mm/a。根据标准《钢质管道及储罐腐蚀评价标准 埋地钢质管道内腐蚀直接评价》（SY/T 0087.2—2020）和《水腐蚀性测试方法》（SY/T 0026—1999），可见西 339-372、西 339-371、西 283-3 的腐蚀性分级标准均为中等。

图 2-2 实验后井筒挂环（除油清洗后）

表 2-3　井筒挂环腐蚀平均腐蚀速率

井筒挂环编号	作业区	井号	下井时间	起出时间	试环编号	初重/g	后重/g	失重/g	表面积/cm^2	腐蚀速率/(mm/a)	平均腐蚀速率/(mm/a)
11#	西峰西41区	西339-372	2016.9.30 12：00	2016.10.27 9：00	1	110.5485	109.3563	1.1922	88.27	0.1069	0.1087
					2	110.1070	108.6208	1.4862	86.36	0.1337	
					3	109.8493	108.9387	0.9106	87.28	0.0866	
					4	111.1016	109.9689	1.1327	85.54	0.1010	
					5	108.3813	107.1190	1.2623	82.75	0.1154	
12#	西峰西41区	西339-371	2016.9.30 12：00	2016.10.27 9：00	1	107.3036	107.1642	0.1394	82.69	0.0194	0.0368
					2	109.8329	109.6658	0.1671	85.44	0.0231	
					3	112.1297	111.7681	0.3616	84.59	0.0508	
					4	107.7623	107.2246	0.5377	85.48	0.0759	
					5	109.8938	109.7872	0.1066	84.56	0.0148	
13#	西峰一区	西283-3	2016.9.30 12：00	2016.10.27 9：00	1	112.1034	111.9094	0.1940	86.39	0.0414	0.0398
					2	104.9953	104.9069	0.0884	90.89	0.0194	
					3	113.2914	113.2172	0.0741	88.27	0.0160	
					4	110.3371	110.2419	0.0952	85.51	0.0210	
					5	107.7405	107.2846	0.4559	87.31	0.1013	

2.3 地面管线腐蚀挂片监测

图 2-3 集输管线腐蚀挂片装置实物

根据油田集输管线和注水管线的实际情况，选择合适的管线位置，设计制造管线挂片短节，使用挂片短节替换原有管线短节，如图 2-3 所示。

挂片试样为带有中心孔的圆形平面钢片。每套管线挂片短节上包含有 5 件挂片，在实验前测量挂片尺寸和初始质量，实验后对挂片酸洗去除腐蚀产物后，再次称量腐蚀后重。根据测量数据，按照公式(2-1)分别计算 5 件试环的平均值，再对其取平均值作为该套挂片装置的最终结果，见表 2-4、表 2-5。

目前，已经取出了西峰三个作业区共 5 套集输管线腐蚀挂片装置，其详细数据见表 2-6、图 2-4~图 2-8。

图 2-4 西 13 增-西 14 增管线腐蚀监测装置

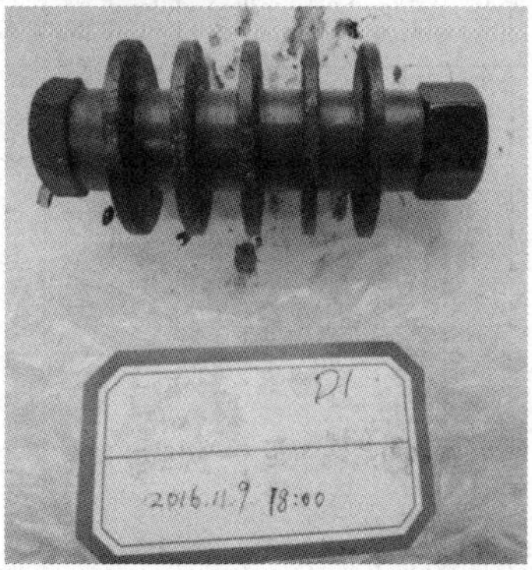

图 2-5 西五转-西四转集油管线腐蚀监测装置

表 2-4　集输管线腐蚀挂片装置明细

序号	作业区	区块	管线名称	投产时间	管线规格	输液量/(m^3/d)	安装部位
1	西峰一区	西 41 区	西 13 增-西 14 增集油管线	2011	ϕ89×4	120	西 14 增
2		西 98 区	西五转-西四转集油管线	2013	ϕ114×4.5	400	西四转
3	西峰二区	白马区	西七转-西二联集油管线	2005	ϕ159×5+ϕ219×6	120	西二联
4		董志区	董一转-西二联集油管线	2005	ϕ114×4.5	110	西二联
5	西峰三区	白马区	西 8 增-西二转集油管线	2005	ϕ89×4	110	西二转
6	华池作业区	华 152 区	华四橇-新华联站集油管线	2015	ϕ89×4	260	华四橇
7		华 201 区	华十三转-华十二转集油管线	2010	ϕ89×4	187	华十三转
8	南梁作业区	南梁西区	山三转-南梁集油站集油管线	2003	ϕ114×4.5	160	南梁集油站
9		午 86 区	梁 3 转-南梁集油站集油管线	2015	ϕ89×4	120	南梁集油站
10		午 86 区	梁 1 增-梁二拉集油管线	2015	ϕ89×4	140	梁二拉
11	城壕作业区	城 81-山 156 区	城二转-城三转集油管线	2013	ϕ114×4.5	275	城二转
12		城 81-山 156 区	城 5 增-城三转集油管线	2013	ϕ89×4	290	城 5 增
13		里 151 区	里 1 增-里 151 拉集油管线	2015	ϕ89×4	70	里 1 增
14	樊家川作业区	木 30-34 区	岭 8 增-岭三转集油管线	2012	ϕ89×4	140	岭 8 增
15		木 30-34 区	岭 20 增-岭四转集油管线	2015	ϕ89×4	100	岭四转
16		环 82-91 区	新岭 2 增-岭五转集油管线	2014	ϕ89×4	120	岭五转
17		环 82-91 区	岭 10 增-岭五转集油管线	2014	ϕ89×4	60	岭五转
18	温台作业区	环 305 区	岭 1 增-岭一转集油管线	2012	ϕ89×4	120	岭 1 增
19		环 305 区	岭一转-岭一联集油管线	2013	ϕ140×5	600	岭一转
20		里 167 区	岭 16 增-岭二转集油管线	2012	ϕ89×4	140	岭 16 增

表 2-5 注水管线腐蚀挂片装置监测工作量明细

序号	作业区	区块	管线名称	投产时间	注入介质	管线规格	注水量/(m^3/d)	安装部位
1	西峰二区	白马南	西二联 2#喂水泵进口		采出水			西二联
2	西峰三区	白马中	西一注喂水泵进口		清水			西一注
3	温台作业区	环 56 区	环 504-49	2010.11	采出水	ϕ48×6	20	岭一联
4	岭南作业区	南一区	南 11-132	2002.06	采出水	ϕ48×6	45	南一注
5	岭南作业区	庄 19	庄 74-29	2006.04	采出水	ϕ48×6	25	西 205 拉
6	岭北作业区	里 148	里 648-99	2013.03	采出水	ϕ48×6	12	里 148 拉
7	华池作业区	华 152	剖 36-1	1997.12	采出水	ϕ48×6	23	华一注
8	城壕作业区	西 259	西 2594#喂水泵出口	2009.01	采出水	ϕ48×6	38	西 259
9	樊家川作业区	木 30	木 104-6	2012.07	采出水	ϕ48×6	10	岭四转
10	南梁作业区	华 64 区	梁一转 1#喂水泵出口	2015.07	采出水	ϕ115×6	43	梁一转

表 2-6 已取出的集输管线挂片装置平均腐蚀速率

序号	挂片装置编号	作业区	区块	管线名称	安装部位	安装时间	取出时间	平均腐蚀速率/(mm/a)	腐蚀性分级
1	X3	西峰一区	西 41 区	西 13 增-西 14 增集油管线	西 14 增	2016.07.28 19：00	2016.11.09 16：30	0.5118	严重
2	D1		西 98 区	西五转-西四转集油管线	西四转	2016.08.07 10：00	2016.11.09 18：00	0.0248	轻度
3	ϕ159-1	西峰二区	白马区	西七转-西二联集油管线	西二联	2016.08.06 17：00	2016.11.09 15：30	0.2110	严重
4	D2		董志区	董一转-西二联集油管线	西二联	2016.08.06 13：00	2016.11.09 14：30	0.3934	严重
5	X5	西峰三区	白马区	西 8 增-西二转集油管线	西二转	2016.08.07 12：30	2016.11.10 14：30	0.0873	中度

图 2-6　西七转-西二联腐蚀监测装置

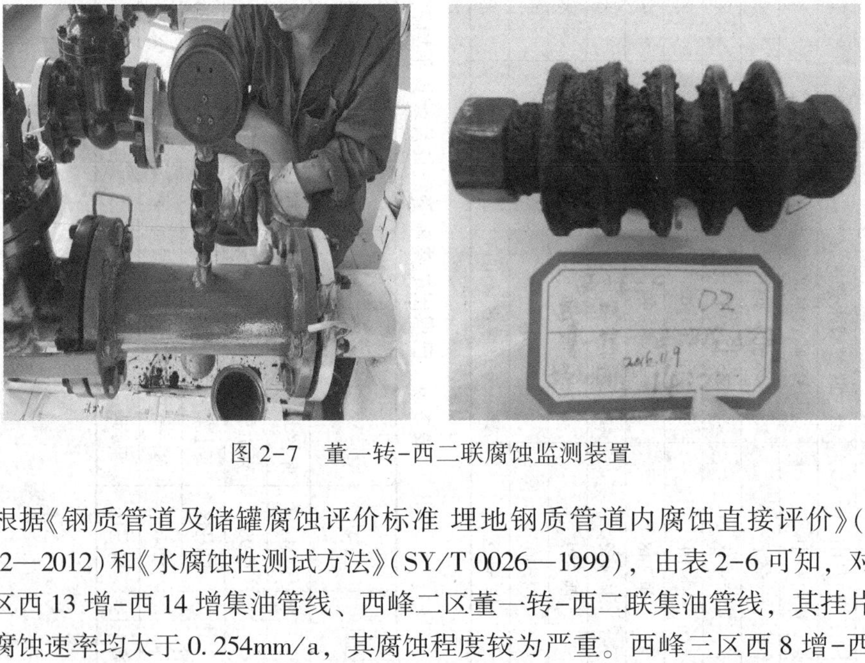

图 2-7　董一转-西二联腐蚀监测装置

根据《钢质管道及储罐腐蚀评价标准 埋地钢质管道内腐蚀直接评价》(SY/T 0087.2—2012)和《水腐蚀性测试方法》(SY/T 0026—1999)，由表 2-6 可知，对于西峰一区西 13 增-西 14 增集油管线、西峰二区董一转-西二联集油管线，其挂片装置平均腐蚀速率均大于 0.254mm/a，其腐蚀程度较为严重。西峰三区西 8 增-西二转集油管线挂片装置的平均腐蚀速率为 0.0873mm/a，腐蚀程度为中等。西峰一区西五转-西四转集油管线挂片装置的平均腐蚀速率为 0.0248mm/a，腐蚀程度较低。

对比图 2-4～图 2-8 可见，在西峰一区西 13 增-西 14 增集油管线、西峰二区董一转-西二联集油管线的挂片装置上均存留有大量的油垢杂质。这也进一步印证了上述管线中挂片装置腐蚀程度更加严重。

图 2-8　西八增-西二转腐蚀监测装置

2.4　室内静态腐蚀挂片实验

实验水样总计 135 个，其中 88 个采出水样，47 个注入(或混合)水样。各个油田作业区所取水样统计数据见表 2-7。

表 2-7　油田作业区水样取样统计表

水样	西峰一区～三区	温台区	南梁区	岭南区	城壕区	华池区	岭北区	樊家川区
采出水样数量	10	8	15	11	10	12	6	16
注入水(混合水)数量	4	5	6	3	8	9	6	6
水样总数	14	13	21	14	18	21	12	22

针对上述 135 个水样，开展了静态腐蚀挂片实验。首先，采购通用标准钢制挂片，为保证挂片表面粗糙度均匀一致，使用 800#金相砂纸对试样六个平面进行打磨。使用游标卡尺测量试片尺寸，包括试片圆形悬挂小孔的尺寸，计算试片表面的外露表面积。清理挂片表面的污渍，使用丙酮清洗除油，待其干燥后再置于干燥皿中 4h，使用精度为 0.1mg 的电子天平称量每个挂片的质量。

取一定容积的水样盛纳于玻璃广口瓶中。使用非导电丝线将挂片悬挂于广口瓶的水样中，保证试样完全浸没于水中，试片上沿距水面大于 1cm。在每个广口瓶(即每个水样)中悬挂三件平行试样，后期取三件平行试样结果的平均值作为该组水样的最终结果。盖上广口瓶，在温度 45℃的水样中悬挂浸泡 15d，具体实验过程如图 2-9 所示。

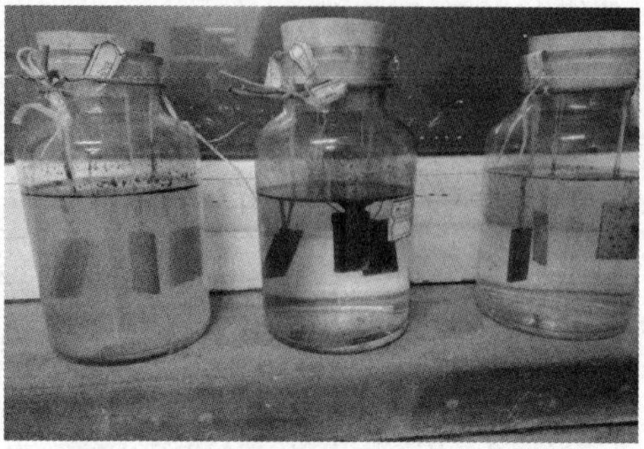

图 2-9　静态挂片实验

待实验结束，将试环从挂环短节上取出，用滤纸轻轻吸干挂片上的水，用丙酮洗油。在试样未经酸洗之前，对试环表面的腐蚀产物取样，采用能谱分析 EDS、X 射线衍射等手段进行检测，分析确定腐蚀产物的主要组成元素和相态，进而分析其腐蚀机理。

在试样酸洗前后，分别采用光学显微镜或扫描电镜 SEM 观察试环表面的腐蚀形貌，可以明确腐蚀形态。为明确局部腐蚀深度，也可以制备局部腐蚀剖切面金相试样，计算试样表面的局部腐蚀速率。

为充分去除腐蚀产物，把试样放在酸洗液中清洗 1~5min（清洗时，可用毛刷轻轻刷洗），清洗后用 1%NaOH 溶液中和，并用蒸馏水充分冲洗。将试环用无水乙醇脱水，并用滤纸擦干表面，将其存放于干燥器中，4h 后使用电子天平称重。根据试样前重、后重，按照公式（2-1）计算其平均腐蚀速率。

本项目已完成的 135 个水样静态腐蚀挂片实验数据结果详见附录 B。所有 135 个水样静态挂片实验所得平均腐蚀速率均低于 0.125mm/a，根据标准《水腐蚀性测试方法》（SY/T 0026—1999），这些水样的腐蚀性分级标准均为中等腐蚀以下。

第3章　腐蚀机理分析

腐蚀机理是指自然界的各种材料(包括金属和非金属)在周围介质(水、空气、酸、碱、盐、溶剂等)作用下产生损耗与破坏的内在与外在原因。

金属材料的腐蚀，是指金属材料和周围介质接触时发生化学或电化学作用而引起的一种破坏现象。对于金属而言，在自然界大多是以金属化合物的形态存在的。从热力学的观点来看，除了少数贵金属(如金、铂等)外，各种金属都有转变成离子的趋势。因此，金属元素比它们的化合物具有更高的自由能，必然有自发地转回到热力学上更稳定的自然形态——氧化物的趋势，所以说金属腐蚀是自发地普遍存在的一种现象，是不可避免的。

金属腐蚀给生产生活带来很多不便，造成了巨大的经济损失。全世界每年因为金属腐蚀造成的直接经济损失约达7000亿美元，是地震、水灾、台风等自然灾害造成损失总和的6倍。我国因金属腐蚀造成的损失占国民生产总值(GNP)的4%左右，钢铁因腐蚀而报废的数量约占钢铁当年产量的25%~30%。这些数据只是与腐蚀有关的直接损失数据，间接损失数据有时是难以统计的，甚至是一个惊人的数字。

目前腐蚀问题成为阻碍高新技术发展和国民经济持续发展的重要制约因素，研究金属的腐蚀与防护非常重要，本章主要综合讲述了金属腐蚀的基本原理和分类，以及通过实验探究腐蚀机理的过程，并得出具体的防护措施，以更好地指导现实实践。

3.1　腐蚀的定义

材料在和周围介质接触过程中，发生物理、化学或电化学反应等而使材料遭受破坏或性能恶化的过程称作腐蚀。广义的腐蚀指材料与环境间发生的化学或电化学相互作用而导致材料功能受到损伤的现象。狭义的腐蚀是指金属与环境间的物理-化学相互作用，使金属性能发生变化，导致金属、环境及其构成功能受到损伤的现象。

出于物理原因造成的破坏不称为腐蚀，而称为磨损或磨耗，等等。但实际情况下腐蚀和物理损伤是伴随发生的，物理损伤更是加速了腐蚀的进度。腐蚀现象非常普遍，但却非常复杂。

由此而诞生的腐蚀科学是一门高度交叉性的综合学科，涉及化学、电化学、物理学、材料学、表面科学、工程力学、冶金学、生物学等多个学科，它也将随着这些学科的发展而不断发展前进。近年来，腐蚀科学的基础理论研究和应用研究都取得了长足的发展，创造出了巨大的经济效益和社会效益。

3.2 腐蚀的特性

① 普遍性和广泛性：腐蚀无处不在。天上地下、陆上水下；金属、非金属；航天器的生物腐蚀、大气腐蚀；轮船、航空母舰的海水腐蚀。

② 持续性：腐蚀无时不在。腐蚀的发生是一个持续、累积过程，有可能在无任何征兆条件下突然发生破坏。腐蚀在我们身边每时每刻悄悄地发生着，它吞噬着人们的劳动成果，改变了历史的原貌。

③ 非线性：腐蚀的速度并非总是线性过程，会随外界条件的变化而变化。

④ 自发性：腐蚀的发生完全是一个自发过程，就像水向低处流一样。我们控制腐蚀就像要阻止水向低处流，腐蚀从化学的角度来说就是从不稳定态向稳定态转化的过程，金属的腐蚀是金属提纯的逆向过程。

⑤ 危害性：腐蚀会影响设备的使用寿命，严重的会危及设备安全及人身安全，因而不可等闲视之。腐蚀造成的直接损失，如人员的伤亡、设备的破坏、装置的损毁等，造成直接的经济损失。

⑥ 复杂性：腐蚀过程是一个非常复杂的物理、化学过程，涉及化学、电化学、物理学、材料学、表面科学、工程力学、冶金学、生物学等多个学科。

⑦ 腐蚀的可利用性：集成电路板工业、玻璃雕刻、干电池放电等。

3.3 腐蚀的防护

金属防腐蚀的方法很多，主要有改善金属的本质，把被保护金属与腐蚀介质隔开，或对金属进行表面处理，改善腐蚀环境以及电化学保护等。

(1) 改善金属的本质

根据不同的用途选择不同的材料组成耐蚀合金，或在金属中添加合金元素，提高其耐蚀性，可以防止或减缓金属的腐蚀。例如，在钢中加入镍制成不锈钢可以增强防腐蚀能力。

(2) 形成保护层

在金属表面覆盖各种保护层，把被保护金属与腐蚀性介质隔开，是防止金属腐蚀的有效方法。工业上普遍使用的保护层有非金属保护层和金属保护层两大类。它们是用化学方法，物理方法和电化学方法实现的。

3.4 水质分析

本章中针对 135 个水样进行腐蚀机理分析，其中包括混合水样 88 个，单井水样 47 个。常见的水样分析方法主要有两类：化学分析(重量法、滴定法等)和仪器分析(比色法、离子色谱法、电极法、原子吸收光谱法等)。仪器分析简便迅速，适合于在室内条件下分析测定各种结垢、腐蚀相关离子的含量，本项目采用的分析仪器有离子色谱、原子发射-质谱联用仪等，并与现行石油天然气行业标准方法中所述滴定法、光度法等测定方法对照，最终选用最为准确的数据，部分仪器设备如图 3-1 所示。主要检测油田采出水的水质、pH 值、碱度、硫化物、溶解氧、二氧化碳、离子含量等。

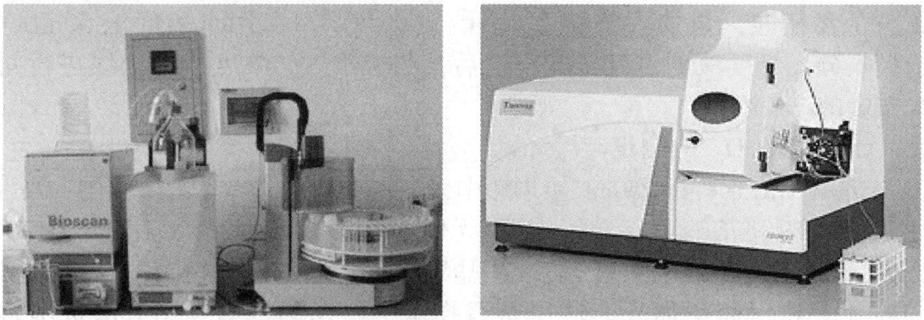

图 3-1 离子色谱与原子发射-质谱联用仪

3.4.1 水质分析方法

所有水样分析测试工作均按照标准《油田水分析方法》(SY/T 5523—2016)和《碎屑岩油藏注水水质指标及分析方法》(SY/T 5329—2012)执行，部分水样的照片如图 3-2 所示。

图 3-2 部分水样照片

(1) Ca^{2+}的测定

用移液管吸取 50.0mL 试样于 250mL 锥形瓶巾，依次加入 2mL 氢氧化钠溶液、约 0.2g 钙羧酸指示剂干粉，溶液混合后立即进行滴定。将滴定液(EDTA 标准溶液)加入酸式滴定管，被滴定水样在锥形瓶中边摇晃边滴定，开始滴定时速度宜稍快，接近终点时应稍慢，并充分振摇，至溶液由紫红色变为亮蓝色时达到滴定终点，整个滴定过程应在 5min 内完成。记录消耗 EDTA 二钠溶液的体积(毫升)。

(2) Mg^{2+}的测定

用移液管吸取 50.0mL 试样于 250mL 锥形瓶中，加 4mL 缓冲溶液和 50~100mg 指示剂干粉，此时溶液应呈紫红或紫色，其 pH 值应为 10.0±0.1。为防止产生沉淀，应立即在不断振摇下，自滴定管加入 EDTA 二钠溶液，开始滴定时速度宜稍快，接近终点时应稍慢，并充分振摇，最好每滴间隔 2~3s，溶液的颜色由紫红或紫色逐渐转为蓝色，在最后一点紫的色调消失，刚出现天蓝色时即为终点，整个滴定过程应在5min内完成。记录消耗EDTA二钠溶液的体积。

（3）Ba^{2+}的测定

用抽滤装置过滤试样，收集所需体积的滤液于样品瓶中，取10mL水样滤液，稀释至100mL，然后再加入1mL浓硝酸，用火焰原子吸收分光光度法测定其分光度之后，与标准Ba^{2+}浓度校准曲线进行对比计算出水样中的Ba^{2+}浓度。

（4）Sr^{2+}的测定

用抽滤装置过滤试样，收集所需体积的滤液于样品瓶中，取5mL水样滤液，加入2.5mL浓硝酸，再加入1mL氯化镧/氯化钾溶液，用水稀释至50mL，用火焰原子吸收分光光度法测定其分光度之后，与标准Sr^{2+}浓度校准曲线进行对比计算出水样中的Sr^{2+}浓度。

（5）CO_3^{2-}、HCO_3^-的测定

① 分取100mL水样于250mL锥形瓶中，加入4滴酚酞指示剂，摇匀。当溶液呈红色时，用盐酸标准溶液滴定至刚刚褪至无色，记录盐酸标准溶液用量，记为PmL。若加酚酞指示剂后溶液无色，则不需要用盐酸标准溶液滴定，并接着进行下述操作。

② 向上述锥形瓶中加入3滴甲基橙指示剂，摇匀。继续用盐酸标准溶液滴定至溶液由橘黄色刚刚变为橘红色为止。记录盐酸标准溶液用量，记为MmL。

（6）SO_4^{2-}的测定

先用0.45μm的滤膜对水样进行抽滤，取滤液20mL置于250mL的锥形瓶中，用水稀释至100mL，然后向其中缓慢地加入$BaCl_2$溶液，可观察到立即产生乳白色的沉淀，直至沉淀不再产生后停止滴加$BaCl_2$溶液。然后将混合液通过0.45μm的对膜进行抽滤，可得到硫酸钡沉淀，在105℃环境中烘干4h，之后对沉淀质量进行称量，可得硫酸钡的质量，再将其换算成硫酸根的浓度。

（7）pH值的测定

测定样品时，先用蒸馏水认真冲洗电极，再用水样冲洗，然后将电极浸入样品中，小心摇动或进行搅拌使其均匀，静置，待读数稳定时记下pH值。

（8）Cl^-的测定

移取0.2mL水样于250mL锥形瓶中，加入适量的蒸馏水稀释至50mL，另取一锥形瓶加入50mL蒸馏水做空白实验。加入1mL铬酸钾溶液，用硝酸银标准溶液滴定至砖红色沉淀刚刚出现即为滴定终点。同法做空白滴定。

3.4.2 水质分析结果

本次腐蚀机理分析所取水样的碱度、pH值、氧、离子含量、矿化度、水型等测定结果见表3-1~表3-16。

（1）西峰油田区块

西峰油田区块油井采出水、注入水或混合水的碱度、pH值、氧、硫含量测定结果见表3-1，离子含量、矿化度、水型测定结果见表3-2。

表 3-1　西峰油田区块油井采出水、注入水或混合水的碱度、pH 值、氧、硫含量化验结果

序号	类型	区块	水样	层位	含水率/%	酚酞碱度 P_f/(mol/L)	甲基橙碱度 M_f/(mol/L)	氧含量/(mg/L)	硫含量/(mg/L)	pH 值	二氧化碳含量/(mg/L)
1	采出水	西 90	西 279-1	长 3	60.7	0.05	1.80	0.30	0.20	7.26	3.52
2		白马南	西 38-027	长 8	96	0.20	1.70	0.30	0.15	8.34	0.00
3		白马中	西 38-24	长 8	58.7	0.10	2.00	0.80	0.10	7.85	2.64
4		白马中	西 30-36	长 8	28.3	0.10	1.50	0.50	0.00	8.05	0.00
5		白马中	西 40-24	长 8	41.2	0.05	2.20	0.30	0.15	7.95	3.52
6		董志	西 71-54	长 8	47.7	0.05	0.95	0.70	0.05	7.82	7.04
7		西 40	太 41-1	长 3	38.4	0.00	0.70	0.40	0.00	6.85	26.40
8		西 41	西 329-384	长 8	86.9	0.00	0.50	0.50	0.10	6.62	29.92
9		南三	岭 510			0.05	1.75	0.30	0.00	7.97	1.76
10		西 41	西 344-354	长 8	62.6	0.00	0.30	0.20	0.00	6.02	35.20
11	注入水或混合水	白马中	西一联一区混合	长 8	100	0.10	1.45	0.80	0.15	7.55	7.92
12		白马中	西一联三区混合	长 8	100	0.15	2.20	1.00	0.10	7.99	3.52
13		白马南	西二联白马南混合	长 8	100	0.10	1.20	0.90	0.10	7.43	8.80
14		董志	西二联董志混合	长 8	100	0.15	1.10	1.00	0.10	8.06	0.00

表 3-2　西峰油田区块油井采出水、注入水或混合水的离子含量、矿化度、水型化验结果

序号	类型	区块	水样	层位	离子化验结果/(mg/L)												矿化度	水型
					F^-	Cl^-	NO_3^-	CO_3^{2-}	HCO_3^-	SO_4^{2-}	Na^+	K^+	Ca^{2+}	Mg^{2+}	Sr^{2+}	Ba^{2+}		
1	采出水	西 90	西 279-1	长 3	—	7501. 98	819. 68	12. 00	415. 00	762. 29	9688. 06	—	1527. 24	21. 04	31. 62	158. 57	23450. 22	$CaCl_2$
2		白马南	西 38-027	长 8	553. 72	4920. 57	488. 75	48. 00	318. 00	782. 09	3544. 70	622. 32	944. 22	174. 77	—	163. 78	14673. 76	Na_2SO_4
3		白马中	西 38-24	长 8	550. 11	11831. 55	—	24. 00	439. 60	728. 83	3897. 54	151. 42	5414. 40	320. 04	59. 41	280. 91	30525. 39	$MgCl_2$
4		白马中	西 30-36	长 8	545. 18	8185. 79	464. 57	24. 00	317. 60	728. 33	5711. 16	386. 71	1932. 08	342. 30	—	—	21664. 41	$MgCl_2$
5		白马中	西 40-24	长 8	546. 05	5094. 88	—	12. 00	512. 60	729. 04	3633. 08	325. 56	1742. 42	356. 98	—	—	15793. 03	Na_2SO_4
6		董志	西 71-54	长 8	—	6878. 95	—	12. 00	207. 60	818. 93	3984. 89	427. 62	1719. 64	352. 69	—	—	17305. 56	$MgCl_2$
7		西 40	太 41-1	长 3	—	44329. 89	721. 38	—	170. 85	758. 86	37575. 16	739. 98	1882. 70	332. 15	—	—	89484. 67	$NaHCO_3$
8		西 41	西 329-384	长 8	—	3696. 11	—	—	122. 05	1178. 87	2219. 84	439. 35	1787. 37	323. 06	—	—	13055. 95	$NaHCO_3$
9		南三	岭 510	—	545. 33	5065. 14	—	12. 00	402. 80	1047. 28	3334. 20	396. 65	1885. 55	346. 76	—	—	16327. 29	Na_2SO_4
10		西 41	西 344-354	长 8	—	12587. 64	527. 96	—	73. 20	730. 78	9727. 81	445. 02	1777. 81	336. 22	—	—	29051. 23	$NaHCO_3$
11	注入水或混合水	白马中	西一联一区混合	长 8	560. 34	12190. 98	539. 62	36. 00	464. 20	764. 46	1410. 01	524. 69	5526. 38	295. 08	60. 38	101. 94	29258. 29	$NaHCO_3$
12		白马中	西一联三区混合	长 8	620. 25	9754. 39	509. 26	24. 00	305. 40	801. 64	4010. 50	83. 82	2252. 30	231. 32	55. 55	279. 86	22572. 95	$CaCl_2$
13		白马南	西二联白马南混合	长 8	556. 68	3033. 50	716. 37	24. 00	244. 40	755. 09	3202. 72	699. 05	944. 44	138. 24	43. 21	—	12262. 68	$NaHCO_3$
14		董志	西二联董志混合	长 8	548. 22	5514. 99	526. 35	36. 00	195. 80	764. 34	4136. 53	553. 20	965. 83	165. 22	—	—	15337. 88	$NaHCO_3$

注："—"表示无法测量，本书其余表中"—"含意相同。

（2）温台油田区块

温台油田区块油井采出水、注入水或混合水的碱度、pH 值、氧、硫含量测定结果见表 3-3，离子含量、矿化度、水型测定结果见表 3-4。

表 3-3　温台油田区块油井采出水、注入水或混合水的碱度、pH 值、氧、硫含量化验结果

序号	类型	区块	水样	层位	含水率/%	酚酞碱度 P_f/(mol/L)	甲基橙碱度 M_f/(mol/L)	氧含量/(mg/L)	硫含量/(mg/L)	pH 值	二氧化碳含量/(mg/L)
1	采出水	里 167 区	里 167-5	延 10	75	1.40	8.00	0.60	0.20	8.50	1.00
2		环 42	木平 107-28A	长 7	40	0.00	2.00	0.05	0.40	8.21	3.64
3		环 42	木平 109-28	长 8	85	0.10	1.90	0.40	0.00	8.41	2.00
4		环 56	里 206	延 10	55	0.00	0.40	0.80	0.00	7.70	3.52
5		环 56	环 519-72	长 8	近 100	0.00	0.90	0.80	0.10	7.78	5.04
6		环 56	环 507-68		85	0.20	2.10	0.60	0.10	8.32	6.40
7		环 67	环 66-2A	延 8	35	0.00	5.00	0.10	0.40	7.98	9.92
8		环 82	木平 81-32	长 8	90	0.00	0.70	0.60	0.00	6.91	0.76
9	注入水或混合水	环 42 岭 18 增	木 112-27	长 8	100	0.00	1.00	1.00	0.10	7.02	5.23
10		里 167 岭二转	里 166-01	延 10	100	0.00	0.40	1.00	0.30	8.10	7.92
11		环 56 岭一转	环 504-51	长 8	100	0.00	0.40	0.80	0.00	7.73	3.55
12		环 82 木 80-35	木 80-33	长 8	100	0.00	0.80	1.00	0.00	8.28	6.83
13		环 67 环 60-02	环 65-02	延 8	100	0.20	0.30	1.00	0.00	8.06	2.04

表 3-4　温台油田区块油井采出水、注入水或混合水的离子含量、矿化度、水型化验结果

序号	类型	区块	水样	层位	离子化验结果/(mg/L)												矿化度	水型
					F^-	Cl^-	NO_3^-	CO_3^{2-}	HCO_3^-	SO_4^{2-}	Na^+	K^+	Ca^{2+}	Mg^{2+}	Sr^{2+}	Ba^{2+}		
1	采出水	里 167 区	里 167-5	延 10	—	935. 9	765. 6	1884. 4	336. 3	1610. 4	3180. 2	—	1988. 2	315. 1	—	—	11016. 1	$NaHCO_3$
2		环 42	木平 107-28A	长 7	—	15163. 2	761. 7	1493. 9	—	488. 8	894. 5	228. 0	551. 2	932. 1	—	682. 2	21195. 6	$CaCl_2$
3		环 42	木平 109-28	长 8	—	1041. 7	758. 4	1634. 4	24. 0	439. 2	2381. 0	—	521. 2	644. 5	—	—	7444. 4	$NaHCO_3$
4		环 56	里 206	延 10	—	3197. 5	—	1480. 4	—	97. 6	3996. 6	1410. 1	678. 9	—	—	—	10861. 1	$NaHCO_3$
5		环 56	环 519-72	长 8	—	1293. 4	837. 8	2755. 3	—	219. 6	521. 8	5937. 6	149. 9	920. 6	—	—	12636. 0	$MgCl_2$
6		环 56	环 507-68		—	23023. 0	—	1429. 7	48. 1	463. 6	10547. 2	5624. 8	1483. 3	—	—	—	42619. 7	
7		环 67	环 66-2A	延 8	—	3082. 2	747. 4	1462. 0	—	1207. 8	2668. 9	1667. 2	1193. 7	—	—	—	12029. 2	Na_2SO_4
8		环 82	木平 81-32	长 8	1095. 8	7375. 4	—	1501. 0	—	170. 8	—	7879. 9	93. 8	842. 0	—	—	18958. 7	
9	注入水或混合水	环 42 岭 18 增	木 112-27	长 8	—	1012. 6	839. 5	2775. 6	—	244. 0	1426. 3	5346. 9	596. 9	—	—	—	12241. 8	Na_2SO_4
10		里 167 岭二转	里 166-01	延 10	—	935. 9	765. 6	1884. 4	—	97. 6	2180. 3	1988. 2	315. 1	—	—	—	8167. 1	$NaHCO_3$
11		环 56 岭一转	环 504-51	长 8	—	627. 4	760. 4	1853. 7	—	97. 6	445. 8	2144. 4	235. 9	814. 6	—	—	6979. 8	Na_2SO_4
12		环 82 木 80-35	木 80-33	长 8	—	633. 9	758. 2	1898. 5	—	195. 2	2332. 6	—	1753. 5	136. 7	—	—	7708. 6	$NaHCO_3$
13		环 67 环 60-02	环 65-02	延 8	—	560. 4	762. 6	874. 6	48. 0	24. 4	1546. 6	—	603. 5	131. 6	—	—	4551. 7	$NaHCO_3$

（3）南梁油田区块

南梁油田区块油井采出水、注入水或混合水的碱度、pH 值、氧、硫含量测定结果见表 3-5，离子含量、矿化度、水型测定结果见表 3-6。

表 3-5　南梁油田区块油井采出水、注入水或混合水的碱度、pH 值、氧、硫含量化验结果

序号	类型	区块	水样	层位	含水率/%	酚酞碱度 P_f/(mol/L)	甲基橙碱度 M_f/(mol/L)	氧含量/(mg/L)	硫含量/(mg/L)	pH 值	二氧化碳含量/(mg/L)
1	采出水	华 64	梁 26-15	长 4+5	65	0.00	1.60	0.80	0.00	7.70	0.76
2		华 64	梁 27-14	长 4+5	近 100	0.00	2.30	1.00	0.00	7.68	5.23
3		华 64	梁 18	延 9	85	0.60	15.40	0.40	0.00	8.21	7.92
4		华 64	梁 34-13	延 9	50	0.80	16.20	1.00	0.00	7.97	3.55
5		采二试采	午 220-224	长 8	60	0.00	0.90	0.40	0.30	7.26	6.83
6		南梁西	山 5-24	长 4+5	85	0.00	2.30	0.60	0.20	7.94	2.04
7		南梁西	山 7-24	长 4+5	65	0.00	1.80	0.30	0.00	7.96	5.65
8		梁 102	华 67-1	延 7	50	0.20	12.00	0.40	0.20	8.01	6.43
9		午 86	山 67-015	长 4+5	95	0.00	2.50	0.10	0.00	7.22	0.00
10		午 86	山 63-012	长 4+5	50	0.00	0.50	0.60	0.20	8.14	9.65
11		午 86	午 86	延 9	70	0.00	3.00	0.40	0.10	7.28	7.92
12		午 86	午 87-02	延 9	95	0.00	8.70	0.80	0.00	7.49	3.55
13		午 225	225-01	延 9	50	0.00	0.00	0.40	0.40	3.36	6.83
14		午 235	午 237-13	长 4+5	55	0.00	0.50	0.60	0.00	8.02	2.04
15		午 235	午 238-22	长 4+5	80	0.00	0.70	0.80	0.10	7.36	3.54
16	注入水或混合水	午 86	山 67-015	长 4+5	95	0.00	2.50	0.10	0.00	7.22	1.09
17		午 86	山 63-012	长 4+5	50	0.00	0.50	0.60	0.20	8.14	0.00
18		午 86	午 86	延 9	70	0.00	3.00	0.40	0.10	7.28	0.00
19		午 86	午 87-02	延 9	95	0.00	8.70	0.80	0.00	7.49	0.32
20		午 225	225-01	延 9	50	0.00	0.00	0.40	0.40	3.36	0.43
21		午 235	午 237-13	长 4+5	55	0.00	0.50	0.60	0.00	8.02	0.00

表 3-6　温台油田区块油井采出水、注入水或混合水的离子含量、矿化度、水型化验结果

序号	类型	区块	水样	层位	离子化验结果/(mg/L)												矿化度	水型
					F^-	Cl^-	NO_3^-	CO_3^{2-}	HCO_3^-	SO_4^{2-}	Na^+	K^+	Ca^{2+}	Mg^{2+}	Sr^{2+}	Ba^{2+}		
1	采出水	华 64	梁 26-15	长 4+5	1095. 2	3501. 6	763. 2	2173. 1	—	390. 4	1534. 5	415. 5	95. 1	844. 6	—	200. 9	11014. 1	$MgCl_2$
2		华 64	梁 27-14	长 4+5	—	2556. 7	501. 5	1025. 6	—	561. 2	3266. 2	1566. 4	638. 5	—	—	—	10116. 1	$NaHCO_3$
3		华 64	梁 18	延 9	—	1532. 4	747. 8	1822. 3	144. 8	3611. 2	1467. 6	1801. 3	535. 4	89. 6	—	—	11752. 4	Na_2SO_4
4		华 64	梁 34-13	延 9	1094. 6	3840. 3	—	2706. 3	528. 3	1769. 4	5146. 0	3936. 0	141. 7	—	135. 8	—	19298. 4	$NaHCO_3$
5		采二试采	午 220-224	长 8	—	3189. 6	830. 7	1542. 6	—	219. 6	3496. 4	1143. 1	1208. 1	889. 2	—	—	12519. 3	$NaHCO_3$
6		南梁西	山 5-24	长 4+5	—	1426. 9	746. 8	1470. 3	—	561. 2	2876. 0	180. 4	27. 1	180. 4	—	—	7469. 1	$NaHCO_3$
7		南梁西	山 7-24	长 4+5	—	9259. 0	—	1335. 1	—	439. 2	2814. 6	3688. 9	1994. 4	885. 4	—	—	20416. 6	$CaCl_2$
8		梁 102	华 67-1	延 7	1092. 8	3302. 7	747. 5	1463. 2	48. 8	2879. 2	1935. 6	5361. 4	58. 8	—	—	—	16890. 0	
9		午 86	山 67-015	长 4+5	1093. 9	8370. 6	—	1360. 3	—	610. 5	775. 8	4788. 8	217. 1	891. 0	—	—	18108. 0	$CaCl_2$
10		午 86	山 63-012	长 4+5	—	1071. 2	—	1479. 5	—	122. 4	394. 1	4238. 6	194. 4	—	—	—	7500. 2	
11		午 86	午 86	延 9	1100. 3	8266. 5	—	505. 2	—	732. 7	2542. 8	4000. 8	454. 6	911. 9	—	—	18514. 8	$CaCl_2$
12		午 86	午 87-02	延 9	—	10415. 0	—	2252. 5	—	2122. 8	3046. 3	6271. 5	327. 8	—	—	—	24435. 9	
13		午 225	225-01	延 9	—	971. 4	—	1570. 7	—	—	485. 5	411. 2	37. 9	839. 0	—	—	4315. 7	$MgCl_2$
14		午 235	午 237-13	长 4+5	1098. 2	1528. 1	—	1478. 8	—	122. 1	1380. 6	4055. 5	83. 4	—	—	—	9746. 7	Na_2SO_4
15		午 235	午 238-22	长 4+5	101. 8	5098. 0	—	1829. 0	—	170. 8	3365. 7	4028. 2	173. 7	—	—	—	14767. 2	Na_2SO_4
16	注入水或混合水	午 86	山 63-012	长 4+5	—	1071. 2	—	1479. 5	—	122. 4	394. 1	4238. 6	194. 4	—	—	—	7500. 2	
17		午 86	午 86	延 9	1100. 3	8266. 5	—	505. 2	—	732. 7	2542. 8	4000. 8	454. 6	911. 9	—	—	18514. 8	$CaCl_2$
18		午 86	午 87-02	延 9	—	10415. 0	—	2252. 5	—	2122. 8	3046. 3	6271. 5	327. 8	—	—	—	24435. 9	
19		午 225	225-01	延 9	—	971. 4	—	1570. 7	—	—	485. 5	411. 2	37. 9	839. 0	—	—	4315. 7	$MgCl_2$
20		午 235	午 237-13	长 4+5	1098. 2	1528. 1	—	1478. 8	—	122. 1	1380. 6	4055. 5	83. 4	—	—	—	9746. 7	Na_2SO_4
21		午 235	午 238-22	长 4+5	101. 8	5098. 0	—	1829. 0	—	170. 8	3365. 7	4028. 2	173. 7	—	—	—	14767. 2	Na_2SO_4

（4）岭南油田区块

岭南油田区块油井采出水、注入水或混合水的碱度、pH 值、氧、硫含量测定结果见表 3-7，离子含量、矿化度、水型测定结果见表 3-8。

表 3-7　岭南油田区块油井采出水、注入水或混合水的碱度、pH 值、氧、硫含量化验结果

序号	类型	区块	水样	层位	含水率/%	酚酞碱度 P_f/(mol/L)	甲基橙碱度 M_f/(mol/L)	氧含量/(mg/L)	硫含量/(mg/L)	pH 值
1	采出水	南一	9-162	延 6	95	0.00	1.40	0.80	0.30	8.09
2		南一	南平一	直 5	95	0.00	4.20	1.00	0.10	7.59
3		南一	南 10-13	直 3(2)	95	0.00	8.70	0.20	0.10	7.68
4		南二	南 30-19	延 9	90	0.00	7.20	0.40	0.10	7.63
5		南二	南侧 32-17	延 9	65	0.00	2.50	0.80	0.00	8.04
6		南二	南 32-111	延 4+5	90	0.00	3.80	0.40	0.00	7.93
7		南二	南 27-232	延 4+5	60	0.00	6.90	0.30	0.30	7.79
8		镇 452	镇 302-452	长 8	40	0.00	0.90	1.00	0.00	7.23
9		镇 246	蔡 14-4	延 10	85	0.00	1.40	0.80	0.00	7.29
10		镇 246	镇 32-9	延 10	60	0.00	2.50	0.20	0.20	7.14
11		镇 246	蔡 246	长 8	55	0.00	4.20	0.60	0.10	8.40
12	注入水或混合水	镇 452 拉油点	镇 452-s2 水源井	长 8	100	0.00	6.80	0.60	0.00	7.65
13		南二污水回注	x28-25 注水井	延 4+5	100	0.70	6.20	0.60	0.00	8.04
14		镇 246 增压点	马岭 1 号水源井	延 10	100	0.00	1.30	1.00	0.00	8.05

表 3-8　岭南油田区块油井采出水、注入水或混合水的离子含量、矿化度、水型化验结果

序号	类型	区块	水样	层位	离子化验结果/(mg/L)												矿化度	水型
					F^-	Cl^-	NO_3^-	CO_3^{2-}	HCO_3^-	SO_4^{2-}	Na^+	K^+	Ca^{2+}	Mg^{2+}	Sr^{2+}	Ba^{2+}		
1	采出水	南一	9-162	延 6	—	1465. 7	766. 6	5652. 4	96. 9	244. 0	7863. 8	3100. 1	405. 1	—	482. 5	119. 4	20196. 5	$NaHCO_3$
2		南一	南平一	直 5	—	1328. 9	769. 4	7596. 4	—	1024. 8	11394. 0	2902. 8	533. 7	—	463. 4	216. 0	26229. 4	$NaHCO_3$
3		南一	南 10-13	直 3(2)	—	4598. 7	900. 0	456. 0	—	2122. 8	2859. 6	345. 5	587. 1	903. 3	—	—	12773. 0	$MgCl_2$
4		南二	南 30-19	延 9	1099. 3	7328. 8	—	—	—	1756. 8	3558. 4	3661. 2	1167. 1	—	—	—	18571. 6	
5		南二	南侧 32-17	延 9	—	9866. 3	191. 3	1563. 3	—	610. 3	6546. 6	3426. 8	441. 9	923. 3	—	213. 5	23783. 3	Na_2SO_4
6		南二	南 32-111	延 4+5	—	800. 3	744. 0	3027. 3	—	915. 3	1415. 5	1161. 6	2131. 4	—	—	—	10195. 4	Na_2SO_4
7		南二	南 27-232	延 4+5	—	4337. 9	—	2775. 5	—	1683. 6	2417. 2	1166. 0	959. 9	—	—	—	13340. 1	
8		镇 452	镇 302-452	长 8	1093. 1	9306. 6	—	1684. 3	—	219. 6	1500. 3	5428. 9	975. 6	868. 5	—	—	21076. 9	$CaCl_2$
9		镇 246	蔡 14-4	延 10	1094. 3	17479. 0	761. 9	2186. 1	—	341. 6	7066. 3	294. 6	351. 6	739. 2	58. 4	543. 6	30916. 6	$CaCl_2$
10		镇 246	镇 32-9	延 10	—	3283. 3	877. 2	1344. 2	—	610. 0	2817. 0	412. 7	649. 3	891. 1	—	210. 0	11094. 8	$NaHCO_3$
11		镇 246	蔡 246	长 8	—	4785. 8	1045. 8	1524. 5	—	1024. 8	1336. 0	3728. 7	1585. 3	—	—	—	15030. 9	
12	注入水或混合水	镇 452 拉油点	镇 452-s2 水源井	长 8	—	2592. 6	—	1489. 4	—	317. 2	4104. 1	1167. 4	840. 5	—	—	—	10511. 2	$NaHCO_3$
13		南二 污水回注	x28-25 注水井	延 4+5	—	1962. 1	893. 5	3053. 9	168. 0	1342. 8	3484. 0	972. 1	1814. 4	972. 6	—	—	14663. 4	$NaHCO_3$
14		镇 246 增压点	马岭 1 号 水源井	延 10	—	1030. 1	—	2538. 6	—	317. 2	1580. 1	1733. 7	1570. 2	160. 4	—	—	8930. 3	Na_2SO_4

(5) 城壕油田区块

城壕油田区块油井采出水、注入水或混合水的碱度、pH 值、氧、硫含量测定结果见表 3-9，离子含量、矿化度、水型测定结果见表 3-10。

表 3-9　城壕油田区块油井采出水、注入水或混合水的碱度、pH 值、氧、硫含量化验结果

序号	类型	区块	水样	层位	含水率/%	酚酞碱度 P_f/(mol/L)	甲基橙碱度 M_f/(mol/L)	氧含量/(mg/L)	硫含量/(mg/L)	pH 值
1	采出水	西 259	西 262-2	长 3	95	0.00	2.30	0.60	0.20	7.85
2		城 55	城 8-29	延 7	95	0.00	8.50	0.30	0.30	7.82
3		悦 22	华 10-29	延 9	95	0.30	5.00	0.30	0.00	7.88
4		城 77	城 29-13	延 9	45	0.00	2.80	0.80	0.30	7.76
5		城 77	城平 77-1	延 9	85	0.00	7.60	0.80	0.00	7.86
6		午 120	午 118-01	长 3	85	0.00	2.10	0.30	0.10	7.10
7		午 120	午 117-1	长 3	45	0.00	0.90	0.80	0.30	7.11
8		城 81	城 145-28	延 8	75	0.00	12.80	0.40	0.10	7.58
9		山 156	山平 4-4	长 6	90	0.00	2.30	0.80	0.00	7.69
10		里 151	里 149-07	延 6	80	0.00	13.00	0.40	0.00	8.34
11	注入水或混合水	悦 22	悦一转注采站	延 9	100	0.00	5.10	0.30	0.00	7.75
12		城 55	城 55 注采站	延 7	100	0.40	11.30	0.60	0.00	8.27
13		城 81	城三转	延 8	100	0.00	0.70	1.00	0.00	8.05
14		西 259	西 259 综合站	长 3	100	0.00	1.60	0.40	0.00	7.60
15		山 156	城二转	长 6	100	0.00	6.00	0.20	0.00	7.62
16		城 77	城 77 增压点	延 9	100	0.00	3.40	0.80	0.00	7.55
17		午 120	午 120 临时输油点	长 3	100	0.00	0.80	0.80	0.10	7.97
18		里 151	里 151 注采站	延 6	100	0.00	10.40	1.00	0.00	8.01

表 3-10 城壕油田区块油井采出水、注入水或混合水的离子含量、矿化度、水型化验结果

序号	类型	区块	水样	层位	离子化验结果/(mg/L)												矿化度	水型
					F^-	Cl^-	NO_3^-	CO_3^{2-}	HCO_3^-	SO_4^{2-}	Na^+	K^+	Ca^{2+}	Mg^{2+}	Sr^{2+}	Ba^{2+}		
1	采出水	西 259	西 262-2	长 3	1510. 1	1758. 0	—	1870. 4	—	561. 2	2158. 3	824. 7	227. 2	674. 2	819. 4	—	10403. 5	$NaHCO_3$
2		城 55	城 8-29	延 7	—	2860. 7	746. 7	2770. 8	—	2074. 6	3410. 0	1165. 2	87. 5	—	—	—	13115. 5	$NaHCO_3$
3		悦 22	华 10-29	延 9	—	3293. 5	900. 1	3947. 6	—	1244. 4	2238. 3	3210. 0	1743. 9	—	1646. 6	—	18224. 4	Na_2SO_4
4		城 77	城 29-13	延 9	—	7179. 5	—	2318. 4	—	683. 2	4469. 8	738. 7	703. 3	902. 3	464. 3	7. 3	17466. 8	$MgCl_2$
5		城 77	城平 77-1	延 9	—	2700. 6	821. 3	1320. 8	192. 3	1659. 2	2845. 0	1260. 0	566. 7	304. 6	—	—	11670. 5	$NaHCO_3$
6		午 120	午 118-01	长 3	—	998. 5	995. 9	1121. 7	—	512. 4	1558. 3	537. 7	231. 9	809. 9	—	—	6766. 3	$NaHCO_3$
7		午 120	午 117-1	长 3	—	3947. 9	883. 5	5185. 8	—	219. 6	7730. 5	3682. 7	829. 5	867. 8	572. 0	—	23919. 3	$NaHCO_3$
8		城 81	城 145-28	延 8	—	9854. 4	755. 4	1538. 8	—	3123. 2	5638. 6	1488. 5	200. 5	—	—	—	22599. 4	
9		山 156	山平 4-4	长 6	—	2145. 8	874. 7	1524. 2	—	561. 2	1822. 3	155. 1	448. 4	915. 4	451. 1	—	8898. 2	Na_2SO_4
10		里 151	里 149-07	延 6	—	6345. 0	704. 6	641. 4	72. 8	2464. 4	4516. 0	1147. 6	191. 8	856. 5	—	—	16940. 1	$NaHCO_3$
11	注入水或混合水	悦 22	悦一转注采站	延 9	—	6293. 5	900. 1	947. 6	—	1244. 4	2238. 4	4210. 1	1231. 9	—	—	452. 2	17518. 2	
12		城 55	城 55 注采站	延 7	—	1629. 3	746. 8	1876. 7	96. 0	2659. 6	2405. 6	152. 0	1848. 8	1300. 6	—	—	12715. 4	$NaHCO_3$
13		城 81	城三转	延 8	—	1559. 6	882. 4	1670. 0	—	1870. 8	2552. 6	3226. 5	104. 3	—	—	—	11866. 2	$NaHCO_3$
14		西 259	西 259 综合站	长 3	1510. 1	758. 1	—	1870. 4	—	390. 4	2158. 5	2424. 7	227. 1	674. 3	—	—	10013. 6	$NaHCO_3$
15		山 156	城二转	长 6	—	3748. 4	—	1806. 5	48. 0	1403. 0	4401. 2	2787. 9	128. 3	913. 8	—	—	15237. 1	$NaHCO_3$
16		城 77	城 77 增压点	延 9	—	236. 8	—	2976. 1	72. 0	756. 4	1356. 3	3931. 2	870. 9	—	167. 3	—	10367. 0	Na_2SO_4
17		午 120	午 120 临时输油点	长 3	—	1109. 2	767. 2	2157. 1	—	195. 2	2996. 9	387. 4	91. 8	836. 3	—	—	8541. 1	$NaHCO_3$
18		里 151	里 151 注采站	延 6	—	3345. 1	704. 7	3641. 5	72. 0	2464. 4	2138. 1	3931. 1	870. 9	—	174. 4	450. 9	17793. 1	

（6）华池油田区块

华池油田区块油井采出水、注入水或混合水的碱度、pH 值、氧、硫含量测定结果见表 3-11，离子含量、矿化度、水型测定结果见表 3-12。

表 3-11　华池油田区块油井采出水、注入水或混合水的碱度、pH 值、氧、硫含量化验结果

序号	类型	区块	水样	层位	含水率/%	酚酞碱度 P_f/(mol/L)	甲基橙碱度 M_f/(mol/L)	氧含量/(mg/L)	硫含量/(mg/L)	pH 值
1	采出水	华 152	剖 17-10	延 8	80	0. 60	43. 00	0. 80	0. 30	8. 11
2		华 152	剖 13-9	长 1	75	0. 40	8. 10	1. 00	0. 20	8. 08
3		华 152	华 1-4	延 9	75	0. 80	15. 70	0. 30	0. 00	8. 32
4		华 49	华 42-13	延 8	90	0. 70	23. 90	0. 60	0. 20	8. 33
5		华 49	华 40-11	长 1	80	0. 20	3. 10	0. 80	0. 10	7. 90
6		悦 29	城 96	长 7	65	0. 00	3. 70	0. 20	0. 10	7. 27
7		悦 29	城 98-4A	延 10	60	0. 00	1. 00	0. 80	0. 00	7. 76
8		白 255	关 46-192	延 9	95	0. 00	6. 70	0. 40	0. 20	7. 46
9		白 455	陈 313-294	长 8	90	0. 00	4. 80	0. 30	0. 20	7. 90
10		白 523	白 524-01A	延 9	80	0. 70	11. 30	0. 10	0. 00	8. 59
11		华 192	剖 46-131	长 3	70	0. 00	27. 00	0. 60	0. 10	7. 66
12		华 201	华 201-30	延 8	80	0. 00	8. 80	0. 10	0. 00	7. 47
13	注入水或混合水	华 49	新华一转	延 8	100	0. 60	14. 90	0. 30	0. 00	7. 82
14		华 152	华三注	长 1	100	0. 00	3. 20	1. 00	0. 20	8. 13
15		华 152	剖 18-8 注水橇	延 8	100	0. 00	2. 80	1. 00	0. 00	7. 68
16		白 455	庆 12 转	长 8	100	0. 30	4. 10	1. 00	0. 00	8. 04
17		华 201	华 12 转	延 8	100	0. 00	0. 60	1. 00	0. 10	7. 71
18		白 523	华 1 增	延 9	100	0. 00	7. 90	0. 10	0. 00	7. 87
19		华 192	华 13 转	长 3	100	0. 00	0. 50	1. 00	0. 00	7. 43
20		白 255	白 270 拉油点	延 9	100	0. 00	0. 60	1. 00	0. 00	8. 04
21		白 255	白 255-s4 水源井	延 9	100	0. 00	0. 60	1. 00	0. 00	8. 04

表 3-12　华池油田区块油井采出水、注入水或混合水的离子含量、矿化度、水型化验结果

序号	类型	区块	水样	层位	离子化验结果/(mg/L)												矿化度	水型
					F^-	Cl^-	NO_3^-	CO_3^{2-}	HCO_3^-	SO_4^{2-}	Na^+	K^+	Ca^{2+}	Mg^{2+}	Sr^{2+}	Ba^{2+}		
1	采出水	华 152	剖 17-10	延 8	—	1146.5	270.4	1513.7	144.0	10345	1495.2	291.5	441.8	926.8	—	—	16575.5	$NaHCO_3$
2		华 152	剖 13-9	长 1	1101.3	921.6	—	3515.6	96.0	1878.8	3562.7	3902.0	156.7	—	—	—	15134.7	$NaHCO_3$
3		华 152	华 1-4	延 9	—	6117.5	—	3011.8	192.0	3635.6	4513.5	3827.4	1337.3	1106.5	—	—	23741.6	Na_2SO_4
4		华 49	华 42-13	延 8	—	8345.6	—	1957.1	168.0	5660.8	3649.3	1164.5	1533.1	—	—	—	22478.4	
5		华 49	华 40-11	长 1	—	3695.1	761.2	1814.5	48.0	707.6	3510.3	2346.9	159.6	839.8	—	—	13883.0	$NaHCO_3$
6		悦 29	城 96	长 7	—	9731.2	—	2181.5	—	902.8	6558.1	—	1198.0	819.1	—	—	21390.7	Na_2SO_4
7		悦 29	城 98-4A	延 10	—	5927.6	—	1341.1	—	244.0	1351.5	3866.8	1698.0	204.6	—	—	14633.6	$CaCl_2$
8		白 255	关 46-192	延 9	—	6996.8	—	518.5	—	1634.8	541.6	—	202.2	798.0	—	—	10691.9	$CaCl_2$
9		白 455	陈 313-294	长 8	—	2207.2	768.5	930.6	—	1171.2	611.8	2723.3	411.4	—	490.1	—	9314.1	
10		白 523	白 524-01A	延 9	—	3057.3	767.6	1535.3	168.0	2586.4	525.1	3270.1	1393.7	795.4	—	—	14098.9	$MgCl_2$
11		华 192	剖 46-131	长 3	1101.8	2015.8	—	2359.5	—	6588.0	2365.7	228.0	927.6	—	—	—	15586.4	Na_2SO_4
12		华 201	华 201-30	延 8	—	1944.3	—	3713.7	1920.0	195.2	2542.4	—	1173.7	1795.7	—	—	13285.0	Na_2SO_4
13	注入水或混合水	华 49	新华一转	延 8	—	2350.0	705.4	1529.3	144.0	3489.2	554.5	2603.5	431.8	933.7	—	—	12741.4	
14		华 152	华三注	长 1	—	699.9	763.3	1778.4	—	780.8	1528.2	425.1	270.2	852.2	—	—	7098.1	$NaHCO_3$
15		华 152	剖 18-8 注水橇	延 8	—	1748.0	285.5	1187.8	—	683.2	306.4	110.5	849.3	1056.3	—	—	6227.0	$MgCl_2$
16		白 455	庆 12 转	长 8	—	2319.7	770.2	700.2	72.0	927.2	539.9	3262.3	502.2	—	—	—	9093.7	
17		华 201	华 12 转	延 8	—	1446.3	770.5	1900.7	—	146.4	558.6	3348.4	87.8	921.7	—	490.1	9670.5	$MgCl_2$
18		白 523	华 1 增	延 9	—	3802.9	—	3607.8	—	1927.6	3996.9	1387.4	1091.9	1836.4	—	—	17650.9	Na_2SO_4
19		华 192	华 13 转	长 3	—	1066.7	730.6	1551.2	—	122.0	1112.3	2694.1	440.3	210.4	—	—	7927.6	Na_2SO_4
20		白 255	白 270 拉油点	延 9	—	938.9	—	2647.1	—	146.4	543.8	3130.9	435.2	910.7	—	—	8753.0	$MgCl_2$
21		白 255	白 255-s4 水源井	延 9	—	1735.1	—	2953.5	—	146.4	3189.3	1131.5	890.7	763.9	—	—	10810.4	$NaHCO_3$

（7）岭北油田区块

岭北油田区块油井采出水、注入水或混合水的碱度、pH 值、氧、硫含量测定结果见表 3-13，离子含量、矿化度、水型测定结果见表 3-14。

表 3-13　岭北油田区块油井采出水、注入水或混合水的碱度、pH 值、氧、硫含量化验结果

序号	类型	区块	水样	层位	含水率/%	酚酞碱度 P_f/(mol/L)	甲基橙碱度 M_f/(mol/L)	氧含量/(mg/L)	硫含量/(mg/L)	pH 值
1	采出水	上里塬	里 23-9	延 9	70	0.00	5.80	0.20	0.00	7.12
2		里 91	里 91-06	延 10	60	0.20	2.10	0.80	0.20	8.28
3		里 148	里 644-100	长 7	90	0.00	0.70	0.10	0.00	7.30
4		里 148	里 647-98	长 8	90	0.15	1.00	0.40	0.00	7.26
5		里 173	里 15-81	延 9	65	0.00	6.00	0.60	0.20	7.26
6		北三	木 H9-1	延 6	97	0.50	4.90	1.00	0.00	7.80
7	注入水或混合水	里 91	里 185-54 注水井	延 10	100	0.10	0.80	1.00	0.00	7.61
8		北三	二元驱试验站注聚前	延 6	100	0.00	0.80	1.00	0.00	8.15
9		北三	二元驱试验站注聚后	延 6	100	0.40	3.00	1.00	0.40	8.59
10		里 148	里 112-s2 水源井	长 7 长 8	100	0.00	1.00	1.00	0.00	7.90
11		上里塬	里 56-s1 水源井	延 9	100	0.00	0.80	1.00	0.10	8.20
12		里 173	里 173-s1 水源井	延 9	100	0.00	1.00	1.00	0.30	7.74

表 3-14　岭北油田区块油井采出水、注入水或混合水的离子含量、矿化度、水型化验结果

序号	类型	区块	水样	层位	离子化验结果/(mg/L)												矿化度	水型
					F^-	Cl^-	NO_3^-	CO_3^{2-}	HCO_3^-	SO_4^{2-}	Na^+	K^+	Ca^{2+}	Mg^{2+}	Sr^{2+}	Ba^{2+}		
1	采出水	上里塬	里 23-9	延 9	—	6005. 2	—	4867. 5	—	1415. 2	8477. 5	5622. 7	311. 9	—	—	—	26700. 0	$NaHCO_3$
2	采出水	里 91	里 91-06	延 10	—	3735. 0	710. 8	3828. 4	48. 0	463. 6	3972. 1	4092. 3	145. 5	910. 5	—	—	17906. 2	Na_2SO_4
3	采出水	里 148	里 644-100	长 7	—	7549. 4	—	1392. 2	—	170. 8	649. 6	7726. 1	176. 1	830. 0	—	—	18494. 2	$CaCl_2$
4	采出水	里 148	里 647-98	长 8	—	1356. 4	—	2469. 2	36. 0	207. 4	544. 1	224. 4	2854. 4	758. 8	—	—	8450. 7	$MgCl_2$
5	采出水	里 173	里 15-81	延 9	—	21329. 0	—	3284. 2	—	1464. 0	3602. 9	471. 9	3257. 3	—	—	—	33409. 3	
6	采出水	北三	木 H9-1	延 6	—	2202. 3	—	2994. 9	120. 0	1073. 6	1530. 5	5484. 3	196. 6	—	—	—	13602. 2	Na_2SO_4
7	注入水或混合水	里 91	里 185-54 注水井	延 10	—	205. 8	—	1725. 6	24. 0	170. 8	1503. 4	2016. 0	98. 9	—	—	—	5744. 5	$NaHCO_3$
8	注入水或混合水	北三	二元驱试验站注聚前	延 6	—	161. 6	—	2472. 8	—	195. 2	727. 9	4557. 8	20. 9	—	—	—	8136. 2	Na_2SO_4
9	注入水或混合水	北三	二元驱试验站注聚后	延 6	—	4809. 3	125. 6	1535. 6	96. 0	634. 4	2163. 2	5623. 9	578. 1	—	—	—	15566. 1	
10	注入水或混合水	里 148	里 112-s2 水源井	长 7 长 8	—	397. 6	—	2019. 6	—	244. 7	506. 7	4291. 0	97. 4	—	—	—	7557. 0	Na_2SO_4
11	注入水或混合水	上里塬	里 56-s1 水源井	延 9	—	444. 9	—	1820. 6	—	195. 2	493. 5	2589. 8	84. 4	822. 1	—	—	6450. 5	Na_2SO_4
12	注入水或混合水	里 173	里 173-s1 水源井	延 9	—	837. 8	820. 1	2322. 9	—	244. 0	691. 8	4583. 1	21. 4	—	—	—	9521. 1	Na_2SO_4

（8）樊家川油田区块

樊家川油田区块油井采出水、注入水或混合水的碱度、pH 值、氧、硫含量测定结果见表 3-15，离子含量、矿化度、水型测定结果见表 3-16。

表 3-15 樊家川油田区块油井采出水、注入水或混合水的碱度、pH 值、氧、硫含量化验结果

序号	类型	区块	水样	层位	含水率/%	酚酞碱度 P_f/（mol/L）	甲基橙碱度 M_f/（mol/L）	氧含量/（mg/L）	硫含量/（mg/L）	pH 值
1	采出水	木 30	木平 97-5	长 8	80	0.00	0.40	0.40	0.00	7.22
2		木 30	木 103-3	长 8	25	0.00	0.40	0.40	0.00	7.13
3		木 30	里 248	延 9	80	0.00	1.70	0.80	0.10	7.70
4		木 34	木 28-05	延 10	100	0.30	1.80	0.60	0.00	8.20
5		木 34	木 34-1	延 10	55	0.00	3.40	0.30	0.10	7.77
6		木 34	木 31-03	延 10	25	0.00	0.30	1.00	0.00	5.75
7		环 65	环 65	延 9	55	0.00	4.80	0.80	0.00	7.87
8		环 65	樊 11-10	延 9	90	0.00	5.30	0.80	0.10	7.96
9		环 82	环 200-54	长 8	85	0.00	3.90	0.40	0.10	7.87
10		环 82	环 205-56	长 8	50	0.00	2.30	0.80	0.00	7.85
11		环 82	环 201-54	长 8	25	0.00	0.90	0.80	0.00	8.20
12		环 82	樊 7-12	延 9	20	0.00	1.00	0.80	0.00	8.02
13		环 91	环 113-98	长 3	70	0.00	1.00	0.05	0.20	6.42
14		环 91	环 222-69	长 8	25	0.00	0.40	0.40	0.20	7.60
15		环 91	环 93-5	延 9	90	0.00	2.40	1.00	0.20	6.90
16		环 91	环 98-4	延 9	30	0.00	1.20	0.10	0.00	7.15
17	注入水或混合水	木 30	木 30 区污水回注	长 8 延 9	100	0.10	1.10	1.00	0.30	8.28
18		木 34	木 34 区污水回注	延 10	100	0.20	2.10	0.80	0.00	8.05
19		环 65	环 65-S1 水源井	延 9	100	0.00	0.90	1.00	0.10	7.60
20		环 82	环 82-S9 水源井	长 3 长 8	100	0.00	0.90	1.00	0.00	8.10
21		环 91	环 91 区岭五转	延 9	100	0.30	3.00	0.20	0.30	7.31
22		环 82	环 82 区樊 7-12 注入水	延 9	100	0.00	0.90	1.00	0.20	7.56

表 3-16 樊家川油田区块油井采出水、注入水或混合水的离子含量、矿化度、水型化验结果

序号	类型	区块	水样	层位	离子化验结果/(mg/L)												矿化度	水型
					F^-	Cl^-	NO_3^-	CO_3^{2-}	HCO_3^-	SO_4^{2-}	Na^+	K^+	Ca^{2+}	Mg^{2+}	Sr^{2+}	Ba^{2+}		
1	采出水	木 30	木平 97-5	长 8	—	7323.4	—	1441.3	—	97.6	2813.1	5478.0	1113.1	—	—	—	18266.5	
2		木 30	木 103-3	长 8	—	7900.7	—	1343.9	—	97.6	5426.6	2158.3	307.1	773.2	664.3	—	18671.7	Na_2SO_4
3		木 30	里 248	延 9	—	2762.1	—	5307.0	—	402.6	2479.5	5463.7	1178.5	—	—	227.1	17820.5	Na_2SO_4
4		木 34	木 28-05	延 10	—	3766.8	—	1436.2	72.0	366.0	515.7	5717.4	200.7	—	—	—	12074.8	
5		木 34	木 34-1	延 10	—	1025.6	—	2684.2	—	829.6	534.7	182.6	2732.2	785.4	—	—	8774.3	$MgCl_2$
6		木 34	木 31-03	延 10	1095.4	743.2	—	1492.5	—	73.2	3995.5	369.0	230.4	—	—	—	7999.2	$NaHCO_3$
7		环 65	环 65	延 9	—	5757.7	—	1505.0	—	1171.2	1586.0	4033.2	1386.8	—	—	—	15439.9	
8		环 65	樊 11-10	延 9	195.9	4403.6	—	2771.2	—	1293.2	2584.7	3946.5	1205.2	—	—	215.6	16615.9	
9		环 82	环 200-54	长 8	—	1490.6	—	1597.0	—	951.6	3983.8	159.4	54.8	—	—	—	8237.2	$NaHCO_3$
10		环 82	环 205-56	长 8	—	1805.8	—	1835.0	—	561.2	1332.6	3966.9	152.9	—	—	—	9654.4	Na_2SO_4
11		环 82	环 201-54	长 8	1097.9	1264.2	—	1504.5	—	219.6	—	4094.0	509.0	—	—	—	8689.2	
12		环 82	樊 7-12	延 9	—	754.1	—	2428.3	—	244.0	501.3	5419.8	95.6	—	—	—	9443.1	
13		环 91	环 113-98	长 3	—	20610.0	—	1566.8	—	244.0	5602.2	10948.0	970.0	889.6	—	—	40830.6	
14		环 91	环 222-69	长 8	—	1171.9	370.2	1607.2	—	97.6	2652.3	1279.3	383.6	—	—	—	7562.1	$NaHCO_3$
15		环 91	环 93-5	延 9	—	20341.0	—	1596.0	—	585.6	8524.7	6390.4	156.3	—	—	—	37594.0	
16		环 91	环 98-4	延 9	—	4242.6	—	2455.5	—	292.8	1840.3	4466.5	495.2	901.2	—	—	14694.1	$MgCl_2$
17	注入水或混合水	木 30	木 30 区污水回注	长 8 延 9	—	310.5	—	1871.1	24.0	244.0	1741.8	—	171.3	838.1	—	—	5200.8	$NaHCO_3$
18		木 34	木 34 区污水回注	延 10	—	3133.6	—	3160.3	48.0	463.6	1530.3	5637.2	110.6	854.8	—	—	14938.4	$MgCl_2$
19		环 65	环 65-S1 水源井	延 9	—	560.1	—	2543.5	—	219.6	—	5738.3	152.3	—	—	—	9213.8	
20		环 82	环 82-S9 水源井	长 3 长 8	—	938.0	—	2250.8	—	219.6	495.9	5478.1	113.1	—	—	—	9495.5	
21		环 91	环 91 区岭五转	延 9	1097.5	4484.7	—	—	72.0	658.8	397.7	324.5	832.2	918.9	—	461.4	9247.7	$CaCl_2$
22		环 82	环 82 区樊 7-12 注入水	延 9	—	473.9	—	2145.0	—	219.6	326.9	3963.7	247.8	—	—	—	7376.9	Na_2SO_4

油田采出水常用苏林分类法，按照该方法，可以把油田采出水分成硫酸钠水型(Na_2SO_4)、重碳酸钠水型($NaHCO_3$)、氯化镁水型($MgCl_2$)、氯化钙水型($CaCl_2$)四种。其中，重碳酸钠水型在油田中分布很广，是含油良好的标志。氯化钙水型代表深层封闭构造环境下形成的水，有利于油气的聚集和保存，也是含油气良好的标志。

苏林水型的判别标准和计算方法如下：

① 测定水样中阴阳离子(Na^+、Mg^{2+}、SO_4^{2-}、Cl^-等)的质量浓度(mg/L)。

② 将离子的质量浓度换算成毫克摩尔浓度：

$$毫克摩尔浓度=\frac{毫克浓度}{相对分子质量}\times离子电荷数$$

③ 当$[Na^+]>[Cl^-]$时，若$\frac{[Na^+]-[Cl^-]}{[SO_4^{2-}]}<1$，则为硫酸钠水型($Na_2SO_4$)；

若$\frac{[Na^+]-[Cl^-]}{[SO_4^{2-}]}>1$，则为重碳酸钠水型($NaHCO_3$)。

④ 当$[Na^+]<[Cl^-]$时，若$\frac{[Cl^-]-[Na^+]}{[Mg^{2+}]}<1$，则为氯化镁水型($MgCl_2$)；

若$\frac{[Cl^-]-[Na^+]}{[Mg^{2+}]}>1$，则为氯化钙水型($CaCl_2$)。

根据上述标准，对离子化验结果进行计算，判断了135个水样的水型。

3.4.3 矿化度

(1) 西峰油田区块

10个油井采出水的矿化度范围是13055.95~89484.67mg/L；4个混合水的矿化度范围是12262.68~29258.29mg/L。

(2) 温台油田区块

8个油井采出水的矿化度范围是7444.4~42619.7mg/L；5个注入水的矿化度范围是4551.7~12241.8mg/L。

(3) 南梁油田区块

15个油井采出水的矿化度范围是4315.7~24435.9mg/L；6个注入水的矿化度范围是4628.7~15237.6mg/L。

(4) 岭南油田区块

11个油井采出水的矿化度范围是10195.7~30916.6mg/L；3个注入水的矿化度范围是8930.3~14663.4mg/L。

(5) 城壕油田区块

10个油井采出水的矿化度范围是6766.3~23919.3mg/L；8个注入水的矿化度范围是8541.1~17793.1mg/L。

(6) 华池油田区块

12 个油井采出水的矿化度范围是 9314. 1~23741. 6mg/L；9 个注入水的矿化度范围是 6227. 0~17650. 9mg/L。

(7) 岭北油田区块

6 个油井采出水的矿化度范围是 8450. 7~33409. 3mg/L；6 个注入水的矿化度范围是 5744. 5~15566. 1mg/L。

(8) 樊家川油田区块

16 个油井采出水的矿化度范围是 7562. 1~40830. 6mg/L；6 个注入水的矿化度范围是 5200. 8~14938. 4mg/L。

从普遍规律出发，水样中矿化度越高，则对钢制金属件的腐蚀倾向也越强。可见，西峰油田水样的矿化度最高，温台、樊家川和南梁油田区块次之。

3. 4. 4 CO_3^{2-}和HCO_3^-离子浓度

(1) 西峰油田区块

10 个油井采出水CO_3^{2-}和HCO_3^-离子浓度之和是 73. 2~524. 6mg/L；4 个混合水的CO_3^{2-}和HCO_3^-离子浓度之和是 0~500. 2mg/L。

(2) 温台油田区块

8 个油井采出水CO_3^{2-}和HCO_3^-离子浓度之和是 1462. 0~2755. 3mg/L；5 个注入水CO_3^{2-}和HCO_3^-离子浓度之和是 0~2755. 6mg/L。

(3)南梁油田区块

15 个油井采出水CO_3^{2-}和HCO_3^-离子浓度之和是 505. 2~3234. 6mg/L；6 个注入水CO_3^{2-}和HCO_3^-离子浓度之和是 0~2388. 3mg/L。

(4) 岭南油田区块

11 个油井采出水CO_3^{2-}和HCO_3^-离子浓度之和是 0~7596. 4mg/L；3 个注入水CO_3^{2-}和HCO_3^-离子浓度之和是 0~3221. 9mg/L。

(5) 城壕油田区块

10 个油井采出水CO_3^{2-}和HCO_3^-离子浓度之和是 714. 2~5185. 8mg/L；8 个注入水CO_3^{2-}和HCO_3^-离子浓度之和是 947. 6~3713. 5mg/L。

(6) 华池油田区块

12 个油井采出水CO_3^{2-}和HCO_3^-离子浓度之和是 518. 5~5633. 7mg/L；9 个注入水CO_3^{2-}和HCO_3^-离子浓度之和是 772. 2~3607. 8mg/L。

(7) 岭北油田区块

6 个油井采出水CO_3^{2-}和HCO_3^-离子浓度之和是 1392. 2~4867. 5mg/L；6 个注入水CO_3^{2-}和HCO_3^-离子浓度之和是 0~2742. 8mg/L。

（8）樊家川油田区块

16个油井采出水CO_3^{2-}和HCO_3^-离子浓度之和是1343.9~5307.0mg/L；6个注入水CO_3^{2-}和HCO_3^-离子浓度之和是0~3208.3mg/L。

可见，岭南、华池、樊家川、城壕、岭北油田区块的水样中CO_3^{2-}和HCO_3^-离子浓度之和较高，因此，这些油田区块较易于发生二氧化碳腐蚀。

3.4.5 Cl^-离子浓度

(1)西峰油田区块

10个油井采出水Cl^-离子浓度是3696.11~44329.89mg/L；4个混合水的Cl^-离子浓度是0~12190.98mg/L。

（2）温台油田区块

8个油井采出水Cl^-离子浓度是935.9 ~23023.0mg/L；5个注入水Cl^-离子浓度是0~1012.6mg/L。

（3）南梁油田区块

15个油井采出水Cl^-离子浓度是971.4~10415.0mg/L；6个注入水Cl^-离子浓度是72.2~6836.9mg/L。

（4）岭南油田区块

11个油井采出水Cl^-离子浓度是800.3~17479mg/L；3个注入水Cl^-离子浓度是0~2592.6mg/L。

（5）城壕油田区块

10个油井采出水Cl^-离子浓度是998.5~9854.4mg/L；8个注入水Cl^-离子浓度是236.8~6293.5mg/L。

（6）华池油田区块

12个油井采出水Cl^-离子浓度是921.6~9731.2mg/L；9个注入水Cl^-离子浓度是699.9~3802.9mg/L。

（7）岭北油田区块

6个油井采出水Cl^-离子浓度是1356.4~21329.0mg/L；6个注入水Cl^-离子浓度是0~4809.3mg/L。

（8）樊家川油田区块

16个油井采出水Cl^-离子浓度是743.2~20610mg/L；6个注入水Cl^-离子浓度是0~4484.7mg/L。

可见，西峰、岭北、樊家川油田区块的水样中Cl^-离子浓度较高，因此，这些油田区块更易发生点腐蚀。

第4章　垢样分析

油田进入含水期开发后，由于水的热力学不稳定性和化学不相容性，往往造成油井井筒、地面系统及注水地层的结垢问题，给生产带来极大的危害。由于结垢的影响，造成了油井产液量下降，管线及加热炉堵塞，同时结垢也增加了油井的井下作业，严重的会造成油井停产或报废，造成经济损失。

长庆马岭、安塞等油田，525口井、100多个站存在结垢问题，极个别井的修井周期仅一个月或十天左右，有的井套损后，结垢严重，隔水采油封隔器座封困难，有的井因结垢堵死，抽油杆被拉断，油井被迫关井。

4.1　油田腐蚀结垢

4.1.1　油田腐蚀结垢的特点

腐蚀与结垢是油水井普遍存在的现象，从腐蚀结垢产物分析来看，腐蚀和结垢往往同时发生，腐蚀产物占主导的井较多。从停产检泵的直接原因来看，腐蚀诱因与结垢诱因相差不大。

4.1.2　腐蚀结垢对油水井的危害

注水井腐蚀结垢表现为油管腐蚀穿孔和注水水嘴腐蚀结垢普遍。注水井的腐蚀穿孔造成注入水漏失，漏失的水进入油套环空，在油套环空间环境里使油套环空水质恶化，加速套损时间或造成油管从外壁腐蚀，加速油管的毁坏，甚至造成井下事故。如果分注结垢腐蚀则会影响分层注水效果，不能按要求分层配注。注水井油管结垢随井的加深逐渐变厚，井深的增加，温度压力升高，腐蚀结垢产物在管壁附着堆积，严重地影响了流体流动的有效截面积，增加了注水压力，如果垢渣掉落则会引起垢卡水嘴，需要维修，影响油田的正常生产。

4.1.3　油水井结垢因素

垢型主要包括碳酸盐垢、硫酸盐垢及含铁化合物的混合物等。具体的成分主要包括：$CaCO_3$、$MgCO_3$、$CaSO_4$、$BaSO_4$、FeS、SiO_2、Fe_2O_3等。水中的盐含量越大，通常就越能增大垢的溶解度，这是一种盐效应。

压力的影响：碳酸钙的溶解度随温度的升高和压力的降低而减少，而后者的影响尤为重要。因为它在系统的任何部位，压力降低都可能产生碳酸钙结垢沉淀。

pH 的影响：降低 pH 使溶解度增大，减弱成垢倾向，这种作用对碳酸钙垢的影响明显，对硫酸钙次之，对硫酸钡影响很小，弱碱性条件下，成垢趋势加强，成垢离子更容易结垢沉积。

4.1.4 腐蚀结垢的相互作用

油水井中的腐蚀结垢问题通常相伴发生，腐蚀与结垢相互促进和加强，主要表现在以下两个方面。

(1) 垢下腐蚀

油水井结垢易造成垢下腐蚀，会进一步加速金属的腐蚀速度。主要有三个原因：其一，垢的存在容易引起各种形式的浓差电池腐蚀，垢下金属成为相对的阳极而遭受腐蚀。其二，在垢下相对缺氧，有利于硫酸盐还原菌的生长繁殖，造成细菌腐蚀。其三，垢的成分既有各种沉积物又有腐蚀产物，且腐蚀产物的电位比钢铁正成为阴极，而钢铁为阳极受到腐蚀。

(2) 腐蚀加速结垢

随着开采或注水时间的延长，腐蚀在油管表面防腐涂层被破坏或薄弱的地方开始腐蚀，油管腐蚀性加重，腐蚀出凹坑使油管壁面粗糙，且腐蚀产物参与成垢，这就更有利于结垢物晶体的附着沉积，促进了油管结垢，结垢速度增大。

4.2 垢样分析

本章垢样分析取得了 72 个垢样，采用 X 射线衍射方法，分析了所有垢样的物相组成。

4.2.1 西峰油田区块

总共取得 11 个垢样，其中 6 个油井垢样，3 个水井垢样，2 个管线垢样。根据表 4-1中垢样物相组成化验结果和图 4-1 分析，可以得出三类垢样的主要垢样类型。

① 油井垢样：主要是以 $CaCO_3$、$BaCO_3$为主的碳酸盐，并伴有 Fe_2O_3、$FeCO_3$等腐蚀产物和 SiO_2等沉积产物。

②水井垢样：西 340-369 垢样基本由 $CaCO_3$ 构成；西 22-19 垢样主要含有 $SrSO_4$ 产物，并伴有 Fe_2O_3、$FeCO_3$ 等腐蚀产物；西 28-25 垢样主要含有 $FeCO_3$ 和 Fe_3O_4 腐蚀产物，并伴有 SiO_2 沉积产物。

③管线垢样：西 19 增总机关、西 90 加热炉出口垢样主要由 Ba、Sr 的硫酸盐组成。

表 4-1　西峰油田区块垢样物相分析结果

序号	区块	垢样名称	层位	井别	物相组成及相对含量					
					主物相		第二物相		第三物相	
					化学式	相对含量/%	化学式	相对含量/%	化学式	相对含量/%
1	西 47	西 335-369	长 8	油井	$CaCO_3$	77	$Mg_{0.1}Ca_{0.9}CO_3$	23		
2	白马中	西 35-15	长 8	油井	SiO_2	44	$BaCO_3$	31	$BaCO_3$	24
3	西 90	西 282-4	长 3	油井	SiO_2	61	$CaCO_3$	39		
4	董志	董 77-59	长 8	油井	$CaCO_3$	50	$BaCO_3$	38	SiC	12
5	白马中	西 28-25	长 8	水井	$Fe(CO_3)$	59	SiO_2	36	Fe_3O_4	3
6	白马中	西 22-19	长 8	水井	$SrSO_4$	37	Fe_2O_3	32	$FeCO_3$	31
7	白马中	西 19 增总机关	长 8		$Ba_{0.75}Sr_{0.25}SO_4$	100				
8	西 90	西 90 加热炉出口	长 3		$BaSO_4$	64	(Ca，Mg) CO_3	36		
9	镇 51	西 321-356A	长 8	油井	$(Mg_{.129}Ca_{.871})(CO_3)$	73	SiO_2	17	$FeCO_3$	10
10	西 47	西 340-369	长 8	水井	$CaCO_3$	100				
11	宁 21	宁 34-30	延 9	油井	$CaCO_3$	97	Fe_2O_3	3		

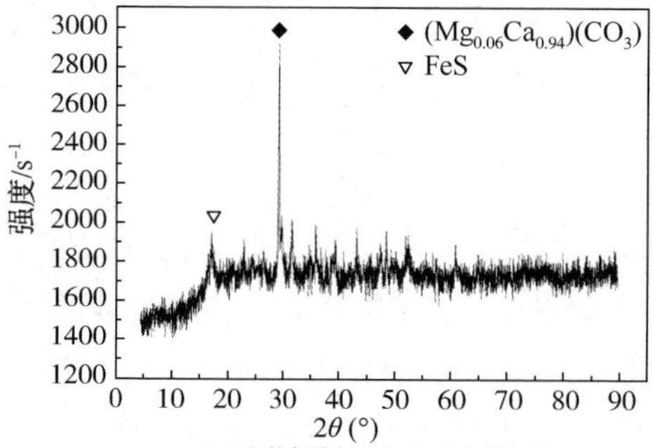

(a)油井垢样的XRD分析结果

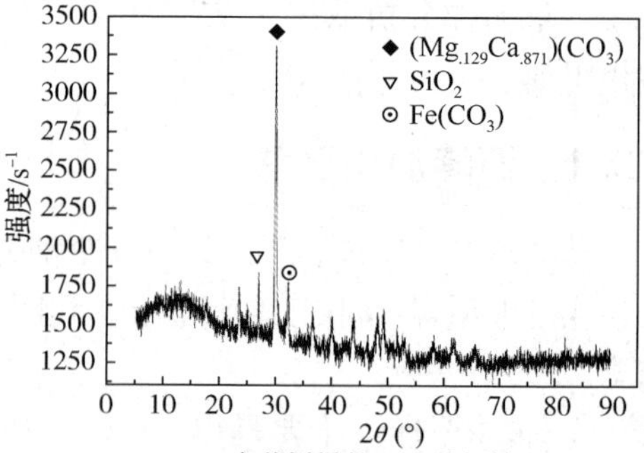

(b)水井垢样的XRD分析结果

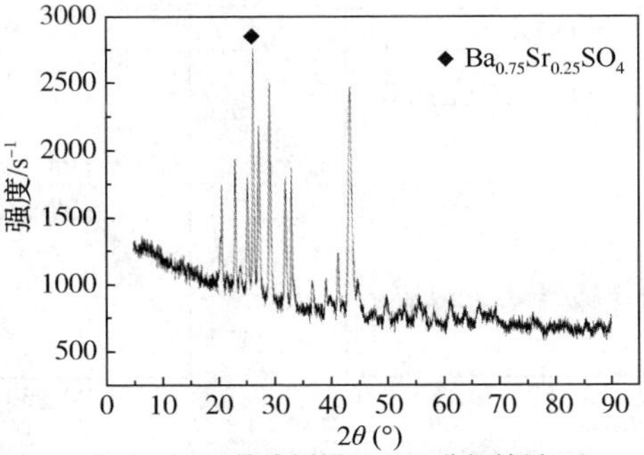

(c)管线垢样的XRD分析结果

图 4-1 垢样的 XRD 分析结果

4.2.2 温台油田区块

共取得7个垢样，其中2个油井垢样，1个水井垢样，4个管线垢样。根据表4-2中垢样物相组成化验结果和图4-2分析，可得出三类垢样的主要垢样类型。

① 油井垢样：环平 80-17 垢样主要含有 Fe_3O_4、$FeCO_3$、FeS 等腐蚀产物；环 227-66 垢样则主要是 SiO_2沉积产物和含有 Ca、Mg 的碳酸盐。

② 水井垢样：环 491-59 注水井垢样基本由 $FeCO_3$等腐蚀产物构成。

③ 管线垢样：主要由含 Ca、Mg 的碳酸盐组成。

表 4-2 温台油田区块垢样物相分析结果

序号	区块	垢样名称	层位	井别	物相组成及相对含量					
					主物相		第二物相		第三物相	
					化学式	相对含量/%	化学式	相对含量/%	化学式	相对含量/%
1	环 82	环平 80-17	长 8	油井	Fe_3O_4	65	$FeCO_3$	18	FeS	17
2	环 82	环 227-66	长 8	油井	SiO_2	43	$(Mg_{.129}Ca_{.871})(CO_3)$	41	$Na(Fe_{0.75}Al_{0.25})O_2$	16
3	环 56	环 491-59 注水井	长 8	水井	$FeCO_3$	71	FeO(OH)	29		
4	环 56	岭一联三相分离器内壁			$CaCO_3$	84	$Ca(CO_3)$	16		
5	环 56	岭一联三相分离器内壁			$Mg0.1Ca0.9CO_3$	77	$Ca(CO_3)$	23		
6	里 167	岭二转垢样	长 6		$CaCO_3$	62	$Ca(CO_3)$	38		
7	里 167	岭二转垢样	长 6		$Ca(CO_3)$	45	$CaCO_3$	44	SiO_2	11

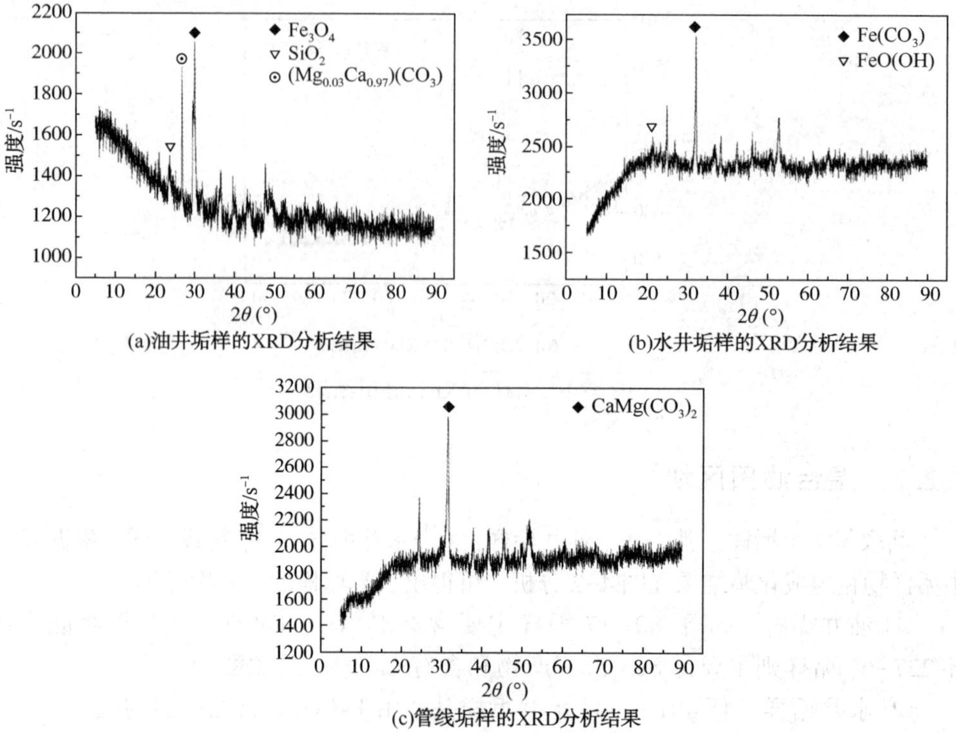

图 4-2　垢样的 XRD 分析结果

4.2.3　南梁油田区块

共取得 20 个垢样，其中 8 个油井垢样，7 个水井垢样，5 个管线垢样。根据表 4-3 中垢样物相组成化验结果和图 4-3 分析，可得出三类垢样的主要垢样类型。

① 油井垢样：梁 32-22、山 02-25 垢样主要由 Fe_3O_4、FeO(OH)等腐蚀产物组成；梁 26-16、白 459、午 124-02 垢样主要由 Ca、Mg 的碳酸盐组成；山 8-29 垢样主要由 SiO_2沉积产物和 $CaCO_3$组成；山 63-015 垢样主要由 Ba、Sr 的硫酸盐组成。

② 水井垢样：梁 30-20、梁 30-22、山 2-22、山 2-26、山 34-10、山 36-10、午 16-16 垢样均主要含有 FeO(OH)、Fe_3O_4、FeS 等腐蚀产物，并伴有少量的 Ca、Mg 碳酸盐和 Sr、Ba 硫酸盐。

③ 管线垢样：梁一转总机关混进管线垢样、南集油站垢样、南梁集纳站总机关垢样、梁一增收球筒出口垢样主要由 Ba、Sr 的硫酸盐组成；梁一转总机关清垢样主要由 $CaCO_3$和 SiO_2等沉积产物组成。

表 4-3　南梁油田区块垢样物相分析结果

序号	区块	垢样名称	层位	井别	物相组成及相对含量							
					主物相		第二物相		第三物相		第四物相	
					化学式	相对含量/%	化学式	相对含量/%	化学式	相对含量/%	化学式	相对含量/%
1	华 64	梁 32-22	长 4+5	油井	Fe_3O_4	53	FeO(OH)	28	$CaMg(CO_3)_2$	9	$FeCO_3$	7
2	南梁西	山 02-25	长 4+5	油井	FeO(OH)	74	Fe_3O_4	24	$FeCO_3$	2		
3	南梁西	山 8-29	长 4+5	油井	SiO_2	56	$CaCO_3$	23	$(Ca, Mg)CO_3$	14	Fe_3O_4	4
4	午 86	山 63-015	延 9，长 4+5	油井	$Ba_{0.75}Sr_{0.25}SO_4$	57	$BaSO_4$	43				
5	采二试采	白 459	延 9 长 1	油井	$CaMg(CO_3)$	61	$Ba(CO_3)$	26	$BaSO_4$	8	$SrSO_4$	5
6	采二试采	午 124-02	长 3	油井	$CaCO_3$	100						
7	采二试采	午 124-02	长 3	油井	$Ca(CO_3)$	80	$CaCO_3$	9	FeS	8	Fe_2O_3	2.5
8	华 64	梁 26-16	华 64	油井	$Mg_{0.1}Ca_{0.9}CO_3$	54.5	SiO_2	17.2	FeS	15.2		
9	华 64	梁 30-20	长 4+5	水井	FeO(OH)	58	Fe_3O_4	32	$CaMg(CO_3)_2$	8	$FeCO_3$	2
10	华 64	梁 30-22	长 4+5	水井	FeO(OH)	51	Fe_3O_4	46	$FeCO_3$	3		
11	南梁西	山 2-22	长 4+5	水井	FeO(OH)	75	$SrSO_4$	18	Fe_3O_4	7		
12	南梁西	山 2-26	长 4+5	水井	FeO(OH)	84	FeS	8	SiO_2	8		
13	梁 101	山 34-10	长 4+5	水井	FeO(OH)	85	Fe_3O_4	15				
14	梁 101	山 36-10	长 4+5	水井	FeO(OH)	64	Fe_3O_4	24	$(Ba, Sr)SO_4$	12		
15	南梁西	午 16-16	长 4+5	水井	FeO(OH)	60	Fe_3O_4	21	SiO_2	19		
16	华 64	南梁华 64 井区 梁一转总机关混进管线垢样	延 9 长 4+5		$Ba(SO_4)$	69	$CaCO_3$	31				
17	华 64	梁一转总机关清垢样	延 9 长 4+5		$CaCO_3$	46	$Ca_{8.25}Na_{1.5}(Al_6O_{18})$	43	SiO_2	11		
18	南梁西	南集油站垢样	长 4+5		$Ba_{0.75}Sr_{0.25}SO_4$	100						
19	午 86	梁一增收球筒出口	长 4+5		$BaSO_4$	100						
20	南梁西	南梁集纳站总机关	长 4+5		$Ba_{0.75}Sr_{0.25}SO_4$	100						

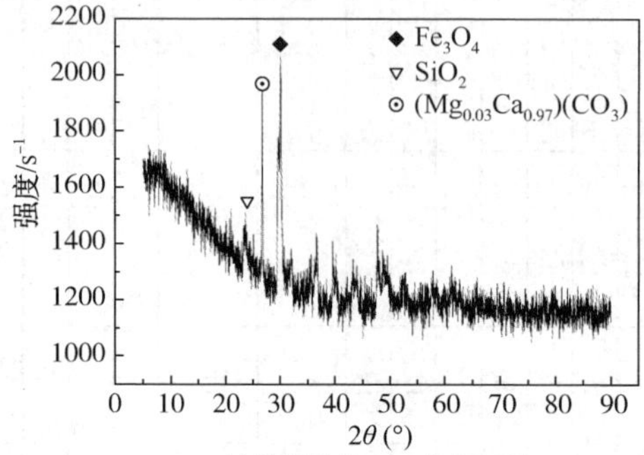

(a)油井垢样的XRD分析结果

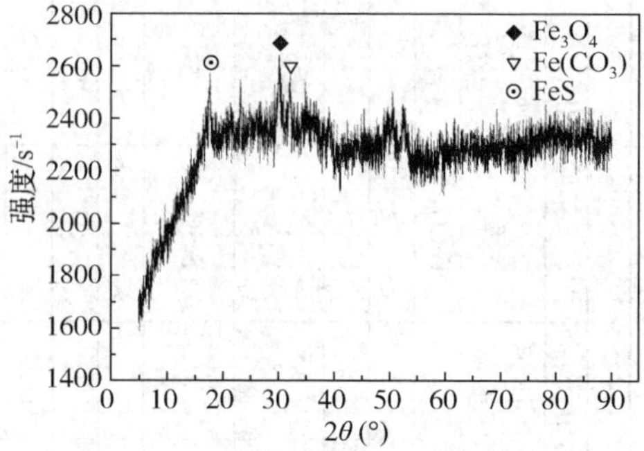

(b)水井垢样的XRD分析结果

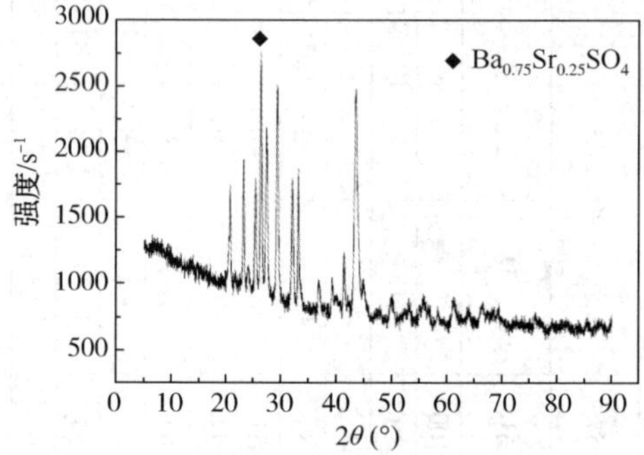

(c)管线垢样的XRD分析结果

图 4-3　垢样的 XRD 分析结果

4.2.4　岭南油田区块

共取得 5 个垢样，其中 4 个油井垢样，1 个水井垢样。根据表 4-4 中垢样物相组成化验结果和图 4-4 分析，可得出两类垢样的主要垢样类型。

表 4-4　岭南油田区块垢样物相分析结果

序号	区块	垢样名称	层位	井别	物相组成及相对含量					
					主物相		第二物相		第三物相	
					化学式	相对含量/%	化学式	相对含量/%	化学式	相对含量/%
1	南一	南 9-14			Fe_2O_3	60	FeS	31	$SrSO_4$	9
2	庄 19	庄 79-30	长 8	油井	$CaMg(CO_3)_2$	80	SiO_2	20		
3	庄 19	悦 26	延 6	油井	$CaMg(CO_3)_2$	100				
4	镇 246	镇 488-39	长 8	油井	$CaMg(CO_3)_2$	100				
5	南二区	南 30-19	延 9	油井	$(Mg_{0.06}Ca_{0.94})(CO_3)$	80	FeS	20		

（1）油井垢样：庄 79-30、悦 26 垢样主要是 Ca、Mg 碳酸盐，并伴有少量 SiO_2沉积产物。

（2）水井垢样：南 9-14 垢样基本由 Fe_2O_3、FeS 等腐蚀产物构成。

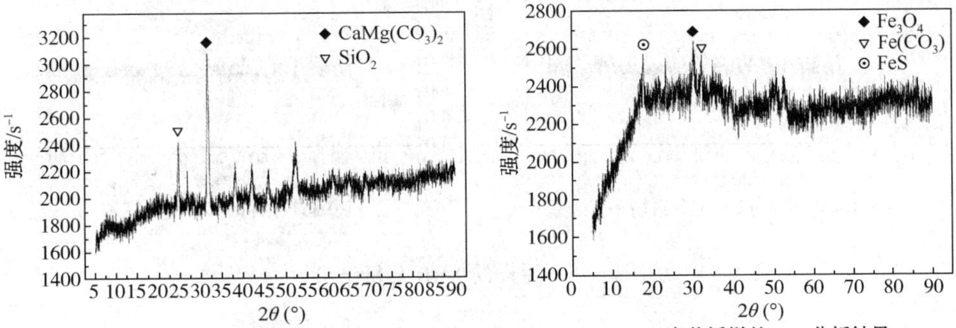

(a)油井垢样的XRD分析结果

(b)水井垢样的XRD分析结果

图 4-4 垢样的 XRD 分析结果

4.2.5 城壕油田区块

共取得 5 个垢样，其中 4 个油井垢样，1 个水井垢样。根据表 4-5 中垢样物相组成化验结果和图 4-5 分析，可得出两类垢样的主要垢样类型。

表 4-5 岭南油田区块垢样物相分析结果

序号	区块	垢样名称	层位	井别	物相组成及相对含量					
					主物相		第二物相		第三物相	
					化学式	相对含量/%	化学式	相对含量/%	化学式	相对含量/%
1	南一	南 9-14			Fe_2O_3	60	FeS	31	$SrSO_4$	9
2	庄 19	庄 79-30	长 8	油井	$CaMg(CO_3)_2$	80	SiO_2	20		
3	庄 19	悦 26	延 6	油井	$CaMg(CO_3)_2$	100				
4	镇 246	镇 488-39	长 8	油井	$CaMg(CO_3)_2$	100				
5	南二区	南 30-19	延 9	油井	$(Mg_{0.06}Ca_{0.94})(CO_3)$	80	FeS	20		

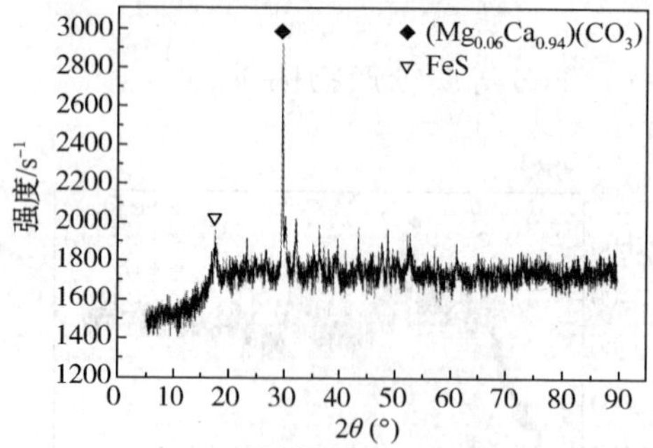

(a)油井垢样的XRD分析结果

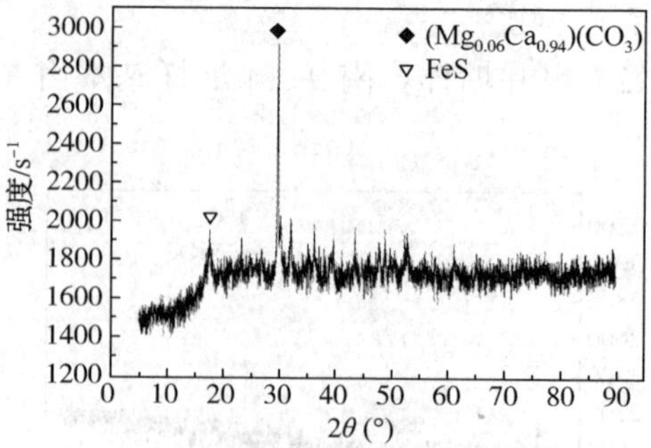

(b)水井垢样的XRD分析结果

图 4-5 垢样的 XRD 分析结果

① 油井垢样：西 258-02、城 7-273、山 143-43-管壁、山 143-43-碎片垢样主要是 Ca 的碳酸盐（$CaCO_3$），并伴有少量 FeS、Fe_2O_3等腐蚀产物，午 117-1 垢样主要由 Fe_2O_3、$SrSO_4$和 $BaCO_3$构成。

② 水井垢样：山 162-56 垢样基本由 $CaCO_3$和 FeS 构成。

4.2.6 华池油田区块

共取得 11 个垢样，其中 9 个油井垢样，2 个管线垢样。根据表 4-6 中垢样物相组成化验结果和图 4-6 分析，可得出两类垢样的主要垢样类型。

① 油井垢样：华 152 区块的剖 24-4、剖 33-01、剖 19-8 垢样主要含有 Ca（CO_3）、$BaSO_4$，以及 FeO（OH）、$FeCO_3$、Fe_3O_4等腐蚀产物；华 201 区块的华 201-4、华 201-5、华 201-42 垢样主要含有 Ca、Mg 碳酸盐，以及 FeS、$FeCO_3$、Fe_2O_3等腐蚀产物；白 455 区块的陈 300-292、陈 301-300 垢样主要含有 Ba、Sr 碳酸盐，并伴有含 Si 的沉积产物；镇 488-39 垢样主要由 Ca、Mg 的碳酸盐组成；南 30-19 垢样主要由 Ca、Mg 碳酸盐和 FeS 腐蚀产物组成。

② 线垢样：华四橇温升管线垢样和华十二转垢样均主要由 Ca 的碳酸盐和 Sr、Ba 的硫酸盐组成。

表 4-6　华池油田区块垢样物相分析结果

序号	区块	垢样名称	层位	井别	物相组成及相对含量							
					主物相		第二物相		第三物相		第四物相	
					化学式	相对含量/%	化学式	相对含量/%	化学式	相对含量/%	化学式	相对含量/%
1	华 152	华四橇温升管线	长 3		$CaCO_3$	55	$Ba_{0.50}Sr_{0.50}SO_4$	45				
2	白 255	关 34-201	长 6	油井	$(Ba, Sr)SO_4$	89	$CaCO_3$	11				
3	华 201	华 201-4	延 8	油井	$CaCO_3$	58	$CaMg(CO_3)$	25	FeS	17		
4	华 201	华 201-5	延 8	油井	FeS	58	$FeCO_3$	23	Fe_2O_3	18		
5	华 201	华 201-42	延 8	油井	FeS	46	$CaMg(CO_3)_2$	26	$CaCO_3$	22	$CaMg(CO_3)_2$	6
6	华 152	剖 24-4	延 10	油井	$CaCO_3$	79	$BaSO_4$	21				
7	华 152	剖 33-01	长 3	油井	FeO(OH)	100						
8	白 455	陈 300-292	长 8	油井	SrS2	48	$FeCO_3$	27	$BaSiO_3$	19	FeS	6
9	白 455	陈 301-300	长 8	油井	SiO_2	68	$BaCO_3$	32				
10	华 201	华十二转	延 8		$CaCO_3$	86	$SrSO_4$	14				
11	华 152	剖 19-8	C1C2	油井	$BaSO_4$	49	$FeCO_3$	34	Fe_3O_4	17		

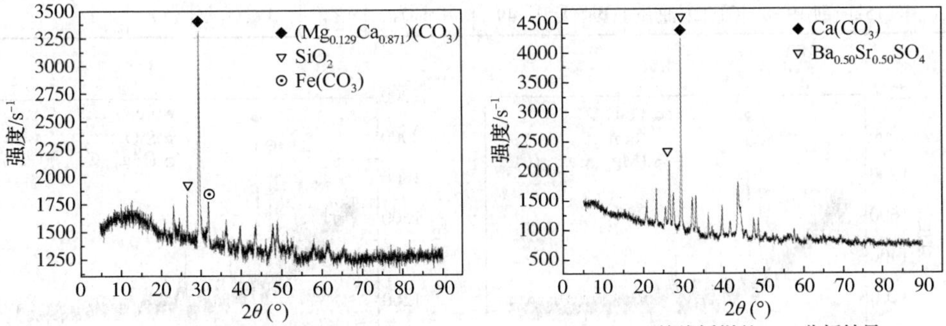

(a)油井垢样的XRD分析结果　(b)管线垢样的XRD分析结果

图 4-6　垢样的 XRD 分析结果

4.2.7 岭北油田区块

共取得 11 个垢样，其中 9 个油井垢样，2 个水井垢样。根据表 4-7 中垢样物相组成化验结果和图 4-7 分析，可得出两类垢样的主要垢样类型。

表 4-7 华池油田区块垢样物相分析结果

序号	区块	垢样名称	层位	井别	物相组成及相对含量							
					主物相		第二物相		第三物相		第四物相	
					化学式	相对含量/%	化学式	相对含量/%	化学式	相对含量/%	化学式	相对含量/%
1	华 152	华四橇温升管线	长 3		$CaCO_3$	55	$Ba_{0.50}Sr_{0.50}SO_4$	45				
2	白 255	关 34-201	长 6	油井	$(Ba,Sr)SO_4$	89	$CaCO_3$	11				
3	华 201	华 201-4	延 8	油井	$CaCO_3$	58	$CaMg(CO_3)$	25	FeS	17		
4	华 201	华 201-5	延 8	油井	FeS	58	$FeCO_3$	23	Fe_2O_3	18		
5	华 201	华 201-42	延 8	油井	FeS	46	$CaMg(CO_3)_2$	26	$CaCO_3$	22	$CaMg(CO_3)_2$	6
6	华 152	剖 24-4	延 10	油井	$CaCO_3$	79	$BaSO_4$	21				
7	华 152	剖 33-01	长 3	油井	FeO(OH)	100						
8	白 455	陈 300-292	长 8	油井	SrS_2	48	$FeCO_3$	27	$BaSiO_3$	19	FeS	6
9	白 455	陈 301-300	长 8	油井	SiO_2	68	$BaCO_3$	32				
10	华 201	华十二转	延 8		$CaCO_3$	86	$SrSO_4$	14				
11	华 152	剖 19-8	C1C2	油井	$BaSO_4$	49	$FeCO_3$	34	Fe_3O_4	17		

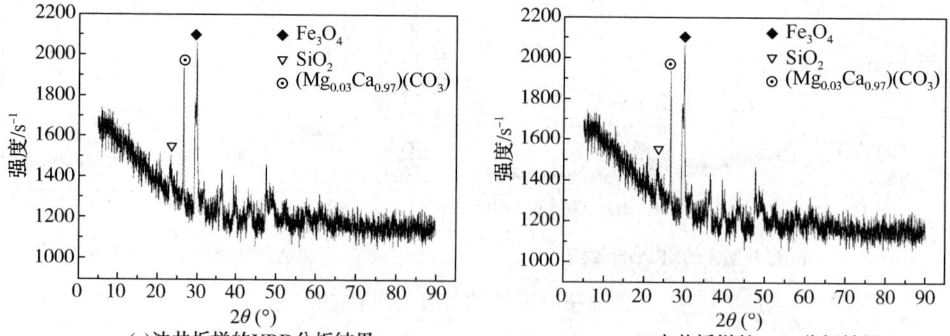

(a)油井垢样的XRD分析结果　　(b)水井垢样的XRD分析结果

图 4-7 垢样的 XRD 分析结果

① 油井垢样：里 4-91、里 645-102 垢样主要是 Ca 的碳酸盐，并伴有 FeS、Fe_2O_3等腐蚀产物，以及少量 SiO_2沉积产物；木 H9-3 垢样主要是 FeS、Fe_2O_3等腐蚀产物和 SiO_2沉积产物，以及少量 $SrSO_4$。

② 水井垢样：木 H4-2 垢样主要是 Fe_3O_4腐蚀产物和 $CaCO_3$，以及少量 SiO_2沉积产物。

4.2.8 樊家川油田区块

共取得 11 个垢样，其中 9 个油井垢样，2 个水井垢样。根据表 4-8 中垢样物相组成化验结果和图 4-8 分析，可得出两类垢样的主要垢样类型。

表 4-8 华池油田区块垢样物相分析结果

序号	区块	垢样名称	层位	井别	物相组成及相对含量							
					主物相		第二物相		第三物相		第四物相	
					化学式	相对含量/%	化学式	相对含量/%	化学式	相对含量/%	化学式	相对含量/%
1	华 152	华四橇温升管线	长 3		$CaCO_3$	55	$Ba_{0.50}Sr_{0.50}SO_4$	45				
2	白 255	关 34-201	长 6	油井	(Ba，Sr)SO_4	89	$CaCO_3$	11				
3	华 201	华 201-4	延 8	油井	$CaCO_3$	58	$CaMg(CO_3)$	25	FeS	17		
4	华 201	华 201-5	延 8	油井	FeS	58	$FeCO_3$	23	Fe_2O_3	18		
5	华 201	华 201-42	延 8	油井	FeS	46	$CaMg(CO_3)_2$	26	$CaCO_3$	22	$CaMg(CO_3)_2$	6
6	华 152	剖 24-4	延 10	油井	$CaCO_3$	79	$BaSO_4$	21				
7	华 152	剖 33-01	长 3	油井	FeO(OH)	100						
8	白 455	陈 300-292	长 8	油井	SrS2	48	$FeCO_3$	27	$BaSiO_3$	19	FeS	6
9	白 455	陈 301-300	长 8	油井	SiO_2	68	$BaCO_3$	32				
10	华 201	华十二转	延 8		$CaCO_3$	86	$SrSO_4$	14				
11	华 152	剖 19-8	C1C2	油井	$BaSO_4$	49	$FeCO_3$	34	Fe_3O_4	17		

① 油井垢样：木 30 区块的木平 13、木平 21-14 垢样主要是 Fe_3O_4、Fe_2O_3腐蚀产物和 SiO_2沉积产物，并伴有少量 Ca、Mg 的碳酸盐；环 91 区块的环 92-6、环 94-9 垢样主要是 Ca、Mg 的碳酸盐，以及 SiO_2沉积产物，并伴有少量 $SrSO_4$；樊 14-13、环 210-61 垢样主要是 Ca、Mg 的碳酸盐，以及 SiO_2沉积产物，并伴有少量腐蚀产物($FeSO_3$)。

② 水井垢样：樊家川-1、樊字川-2 垢样全部都是 $CaCO_3$。

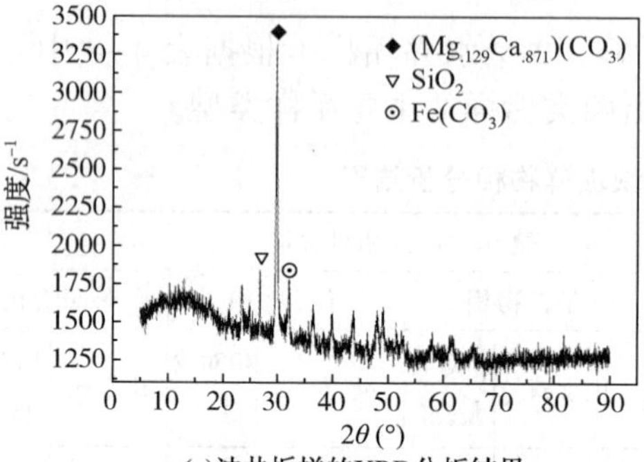

(a)油井垢样的XRD分析结果

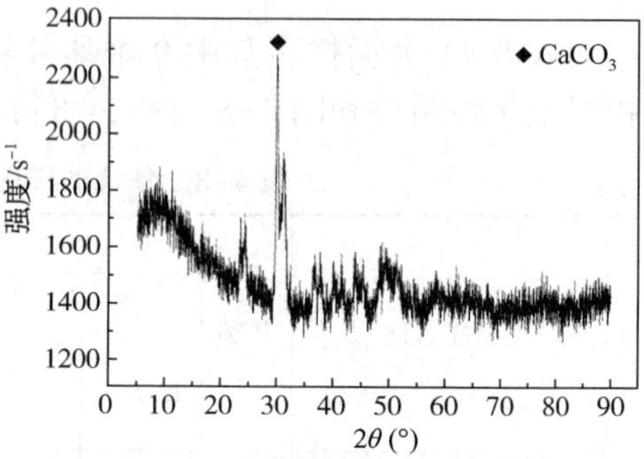

(b)水井垢样的XRD分析结果

图 4-8　垢样的 XRD 分析结果

第5章 结垢趋势预测

5.1 结垢机理

在油田作业过程中，油、气、水和泥浆都是需要经过地层或管道传输的流体，当诸如温度、压力、酸碱度等条件发生变化时，在地层通道或传输设备中都有可能生成油垢、水垢和泥垢。从油气田勘探开发的整个过程和地层结构来看，这些地方包括：油、气、水储集层的孔隙间、裂缝间及岩缝间；井下泵体内，井下钻具内，井筒、套管、抽油管等井下钻采设备的流体传输通道周围的地层喉道处；油井、注水井井口集输管汇，油气水分离设备、地面油气传输管线，油气集输管线、储运设备注水系统管线；水套炉，加热炉盘管和热水伴随管线及掺热液管线，多井计量装置等。当结垢条件（物理、化学、热力学和流体力学）成熟时，这种可能就成为现实。最易结垢的地方也是最易发生垢堵、卡死和最易腐蚀、损坏设备的地方。

油田水结垢大体上可分为两种情况：①温度、压力等热力学条件改变，导致水中离子平衡状态改变、成垢组分溶解度降低而析出结晶沉淀；②离子组成不相容的水相互混合而产生沉淀。

水垢的形成过程可简略表示如下：

水溶液→溶解度→过饱和度→晶体析出→晶体长大→结垢

5.1.1 温度等的影响

对于垢形成过程，溶液过饱和状态、结晶的沉淀与溶解、与表面的接触时间等是关键因素，其中，过饱和度是结垢的首要条件。过饱和度除与溶解度相关外，还受热力学、（结晶）动力学、流体动力学等多种因素的影响。

油田常见的垢沉积物主要是碳酸钙、硫酸钙和硫酸钡等。

在热力学上常用溶度积 K_{sp} 表示难溶物质的溶解度。K_{sp} 与温度 T、压力 P 的关系为：$d\ln K = \Delta H/RT^2 dT - (\Delta V/T) dP$，压力变化较小时可忽略压力因素，只考虑温度的影响，即：$(\partial \ln K/\partial T)_P = \Delta H/RT^2$。此式可近似为：$d\ln K/dT = \Delta H/RT^2$。

在油气储层内井下垢沉积环境中，压力变化很大，可从几十甚至几百兆帕降至几兆帕或低于大气压。碳酸钙和硫酸钙结垢主要是高的压降造成的。

5.1.2 晶体生长动力学因素

垢沉积是溶质从过饱和溶液中结晶析出、聚集并沉淀的过程。开始这一过程所需的时间即诱导期，因物质种类、沉淀条件、溶液过饱和度不同而不同。防垢剂通常是通过抑制成垢离子结合、聚集来延长诱导期而起防垢作用的。过饱和度、结晶环境影响晶体析出和沉淀速度及结晶状。

在纯溶液体系中当成垢离子浓度低于其溶解度时，不会出现晶体沉淀，溶液处于稳定状态。当浓度大于其溶解度而过饱和度较低时，结晶数目少，结晶颗粒较大，但结晶的析出很慢，溶液处于亚稳态。这时结晶沉淀主要发生在容器壁上，因为液固界面能降低成垢离子结晶所需的能量。这种异类结晶物质存在诱发的结晶核生成，称为异相成核作用。当过饱和度高时，成核概率大，结晶数目多，结晶颗粒小，沉淀速度快，溶液处于不稳定状态。这时结晶核占满固液界面，成垢离子便在溶液内部自身结合成核并在已成核表面结晶，晶体数目明显增加。垢晶离子自身结合成为晶核的作用称为均相成核。

在实际结垢体系中，均相成核、异相成核很难区分，有时同时发生，因此过饱和度临界点不易确定。液相内部的垢生成和沉积主要是均相成核的结果。添加可屏蔽垢晶离子的防垢剂可保持溶液的低过饱和度状态而不发生结垢。

垢沉积环境是复杂的多相体系，各种各类物质的存在提供了足够的相界面。垢晶离子均相成核作用很小，异相成核占主导地位，因而晶核数目显著增大，沉积速度加快。

晶核生成后的晶体生长过程仍受热力学、动力学因素支配。影响垢晶生长、晶体形态、垢沉积速度的因素有垢晶晶型、垢晶离子浓度梯度、扩散速度、在相界面的反应特性、吸附特性及过饱和度。

结晶动力学认为，过饱和度低时晶体按螺旋式生长，过饱和度较高时晶体呈层式发展，过饱和度相当大时晶体呈树枝状生长。

因此，垢的形成既与温度压力等外界因素有关，也与成垢离子及垢的溶度积有关，阻垢防垢也应从这方面研究。

5.2 结垢趋势预测分析

根据标准《油田水结垢趋势预测》(SY/T 0600—2016)、《碎屑岩油藏注水水质推荐指标及分析方法》(SY/T5329—2012)的规定，采用自编的结垢趋势分析预测软件，对已取得的135种水样进行了结垢趋势预测，分别预测了 $CaCO_3$、$CaSO_4$、$BaSO_4$、$SrSO_4$结垢趋势。

先按照标准《油田水分析方法》(SY/T 5523—2016)的规定，测定以下项目：$CO_3{}^{2-}$、$HCO_3{}^{-}$、Ba^{2+}、Ca^{2+}、Cl^-、Mg^{2+}、pH值、K^+、Na^+、Sr^{2+}、SO_4^{2-}。

(1) $CaCO_3$结垢趋势(Davis-Stiff饱和指数法)

按照式(5-1) ~式(5-3)计算 $CaCO_3$结垢趋势饱和指数 SI：

$$SI=\mathrm{pH}-K-\mathrm{pCa}-\mathrm{pAlK} \tag{5-1}$$

$$\mathrm{pAlK}=\lg\frac{1}{2[CO_3^{2-}]+[HCO_3^-]} \tag{5-2}$$

$$\mu=\frac{1}{2}(c_1z_1^2+c_2z_2^2+\cdot\cdot\cdot+c_iz_i^2) \tag{5-3}$$

式中 SI——饱和指数；

pH——水样pH值；

K——修正系数，由不同温度时离子强度 μ 与修正系数 K 的关系图查得；

pCa——Ca^{2+}浓度(mol/L)的负对数；

pAlK——总碱度(mol/L)的负对数；

$[CO_3{}^{2-}]$、$[HCO_3{}^{-}]$——单位为mol/L的浓度值；

μ——离子强度；

c_i、z_i——第 i 种离子浓度(mol/L)和离子价数。

结果判定方式为：

当 $SI>0$ 时，有结垢趋势；

当 $SI=0$ 时，临界状态；

当 $SI<0$ 时，无结垢趋势。

(2) $CaCO_3$结垢趋势(Ryznar稳定指数法)

按照式(5-4)进行计算 $CaCO_3$结垢趋势稳定指数 SAI：

$$SAI=2(K+\mathrm{pCa}+\mathrm{pAlK})-\mathrm{pH} \tag{5-4}$$

式中 SAI——稳定指数。

当 $SAI\geqslant 6$ 时，无结垢趋势；

当 $SAI<6$ 时，有结垢趋势；

当 $SAI<5$ 时，结垢趋势严重。

(3) $CaSO_4$结垢趋势

按照式(5-5)计算 $CaSO_4$结垢趋势预测值 S：

$$S=1000(\sqrt{X^2+4K_{sp}}-X) \tag{5-5}$$

式中　S——$CaSO_4$结垢趋势预测值，mmol/L；

K_{sp}——溶度积常数，由水的离子强度μ和温度的关系曲线从标准《油田水结垢趋势预测》(SY/T 0600—2009)中查得；

X——Ca^{2+}与SO_4^{2-}的浓度差，mol/L。

由水中实测Ca^{2+}与SO_4^{2-}的浓度，再计算出水中$CaSO_4$实际含量c(c取Ca^{2+}与SO_4^{2-}浓度的最小值，单位为mmol/L)，将S与c进行比较。判定方式为：

当$S<c$时，有结垢趋势；

当$S=c$时，临界状态；

当$S>c$时，无结垢趋势。

(4) $BaSO_4$结垢趋势

按式(5-6)和式(5-7)计算$BaSO_4$结垢量B和C_{BaSO_4}：

$$B=\frac{(m+a)-\sqrt{(m+a)^2-4ma+4K_{sp}}}{2} \tag{5-6}$$

$$C_{BaSO_4}=B\times 233.36 \tag{5-7}$$

式中　B——水质稳定后水中$BaSO_4$结垢量，mol/L；

C_{BaSO_4}——$BaSO_4$结垢量，mg/L；

K_{sp}——$BaSO_4$的溶度积；

m——初始条件下水中Ba^{2+}的浓度，mol/L；

a——初始条件下水中SO_4^{2-}的浓度，mol/L。

判定方式为：

当$B>0$时，有$BaSO_4$生成，水质不稳定，B值越大结垢越严重；

当$B<0$时，无$BaSO_4$生成，水质稳定。

(5) $SrSO_4$结垢趋势

按式(5-8)计算Sr^{2+}和SO_4^{2-}浓度(单位为mol/L)乘积Q：

$$Q=[Sr^{2+}][SO_4^{2-}] \tag{5-8}$$

式中　$[Ba^{2+}]$——水中Ba^{2+}的浓度，mol/L；

$[SO_4^{2-}]$——水中SO_4^{2-}的浓度，mol/L。

判定方式为：

当$Q/K_{sp}>1.0$时，有$SrSO_4$结垢趋势；

当$Q/K_{sp}=1.0$时，临界状态；

当$Q/K_{sp}<1.0$时，无$SrSO_4$结垢趋势。

其中，K_{sp}为$BaSO_4$的溶度积，18~25℃时，数值为2.8×10^{-7}。

根据实验结果显示，135个水样都没有$CaSO_4$成垢趋势。下面简述$CaCO_3$、$BaSO_4$、$SrSO_4$成垢趋势。

5.3 各区块油井结垢趋势预测

5.3.1 西峰油田区块

(1) 油井采出水

$CaCO_3$成垢倾向：除西 40、西 41 区块的太 41-1、西 344-354 和西 329-384 井外，其他油井采出水均有 $CaCO_3$成垢趋势。

$BaSO_4$成垢倾向：西 279-1、西 38-027、西 38-24 具有 $BaSO_4$成垢趋势。

$SrSO_4$成垢倾向：西 279-1、西 38-24 具有 $SrSO_4$成垢趋势。

西峰油田区块油井采出水结垢趋势预测结果见表 5-1。

表 5-1 西峰油田区块油井采出水结垢趋势预测结果

序号	区块	水样	$CaCO_3$结垢趋势				$CaSO_4$结垢趋势			$BaSO_4$ 结垢趋势		$SrSO_4$ 结垢趋势	
			Davis-Stiff 饱和指数		Ryznar 稳定指数		S/(mmol/L)	c/(mmol/L)	结垢趋势	B/(mol/L)	结垢趋势	$\frac{Q}{K_{sp}}$	结垢趋势
			SI	结垢趋势	SAI	结垢趋势							
1	西 90	西 279-1	0.60	有	6.06	无	36.95	7.94×10^{-3}	无	1.15×10^{-3}	有	10.23	有
2	白马南	西 38-027	1.75	有	4.85	严重	40.39	8.15×10^{-3}	无	1.19×10^{-3}	有	0.00	无
3	白马中	西 38-24	1.58	有	4.68	严重	17.85	7.59×10^{-3}	无	2.05×10^{-3}	有	18.38	有
4	白马中	西 30-36	1.41	有	5.22	有	31.79	7.59×10^{-3}	无	-1.45×10^{-8}	无	0.00	无
5	白马中	西 40-24	1.43	有	5.08	有	28.64	7.59×10^{-3}	无	-1.45×10^{-8}	无	0.00	无
6	董志	西 71-54	0.93	有	5.95	有	29.32	8.53×10^{-3}	无	-1.29×10^{-8}	无	0.00	无
7	西 40	太 41-1	-0.48	无	7.81	无	66.35	7.90×10^{-3}	无	-1.39×10^{-8}	无	0.00	无
8	西 41	西 329-384	-0.23	无	7.08	无	23.54	1.23×10^{-2}	无	-8.96×10^{-9}	无	0.00	无
9	南三	岭 510	1.69	有	4.59	严重	28.52	1.09×10^{-2}	无	-1.01×10^{-8}	无	0.00	无
10	西 41	西 344-354	-1.55	无	9.13	无	38.51	7.61×10^{-3}	无	-1.45×10^{-8}	无	0.00	无

(2) 注入水或混合水

$CaCO_3$成垢倾向：西一联一区混合、西一联三区混合、西二联白马南混合、西二联董志混合全部都具有 $CaCO_3$成垢趋势。

$BaSO_4$成垢倾向：西一联一区混合、西一联三区混合具有 $BaSO_4$成垢趋势。

$SrSO_4$成垢倾向：西一联一区混合、西一联三区混合、西二联白马南混合具有 $SrSO_4$成垢趋势。

西峰油田区块注入水(混合水)结垢趋势预测结果见表 5-2。

表 5-2　西峰油田区块注入水(混合水)结垢趋势预测结果

序号	区块	水样	$CaCO_3$结垢趋势				$CaSO_4$结垢趋势			$BaSO_4$结垢趋势		$SrSO_4$结垢趋势	
			Davis-Stiff饱和指数		Ryznar稳定指数								
			SI	结垢趋势	*SAI*	结垢趋势	*S*/(mmol/L)	*c*/(mmol/L)	结垢趋势	*B*/(mol/L)	结垢趋势	$\frac{Q}{K_{sp}}$	结垢趋势
1	白马中	西一联一区混合	1.34	有	4.88	严重	17.56	7.96×10^{-3}	无	7.42×10^{-4}	有	19.60	有
2	白马中	西一联三区混合	1.40	有	5.18	有	28.85	8.35×10^{-3}	无	2.04×10^{-3}	有	18.91	有
3	白马南	西二联白马南混合	0.68	有	6.06	无	32.50	7.87×10^{-3}	无	-1.40×10^{-8}	无	13.85	有
4	董志	西二联董志混合	1.29	有	5.49	有	39.87	7.96×10^{-3}	无	-1.38×10^{-8}	无	0.00	无

5.3.2　温台油田区块

(1) 油井采出水

$CaCO_3$成垢倾向：除环 82 区的木平 81-32 井之外，其他油井采出水都具有$CaCO_3$成垢趋势。

$BaSO_4$成垢倾向：环 42 区木平 107-28A 具有 $BaSO_4$成垢趋势。

$SrSO_4$成垢倾向：所取样的油井采出水全部没有 $SrSO_4$成垢趋势。

温台油田区块油井采出水结垢趋势预测结果见表 5-3。

表 5-3　温台油田区块油井采出水结垢趋势预测结果

序号	区块	水样	$CaCO_3$结垢趋势				$CaSO_4$结垢趋势			$BaSO_4$结垢趋势		$SrSO_4$结垢趋势	
			Davis-Stiff饱和指数		Ryznar稳定指数								
			SI	结垢趋势	*SAI*	结垢趋势	*S*/(mmol/L)	*c*/(mmol/L)	结垢趋势	*B*/(mol/L)	结垢趋势	$\frac{Q}{K_{sp}}$	结垢趋势
1	里 167	里 167-5	2.97	有	2.56	严重	31.44	1.96×10^{-2}	无	-5.60×10^{-9}	无	0.00	无
2	环 42	木平 107-28A	1.15	有	5.90	有	58.24	1.38×10^{-2}	无	4.97×10^{-3}	有	0.00	无

续表

序号	区块	水样	$CaCO_3$结垢趋势				$CaSO_4$结垢趋势			$BaSO_4$结垢趋势		$SrSO_4$结垢趋势	
			Davis-Stiff饱和指数		Ryznar稳定指数		S/(mmol/L)	c/(mmol/L)	结垢趋势	B/(mol/L)	结垢趋势	$\frac{Q}{K_{sp}}$	结垢趋势
			SI	结垢趋势	SAI	结垢趋势							
3	环42	木平109-28	1.63	有	5.15	有	41.79	1.30×10^{-2}	无	-6.46×10^{-9}	无	0.00	无
4	环56	里206	0.33	有	7.03	无	44.08	1.54×10^{-2}	无	-7.13×10^{-9}	无	0.00	无
5	环56	环519-72	0.11	有	7.56	无	34.23	3.75×10^{-3}	无	-3.83×10^{-9}	无	0.00	无
6	环56	环507-68	1.45	有	5.41	有	55.61	1.49×10^{-2}	无	-7.39×10^{-9}	无	0.00	无
7	环67	环66-2A	1.95	有	4.08	严重	33.28	1.52×10^{-2}	无	-7.22×10^{-9}	无	0.00	无
8	环82	木平81-32	-1.37	无	9.66	无	42.00	2.35×10^{-3}	无	-7.04×10^{-9}	无	0.00	无

（2）注入水或混合水

$CaCO_3$成垢倾向：里166-01、木80-33、环65-02具有$CaCO_3$成垢趋势。

$BaSO_4$成垢倾向：所取样的5个注入水样均无$BaSO_4$成垢趋势。

$SrSO_4$成垢倾向：所取样的5个注入水样均无$SrSO_4$成垢趋势。

温台油田区块注入水(混合水)结垢趋势预测结果见表5-4。

表5-4 温台油田区块注入水(混合水)结垢趋势预测结果

序号	区块	水样	$CaCO_3$结垢趋势				$CaSO_4$结垢趋势			$BaSO_4$结垢趋势		$SrSO_4$结垢趋势	
			Davis-Stiff饱和指数		Ryznar稳定指数		S/(mmol/L)	c/(mmol/L)	结垢趋势	B/(mol/L)	结垢趋势	$\frac{Q}{K_{sp}}$	结垢趋势
			SI	结垢趋势	SAI	结垢趋势							
1	环42	木112-27	0.00	无	7.03	无	33.71	1.49×10^{-2}	无	-3.80×10^{-9}	无	0.00	无
2	里167	里166-01	0.70	有	6.70	无	26.43	7.88×10^{-3}	无	-5.60×10^{-9}	无	0.00	无
3	环56	环504-51	-0.10	无	7.92	无	34.13	5.90×10^{-3}	无	-5.70×10^{-9}	无	0.00	无
4	环82	木80-33	1.63	有	5.03	有	27.50	1.98×10^{-2}	无	-5.56×10^{-9}	无	0.00	无
5	环67	环65-02	1.04	有	5.98	有	30.84	9.11×10^{-3}	无	-1.21×10^{-8}	无	0.00	无

5.3.3 南梁油田区块

(1) 油井采出水

$CaCO_3$成垢倾向：除午235区块外，所取样的油井采出水都具有$CaCO_3$成垢趋势。

$BaSO_4$成垢倾向：梁26-15水样具有$BaSO_4$成垢趋势。

$SrSO_4$成垢倾向：梁34-13水样具有$SrSO_4$成垢趋势。

南梁油田区块油井采出水结垢趋势预测结果见表5-5。

表5-5 南梁油田区块油井采出水结垢趋势预测结果

序号	区块	水样	$CaCO_3$结垢趋势				$CaSO_4$结垢趋势			$BaSO_4$结垢趋势		$SrSO_4$结垢趋势	
			Davis-Stiff饱和指数		Ryznar稳定指数								
			SI	结垢趋势	*SAI*	结垢趋势	*S*/(mmol/L)	*c*/(mmol/L)	结垢趋势	*B*/(mol/L)	结垢趋势	Q/K_{sp}	结垢趋势
1	华64	梁26-15	0.08	有	7.54	无	29.65	2.38×10^{-3}	无	1.46×10^{-3}	有	0.00	无
2	华64	梁27-14	1.05	有	5.59	有	40.63	1.07×10^{-2}	无	-1.03×10^{-8}	无	0.00	无
3	华64	梁18	2.31	有	3.59	严重	40.35	1.34×10^{-2}	无	-5.79×10^{-9}	无	0.00	无
4	华64	梁34-13	0.95	有	6.07	无	34.41	3.54×10^{-3}	无	-3.90×10^{-9}	无	156.04	有
5	采二试采	午220-224	0.97	有	5.33	有	41.36	1.61×10^{-2}	无	-6.85×10^{-9}	无	0.00	无
6	南梁西	山5-24	0.23	有	7.47	无	24.53	6.78×10^{-4}	无	-7.18×10^{-9}	无	0.00	无
7	南梁西	山7-24	1.42	有	5.13	有	33.99	1.39×10^{-2}	无	-7.91×10^{-9}	无	0.00	无
8	梁102	华67-1	1.05	有	5.91	有	33.87	1.47×10^{-3}	无	-7.22×10^{-9}	无	0.00	无
9	午86	山67-015	-0.08	无	7.38	无	45.63	5.43×10^{-3}	无	-7.76×10^{-9}	无	0.00	无
10	午86	山63-012	0.63	有	6.88	无	27.28	4.86×10^{-3}	无	-7.14×10^{-9}	无	0.00	无
11	午86	午86	0.32	有	6.65	无	54.21	5.26×10^{-3}	无	-2.09×10^{-8}	无	0.00	无
12	午86	午87-02	0.85	有	5.80	有	46.64	8.20×10^{-3}	无	-4.69×10^{-9}	无	0.00	无
13	午225	225-01	/	无	/	无	24.05	9.48×10^{-4}	无	-6.72×10^{-9}	无	0.00	无
14	午235	午237-13	-0.16	无	8.34	无	34.19	2.09×10^{-3}	无	-7.14×10^{-9}	无	0.00	无
15	午235	午238-22	-0.36	无	8.07	无	33.21	4.34×10^{-3}	无	-5.77×10^{-9}	无	0.00	无

（2）注入水或混合水

$CaCO_3$成垢倾向：午 238-3、午 86-2、山 6-24、梁一转注入水都具有 $CaCO_3$ 成垢趋势。

$BaSO_4$成垢倾向：山 62-015、梁一转注入水具有 $BaSO_4$成垢趋势。

$SrSO_4$成垢倾向：山 6-24 注入水具有 $SrSO_4$成垢趋势。

南梁油田区块注入水（混合水）结垢趋势预测结果见表 5-6。

表 5-6　南梁油田区块注入水（混合水）结垢趋势预测结果

序号	区块	水样	$CaCO_3$结垢趋势				$CaSO_4$结垢趋势			$BaSO_4$ 结垢趋势		$SrSO_4$ 结垢趋势	
			Davis-Stiff 饱和指数		Ryznar 稳定指数		S/(mmol/L)	c/(mmol/L)	结垢趋势	B/(mol/L)	结垢趋势	$\frac{Q}{K_{sp}}$	结垢趋势
			SI	结垢趋势	SAI	结垢趋势							
1	华 64	梁 26-15	0.08	有	7.54	无	29.65	2.38×10^{-3}	无	1.46×10^{-3}	有	0.00	无
2	华 64	梁 27-14	1.05	有	5.59	有	40.63	1.07×10^{-2}	无	-1.03×10^{-8}	无	0.00	无
3	华 64	梁 18	2.31	有	3.59	严重	40.35	1.34×10^{-2}	无	-5.79×10^{-9}	无	0.00	无
4	华 64	梁 34-13	0.95	有	6.07	无	34.41	3.54×10^{-3}	无	-3.90×10^{-9}	无	156.04	有
5	采二试采	午 220-224	0.97	有	5.33	有	41.36	1.61×10^{-2}	无	-6.85×10^{-9}	无	0.00	无
6	南梁西	山 5-24	0.23	有	7.47	无	24.53	6.78×10^{-4}	无	-7.18×10^{-9}	无	0.00	无
7	南梁西	山 7-24	1.42	有	5.13	有	33.99	1.39×10^{-2}	无	-7.91×10^{-9}	无	0.00	无
8	梁 102	华 67-1	1.05	有	5.91	有	33.87	1.47×10^{-3}	无	-7.22×10^{-9}	无	0.00	无
9	午 86	山 67-015	-0.08	无	7.38	无	45.63	5.43×10^{-3}	无	-7.76×10^{-9}	无	0.00	无
10	午 86	山 63-012	0.63	有	6.88	无	27.28	4.86×10^{-3}	无	-7.14×10^{-9}	无	0.00	无
11	午 86	午 86	0.32	有	6.65	无	54.21	5.26×10^{-3}	无	-2.09×10^{-8}	无	0.00	无
12	午 86	午 87-02	0.85	有	5.80	有	46.64	8.20×10^{-3}	无	-4.69×10^{-9}	无	0.00	无
13	午 225	225-01	/	无	/	无	24.05	9.48×10^{-4}	无	-6.72×10^{-9}	无	0.00	无
14	午 235	午 237-13	-0.16	无	8.34	无	34.19	2.09×10^{-3}	无	-7.14×10^{-9}	无	0.00	无
15	午 235	午 238-22	-0.36	无	8.07	无	33.21	4.34×10^{-3}	无	-5.77×10^{-9}	无	0.00	无

5.3.4 岭南油田区块

(1) 油井采出水

$CaCO_3$成垢倾向：除蔡 14-4 外，其他油井采出水都具有 $CaCO_3$成垢趋势。

$BaSO_4$成垢倾向：9-162、南平一、南侧 32-17、蔡 14-4、镇 32-9 水样具有 $BaSO_4$成垢趋势。

$SrSO_4$成垢倾向：9-162、南平一、蔡 14-4 水样具有 $SrSO_4$成垢趋势。

岭南油田区块油井采出水结垢趋势预测结果见表 5-7。

表 5-7 岭南油田区块油井采出水结垢趋势预测结果

序号	区块	水样	$CaCO_3$结垢趋势				$CaSO_4$结垢趋势			$BaSO_4$结垢趋势		$SrSO_4$结垢趋势	
			Davis-Stiff饱和指数		Ryznar稳定指数								
			SI	结垢趋势	SAI	结垢趋势	S/(mmol/L)	c/(mmol/L)	结垢趋势	B/(mol/L)	结垢趋势	$\frac{Q}{K_{sp}}$	结垢趋势
1	南一	9-162	0.85	有	6.38	无	28.56	1.01×10^{-2}	无	8.69×10^{-4}	有	1157.97	有
2	南一	南平一	0.64	有	6.31	无	27.21	1.33×10^{-2}	无	1.57×10^{-3}	有	1494.62	有
3	南一	南 10-13	1.59	有	4.50	严重	44.65	4.75×10^{-3}	无	-2.32×10^{-8}	无	0.00	无
4	南二	南 30-19	1.45	有	4.72	严重	31.91	0.00	无	-1.05×10^{-5}	无	0.00	无
5	南二	南侧 32-17	0.98	有	6.07	无	60.70	1.10×10^{-2}	无	1.55×10^{-3}	有	0.00	无
6	南二	南 32-111	2.03	有	3.86	严重	28.78	3.15×10^{-2}	无	-3.49×10^{-9}	无	0.00	无
7	南二	南 27-232	1.81	有	4.17	严重	40.96	2.40×10^{-2}	无	-3.80×10^{-9}	无	0.00	无
8	镇 452	镇 302-452	0.07	有	7.08	无	53.54	1.75×10^{-2}	无	-6.27×10^{-9}	无	0.00	无
9	镇 246	蔡 14-4	-0.32	无	7.93	无	57.26	8.79×10^{-3}	无	3.96×10^{-3}	有	54.21	有
10	镇 246	镇 32-9	0.55	有	6.04	无	51.48	1.40×10^{-2}	无	1.53×10^{-3}	有	0.00	无
11	镇 246	蔡 246	2.42	有	3.55	严重	34.93	1.59×10^{-2}	无	-6.93×10^{-9}	无	0.00	无

(2) 注入水或混合水

$CaCO_3$成垢倾向：镇 452-s2 水源井、x28-25 注水井、马岭 1 号水源井的水样都具有较严重的 $CaCO_3$成垢趋势。

$BaSO_4$成垢倾向：上述三种水样均无 $BaSO_4$成垢趋势。

$SrSO_4$成垢倾向：上述三种水样均无 $SrSO_4$成垢趋势。

岭南油田区块注入水(混合水)结垢趋势预测结果见表 5-8。

表 5-8 岭南油田区块注入水(混合水)结垢趋势预测结果

序号	区块	水样	$CaCO_3$结垢趋势				$CaSO_4$结垢趋势			$BaSO_4$结垢趋势		$SrSO_4$结垢趋势	
			Davis-Stiff饱和指数		Ryznar稳定指数		S/(mmol/L)	c/(mmol/L)	结垢趋势	B/(mol/L)	结垢趋势	$\frac{Q}{K_{sp}}$	结垢趋势
			SI	结垢趋势	*SAI*	结垢趋势							
1	镇452拉油点	镇452-s2水源井	0.89	有	5.87	有	40.44	1.55×10^{-2}	无	-7.09×10^{-9}	无	0.00	无
2	南二无水回注	x28-25注水井	2.04	有	3.96	严重	47.96	3.18×10^{-2}	无	-3.46×10^{-9}	无	0.00	无
3	镇246增压点	马岭1号水源井	1.56	有	4.93	严重	34.56	2.64×10^{-2}	无	-4.16×10^{-9}	无	0.00	无

5.3.5 城壕油田区块

(1) 油井采出水

$CaCO_3$成垢倾向：除午120区块外，所取得的其他油井采出水都具有$CaCO_3$成垢趋势。

$BaSO_4$成垢倾向：城29-13水样具有$BaSO_4$成垢趋势。

$SrSO_4$成垢倾向：西262-2、华10-29、城29-13、午117-1、山平4-4水样具有$SrSO_4$成垢趋势。

城壕油田区块油井采出水结垢趋势预测结果见表5-9。

表 5-9 城壕油田区块油井采出水结垢趋势预测结果

序号	区块	水样	$CaCO_3$结垢趋势				$CaSO_4$结垢趋势			$BaSO_4$结垢趋势		$SrSO_4$结垢趋势	
			Davis-Stiff饱和指数		Ryznar稳定指数		S/(mmol/L)	c/(mmol/L)	结垢趋势	B/(mol/L)	结垢趋势	$\frac{Q}{K_{sp}}$	结垢趋势
			SI	结垢趋势	*SAI*	结垢趋势							
1	西259	西262-2	0.77	有	6.31	无	41.61	5.68×10^{-3}	无	-5.65×10^{-9}	无	650.73	有
2	城55	城8-29	0.89	有	6.04	无	26.16	2.19×10^{-3}	无	-3.81×10^{-9}	无	0.00	无
3	悦22	华10-29	1.73	有	4.42	严重	57.57	4.11×10^{-2}	无	-2.68×10^{-9}	无	2759.87	有
4	城77	城29-13	0.95	有	5.85	有	53.79	1.76×10^{-2}	无	5.32×10^{-5}	有	457.04	有

续表

序号	区块	水样	$CaCO_3$结垢趋势				$CaSO_4$结垢趋势			$BaSO_4$结垢趋势		$SrSO_4$结垢趋势	
			Davis-Stiff饱和指数		Ryznar稳定指数		S/(mmol/L)	c/(mmol/L)	结垢趋势	B/(mol/L)	结垢趋势	$\frac{Q}{K_{sp}}$	结垢趋势
			SI	结垢趋势	SAI	结垢趋势							
5	城 77	城平 77-1	1.74	有	4.38	严重	45.20	1.38×10^{-2}	无	-8.00×10^{-9}	无	0.00	无
6	午 120	午 118-01	-0.01	无	7.12	无	40.10	5.80×10^{-3}	无	-9.41×10^{-9}	无	0.00	无
7	午 120	午 117-1	-0.32	无	7.74	无	40.39	2.07×10^{-2}	无	-2.04×10^{-9}	无	1259.45	有
8	城 81	城 145-28	0.89	有	5.80	有	43.77	5.01×10^{-3}	无	-6.86×10^{-9}	无	0.00	无
9	山 156	山平 4-4	0.90	有	5.88	有	41.18	1.12×10^{-2}	无	-6.93×10^{-9}	无	291.93	有
10	里 151	里 149-07	1.55	有	5.23	有	51.81	4.80×10^{-3}	无	-1.65×10^{-8}	无	0.00	无

(2) 注入水或混合水

$CaCO_3$成垢倾向：所取得的 8 个注入水样都具有 $CaCO_3$成垢趋势。

$BaSO_4$成垢倾向：悦一转注采站、里 151 注采站水样具有 $BaSO_4$成垢趋势。

$SrSO_4$成垢倾向：城 77 增压点、里 151 注采站水样具有 $SrSO_4$成垢趋势。

城壕油田区块注入水(混合水)结垢趋势预测结果见表 5-10。

表 5-10 城壕油田区块注入水(混合水)结垢趋势预测结果

序号	区块	水样	$CaCO_3$结垢趋势				$CaSO_4$结垢趋势			$BaSO_4$结垢趋势		$SrSO_4$结垢趋势	
			Davis-Stiff饱和指数		Ryznar稳定指数		S/(mmol/L)	c/(mmol/L)	结垢趋势	B/(mol/L)	结垢趋势	$\frac{Q}{K_{sp}}$	结垢趋势
			SI	结垢趋势	SAI	结垢趋势							
1	悦 22	悦一转注采站	1.75	有	4.25	严重	36.67	9.87×10^{-3}	无	3.29×10^{-3}	有	0.00	无
2	城 55	城 55 注采站	2.51	有	3.26	严重	33.26	1.95×10^{-2}	无	-5.63×10^{-9}	无	0.00	无
3	城 81	城三转	1.15	有	5.74	有	33.16	2.61×10^{-3}	无	-6.32×10^{-9}	无	0.00	无
4	西 259	西 259 综合站	0.36	有	6.88	无	33.84	5.68×10^{-3}	无	-5.65×10^{-9}	无	0.00	无
5	山 156	城二转	0.42	有	6.79	无	40.28	3.21×10^{-3}	无	-5.85×10^{-9}	无	0.00	无

续表

序号	区块	水样	$CaCO_3$结垢趋势				$CaSO_4$结垢趋势			$BaSO_4$结垢趋势		$SrSO_4$结垢趋势	
			Davis-Stiff饱和指数		Ryznar稳定指数								
			SI	结垢趋势	SAI	结垢趋势	S/(mmol/L)	c/(mmol/L)	结垢趋势	B/(mol/L)	结垢趋势	$\frac{Q}{K_{sp}}$	结垢趋势
6	城77	城77增压点	1.26	有	5.03	有	37.30	2.18×10^{-2}	无	-3.55×10^{-9}	无	211.40	有
7	午120	午120临时输油点	0.04	有	7.90	无	29.70	2.30×10^{-3}	无	-4.90×10^{-9}	无	0.00	无
8	里151	里151注采站	2.18	有	3.65	严重	39.89	2.18×10^{-2}	无	3.28×10^{-3}	有	269.65	有

5.3.6 华池油田区块

(1) 油井采出水

$CaCO_3$成垢倾向：所取得的12个油井采出水都具有$CaCO_3$成垢趋势。

$BaSO_4$成垢倾向：所取得的12个油井采出水均无$BaSO_4$成垢趋势。

$SrSO_4$成垢倾向：陈313-294水样具有$SrSO_4$成垢趋势。

华池油田区块油井采出水结垢趋势预测结果见表5-11。

表5-11 华池油田区块油井采出水结垢趋势预测结果

序号	区块	水样	$CaCO_3$结垢趋势				$CaSO_4$结垢趋势			$BaSO_4$结垢趋势		$SrSO_4$结垢趋势	
			Davis-Stiff饱和指数		Ryznar稳定指数								
			SI	结垢趋势	SAI	结垢趋势	S/(mmol/L)	c/(mmol/L)	结垢趋势	B/(mol/L)	结垢趋势	$\frac{Q}{K_{sp}}$	结垢趋势
1	华152	剖17-10	2.59	有	2.92	严重	49.15	1.10×10^{-2}	无	-6.98×10^{-9}	无	0.00	无
2	华152	剖13-9	1.40	有	5.27	有	30.14	3.92×10^{-3}	无	-3.00×10^{-9}	无	0.00	无
3	华152	华1-4	2.56	有	3.19	严重	63.70	3.14×10^{-2}	无	-3.51×10^{-9}	无	0.00	无
4	华49	华42-13	2.81	有	2.72	严重	44.68	2.04×10^{-2}	无	-5.40×10^{-9}	无	0.00	无
5	华49	华40-11	0.82	有	6.26	无	40.79	3.99×10^{-3}	无	-5.82×10^{-9}	无	0.00	无
6	悦29	城96	0.82	有	5.64	有	58.90	2.27×10^{-2}	无	-4.84×10^{-9}	无	0.00	无

续表

序号	区块	水样	$CaCO_3$结垢趋势				$CaSO_4$结垢趋势			$BaSO_4$结垢趋势		$SrSO_4$结垢趋势	
			Davis-Stiff饱和指数		Ryznar稳定指数		S/(mmol/L)	c/(mmol/L)	结垢趋势	B/(mol/L)	结垢趋势	$\frac{Q}{K_{sp}}$	结垢趋势
			SI	结垢趋势	SAI	结垢趋势							
7	悦29	城98-4A	1.19	有	5.38	有	32.27	1.40×10^{-2}	无	-7.87×10^{-9}	无	0.00	无
8	白255	关46-192	0.79	有	5.88	有	45.26	5.06×10^{-3}	无	-2.04×10^{-8}	无	0.00	无
9	白455	陈313-294	1.70	有	4.51	严重	35.75	9.69×10^{-3}	无	-1.13×10^{-8}	无	193.65	有
10	白523	白524-01A	3.01	有	2.56	严重	38.03	1.60×10^{-2}	无	-6.88×10^{-9}	无	0.00	无
11	华192	剖46-131	2.26	有	3.14	严重	52.30	2.32×10^{-2}	无	-4.48×10^{-9}	无	0.00	无
12	华201	华201-30	1.66	有	4.14	严重	51.38	2.93×10^{-2}	无	-2.84×10^{-9}	无	0.00	无

（2）注入水或混合水

$CaCO_3$成垢倾向：所取得的10个注入水样中，仅华12转水样没有$CaCO_3$成垢趋势，其他水样都具有$CaCO_3$成垢趋势。

$BaSO_4$成垢倾向：华12转水样具有$BaSO_4$成垢趋势。

$SrSO_4$成垢倾向：所取得的10个注入水样均无$SrSO_4$成垢趋势。

华池油田区块注入水(混合水)结垢趋势预测结果见表5-12。

表5-12　华池油田区块注入水(混合水)结垢趋势预测结果

序号	区块	水样	$CaCO_3$结垢趋势				$CaSO_4$结垢趋势			$BaSO_4$结垢趋势		$SrSO_4$结垢趋势	
			Davis-Stiff饱和指数		Ryznar稳定指数		S/(mmol/L)	c/(mmol/L)	结垢趋势	B/(mol/L)	结垢趋势	$\frac{Q}{K_{sp}}$	结垢趋势
			SI	结垢趋势	SAI	结垢趋势							
1	华49	新华一转	1.85	有	4.13	严重	40.76	1.08×10^{-2}	无	-6.91×10^{-9}	无	0.00	无
2	华152	华三注	1.27	有	5.60	有	35.33	6.76×10^{-3}	无	-5.94×10^{-9}	无	0.00	无
3	华152	剖18-8注水橇	1.26	有	5.17	有	37.60	1.24×10^{-2}	无	-8.89×10^{-9}	无	0.00	无
4	白455	庆12转	1.88	有	4.27	严重	31.45	7.29×10^{-3}	无	-1.51×10^{-8}	无	0.00	无
5	华201	华12转	-0.37	无	8.45	无	31.28	2.20×10^{-3}	无	3.57×10^{-3}	有	0.00	无
6	白523	华1增	1.71	有	4.46	严重	56.24	2.73×10^{-2}	无	-2.93×10^{-9}	无	0.00	无

续表

序号	区块	水样	$CaCO_3$结垢趋势				$CaSO_4$结垢趋势			$BaSO_4$结垢趋势		$SrSO_4$结垢趋势	
			Davis-Stiff饱和指数		Ryznar稳定指数		S/(mmol/L)	c/(mmol/L)	结垢趋势	B/(mol/L)	结垢趋势	$\frac{Q}{K_{sp}}$	结垢趋势
			SI	结垢趋势	*SAI*	结垢趋势							
7	华 192	华 13 转	0.27	有	6.88	无	31.54	1.10×10^{-2}	无	-6.81×10^{-9}	无	0.00	无
8	白 255	白 270 拉油点	0.66	有	6.73	无	31.87	1.09×10^{-2}	无	-3.99×10^{-9}	无	0.00	无
9	白 255	白 255-s4 水源井	0.97	有	6.10	无	45.84	2.23×10^{-2}	无	-3.58×10^{-9}	无	0.00	无

5.3.7 岭北油田区块

(1) 油井采出水

$CaCO_3$成垢倾向：所取得的 6 个油井采出水中，仅里 644-100 没有 $CaCO_3$成垢趋势，其他水样都具有 $CaCO_3$成垢趋势。

$BaSO_4$成垢倾向：所取得的 6 个油井采出水均无 $BaSO_4$成垢趋势。

$SrSO_4$成垢倾向：所取得的 6 个油井采出水均无 $SrSO_4$成垢趋势。

岭北油田区块油井采出水结垢趋势预测结果见表 5-13。

表 5-13 岭北油田区块油井采出水结垢趋势预测结果

序号	区块	水样	$CaCO_3$结垢趋势				$CaSO_4$结垢趋势			$BaSO_4$结垢趋势		$SrSO_4$结垢趋势	
			Davis-Stiff饱和指数		Ryznar稳定指数		S/(mmol/L)	c/(mmol/L)	结垢趋势	B/(mol/L)	结垢趋势	$\frac{Q}{K_{sp}}$	结垢趋势
			SI	结垢趋势	*SAI*	结垢趋势							
1	上里塬	里 23-9	0.28	有	6.57	无	35.59	7.80×10^{-3}	无	-2.17×10^{-9}	无	0.00	无
2	里 91	里 91-06	1.00	有	6.27	无	28.52	3.64×10^{-3}	无	-2.76×10^{-9}	无	0.00	无
3	里 148	里 644-100	-0.71	无	8.72	无	44.51	4.40×10^{-3}	无	-7.59×10^{-9}	无	0.00	无
4	里 148	里 647-98	0.68	有	5.91	有	24.81	2.57×10^{-2}	无	-4.28×10^{-9}	无	0.00	无
5	里 173	里 15-81	1.25	有	4.76	严重	41.04	3.42×10^{-2}	无	-3.22×10^{-9}	无	0.00	无
6	北三	木 H9-1	1.03	有	5.75	有	26.36	4.92×10^{-3}	无	-3.53×10^{-9}	无	0.00	无

(2) 注入水或混合水

$CaCO_3$成垢倾向：所取得的 6 个注入水样中，二元驱试验站(注聚前)、里 173-s1 水样没有 $CaCO_3$成垢趋势，其他水样都具有 $CaCO_3$成垢趋势。

$BaSO_4$成垢倾向：所取得的 6 个注入水样均无 $BaSO_4$成垢趋势。

$SrSO_4$成垢倾向：所取得的 6 个注入水样均无 $SrSO_4$成垢趋势。

岭北油田区块注入水(混合水)结垢趋势预测结果见表 5-14。

表 5-14　岭北油田区块注入水(混合水)结垢趋势预测结果

序号	区块	水样	$CaCO_3$结垢趋势				$CaSO_4$结垢趋势			$BaSO_4$结垢趋势		$SrSO_4$结垢趋势	
			Davis-Stiff饱和指数		Ryznar稳定指数		S/(mmol/L)	c/(mmol/L)	结垢趋势	B/(mol/L)	结垢趋势	$\frac{Q}{K_{sp}}$	结垢趋势
			SI	结垢趋势	SAI	结垢趋势							
1	里 91	里 185-54 注水井	0. 06	有	7. 49	无	24. 00	2.47×10^{-3}	无	-6.12×10^{-9}	无	0. 00	无
2	北三	二元驱试验站(注聚前)	-0. 13	无	8. 40	无	19. 00	5.23×10^{-4}	无	-4.27×10^{-9}	无	0. 00	无
3	北三	二元驱试验站(注聚后)	2. 08	有	4. 42	严重	52. 14	1.45×10^{-2}	无	-6.88×10^{-9}	无	0. 00	无
4	里 148	里 112-s2 水源井	0. 39	有	7. 12	无	22. 21	2.44×10^{-3}	无	-5.23×10^{-9}	无	0. 00	无
5	上里塬	里 56-s1 水源井	0. 23	有	7. 74	无	31. 77	2.11×10^{-3}	无	-5.80×10^{-9}	无	0. 00	无
6	里 173	里 173-s1 水源井	-0. 43	无	8. 60	无	19. 70	5.35×10^{-4}	无	-4.55×10^{-9}	无	0. 00	无

5. 3. 8　樊家川油田区块

(1) 油井采出水

$CaCO_3$成垢倾向：所取得的 16 个油井采出水中，木平 97-5、木 103-3、木

31-03、环 113-98、环 93-5、环 98-4 没有 $CaCO_3$ 成垢趋势，其他水样都具有 $CaCO_3$ 成垢趋势。

$BaSO_4$ 成垢倾向：里 248、樊 11-10 油井采出水具有 $BaSO_4$ 成垢趋势。

$SrSO_4$ 成垢倾向：木 103-3 油井采出水具有 $SrSO_4$ 成垢趋势。

樊家川油田区块油井采出水结垢趋势预测结果见表 5-15。

表 5-15 樊家川油田区块油井采出水结垢趋势预测结果

序号	区块	水样	$CaCO_3$ 结垢趋势				$CaSO_4$ 结垢趋势			$BaSO_4$ 结垢趋势		$SrSO_4$ 结垢趋势	
			Davis-Stiff 饱和指数		Ryznar 稳定指数								
			SI	结垢趋势	*SAI*	结垢趋势	*S*/(mmol/L)	*c*/(mmol/L)	结垢趋势	*B*/(mol/L)	结垢趋势	Q/K_{sp}	结垢趋势
1	木 30	木平 97-5	-0.23	无	7.68	无	42.36	1.50×10^{-2}	无	-7.33×10^{-9}	无	0.00	无
2	木 30	木 103-3	-0.88	无	8.89	无	54.01	7.68×10^{-3}	无	-7.86×10^{-9}	无	379.05	有
3	木 30	里 248	0.89	有	5.92	有	33.73	2.95×10^{-2}	无	1.65×10^{-3}	有	0.00	无
4	木 34	木 28-05	1.02	有	6.15	无	36.74	5.02×10^{-3}	无	-7.35×10^{-9}	无	0.00	无
5	木 34	木 34-1	1.94	有	3.89	严重	26.79	2.80×10^{-2}	无	-3.93×10^{-9}	无	0.00	无
6	木 34	木 31-03	-2.21	无	10.17	无	36.86	5.76×10^{-3}	无	-7.08×10^{-9}	无	0.00	无
7	环 65	环 65	1.89	有	4.08	严重	37.93	1.57×10^{-2}	无	-7.02×10^{-9}	无	0.00	无
8	环 65	樊 11-10	1.67	有	4.63	严重	52.42	2.89×10^{-2}	无	1.57×10^{-3}	有	0.00	无
9	环 82	环 200-54	0.40	有	7.07	无	32.83	1.37×10^{-3}	无	-6.61×10^{-9}	无	0.00	无
10	环 82	环 205-56	0.60	有	6.66	无	32.81	3.82×10^{-3}	无	-5.75×10^{-9}	无	0.00	无
11	环 82	环 201-54	1.06	有	6.08	无	42.76	1.27×10^{-2}	无	-7.02×10^{-9}	无	0.00	无
12	环 82	樊 7-12	0.50	有	7.02	无	20.04	2.39×10^{-3}	无	-4.35×10^{-9}	无	0.00	无
13	环 91	环 113-98	-0.99	无	8.41	无	67.06	1.63×10^{-2}	无	-6.74×10^{-9}	无	0.00	无
14	环 91	环 222-69	0.29	有	7.03	无	29.88	9.59×10^{-3}	无	-6.57×10^{-9}	无	0.00	无
15	环 91	环 93-5	-0.83	无	8.55	无	58.29	3.91×10^{-3}	无	-6.62×10^{-9}	无	0.00	无
16	环 91	环 98-4	-0.18	无	7.50	无	42.07	1.24×10^{-2}	无	-4.30×10^{-9}	无	0.00	无

(2) 注入水或混合水

$CaCO_3$成垢倾向：所取得的 6 个注入水样中，全部具有 $CaCO_3$成垢趋势。

$BaSO_4$成垢倾向：所取得的 6 个注入水样均无 $BaSO_4$成垢趋势。

$SrSO_4$成垢倾向：所取得的 6 个注入水样均无 $SrSO_4$成垢趋势。

樊家川油田区块注入水(混合水)结垢趋势预测结果见表 5-16。

表 5-16 樊家川油田区块注入水(混合水)结垢趋势预测结果

序号	区块	水样	$CaCO_3$结垢趋势				$CaSO_4$结垢趋势			$BaSO_4$结垢趋势		$SrSO_4$结垢趋势	
			Davis-Stiff饱和指数		Ryznar稳定指数		S/(mmol/L)	c/(mmol/L)	结垢趋势	B/(mol/L)	结垢趋势	$\frac{Q}{K_{sp}}$	结垢趋势
			SI	结垢趋势	SAI	结垢趋势							
1	木 30	木 30 区污水回注	0.79	有	6.69	无	32.87	4.28×10^{-3}	无	-5.64×10^{-9}	无	0.00	无
2	木 34	木 34 区污水回注	0.36	有	7.34	无	31.40	2.77×10^{-3}	无	-3.34×10^{-9}	无	0.00	无
3	环 65	环 65-S1 水源井	0.24	有	7.13	无	20.15	3.81×10^{-3}	无	-4.15×10^{-9}	无	0.00	无
4	环 82	环 82-S9 水源井	0.61	有	6.88	无	21.16	2.83×10^{-3}	无	-4.69×10^{-9}	无	0.00	无
5	环 91	环 91 区岭五转	0.95	有	5.41	有	29.32	0.00	无	-3.27×10^{-8}	无	0.00	无
6	环 82	环 82 区樊 7-12 注入水	0.41	有	6.74	无	23.61	6.20×10^{-3}	无	-4.92×10^{-9}	无	0.00	无

综上可得：首先，在油田的八个作业区中，主要的成垢趋势和成垢机理还是 $CaCO_3$成垢；其次，西峰采出水和混合水、南梁注入水、岭南采出水、城壕采出水具有较明显的 $BaSO_4$和 $SrSO_4$成垢趋势。

5.4 混合水样结垢趋势预测

5.4.1 水样层位及外观

混合水样层位及外观见表 5-17。

表 5-17 水样层位及外观

序号	作业区	区块	井号	层位	pH 值	水样颜色
1	西峰	白马中	西 38-027	长 8	8.34	无色透明
2		西 40	太 41-1	长 3	6.85	无色透明
3		西 41	西 329-384	长 8	6.62	无色透明
4			西 344-354	长 8	6.02	淡黄色
5		南三	岭 510	长 8	7.97	无色透明
6		西 90	西 279-1	长 3	7.26	无色透明
7		白马南	西二联白马南	长 8	7.43	无色透明
8		董志	西二联董志	长 8	8.06	无色透明
9	温台	里 167 区	里 167-5	延 10	8.5	无色透明
10		环 42	木平 107-28A	长 7	8.21	红棕色
11			木平 109-28	长 8	8.41	无色透明
12		环 56	里 206	延 10	7.7	浅黄色
13			环 519-72	长 8	7.78	无色透明
14			环 507-68	延 9	8.32	无色透明
15		环 67	环 66-2A	延 8	7.98	红棕色
16		环 82	木平 81-32	长 8	6.91	无色透明
17	南梁	南梁西	山 5-24	长 4+5	7.94	无色透明
18			山 7-24		7.96	浅黄色
19		梁 102	华 67-1	延 7	8.01	浅绿色
20		华 39	山 67-015	长 4+5	7.22	无色透明
21			山 63-012		8.14	无色透明
22		午 86	午 86	延 9	7.28	无色透明
23			午 87-02		7.49	无色透明
24		午 225	午 225-01	延 9	3.36	无色透明

续表

序号	作业区	区块	井号	层位	pH 值	水样颜色
25	岭南	南一	南 9-162	延 6	8.09	无色透明
26			南平一	直 5	7.59	无色透明
27			南 10-13	直 3(2)	7.68	浅绿色
28		南二	南 30-19	延 9	7.63	无色透明
29			南侧 32-17	延 9	8.04	黄色
30			南 32-111	延 4+5	7.93	无色透明
31			南 27-232	延 9、10	7.79	无色透明
32		镇 246	蔡 14-4	延 10	7.29	无色透明
33			镇 32-9		7.14	无色透明
34			蔡 246	长 8	8.4	浅黄色
35	城壕	西 259 区	西 262-2	长 3	7.85	无色透明
36		城 55 区	城 8-29	延 7	7.82	黄绿色
37		悦 22 区	华 10-29	延 9	7.88	无色透明
38		城 77 区	城 29-13	延 9	7.76	无色透明
39			城平 77-1	延 9	7.86	无色透明
40		午 120 区	午 118-01	长 3	7.1	无色透明
41			午 117-1	长 3	7.11	无色透明
42		城 81 区	城 145-28	延 8	7.58	无色透明
43		山 156 区	山平 4-4	长 6	7.69	无色透明
44		里 151 区	里 149-07	延 6	8.34	无色透明
45	华池	华 152	剖 17-10	延 8	8.11	无色透明
46			剖 13-9	长 1	8.08	无色透明
47			华 1-4	延 9	8.32	无色透明
48		华 49	华 42-13	延 8	8.33	绿色
49			华 40-11	长 1	7.9	无色透明
50		悦 29	城 96	长 7	7.27	无色透明
51			城 98-4A	长 7	7.76	黄色
52		白 255	关 46-192	长 6	7.46	无色透明
53		白 523	白 524-01A	延 9	8.59	无色透明
54		华 192	剖 46-131	长 3	7.66	无色透明
55		华 201	华 201-30	延 8	7.47	无色透明

续表

序号	作业区	区块	井号	层位	pH 值	水样颜色
56	岭北	上里塬	里 23-9	延 9	7.12	无色透明
57		里 91	里 91-06	延 10	8.28	无色透明
58		里 173	里 15-81	延 9	7.26	红棕色
59		北三	木 H9-1	延 10	7.8	无色透明
60	樊家川	木 30	木平 97-5	长 8	7.22	无色透明
61			木 103-3		7.13	无色透明
62			里 248	长 8	7.7	无色透明
63		木 34	木 28-05	延 10	8.2	无色透明
64			木 34-1		7.77	无色透明
65			木 31-03		5.75	无色透明
66		环 65	环 65	延 9	7.87	无色透明
67			樊 11-10		7.96	无色透明
68		环 82	环 200-54	长 8	7.87	无色透明
69			环 205-56		7.85	无色透明
70			环 201-54		8.2	无色透明
71			樊 7-12	延 9	8.02	浅黄色
72		环 91	环 113-98	长 3	6.42	红棕色
73			环 222-69	长 8	7.6	无色透明
74			环 93-5	延 9	6.9	红棕色
75			环 98-4		7.15	无色透明

5.4.2 混合水样结垢趋势预测

（1）城 8-29 和城 55 注采站

对城 8-29 和城 55 注采站的水样以 9∶1、8∶2、7∶3、6∶4、5∶5、4∶6、3∶7、2∶8、1∶9 混合后的水样进行了结垢趋势的预测，结果见表 5-18~表 5-22。

表 5-18 $CaCO_3$的结垢趋势表

水样混合比例	Ca^{2+}/(mg/L)	Ca^{2+}/(mol/L)	pCa	CO_3^{2-}/(mg/L)	HCO_3^-/(mg/L)	CO_3^{2-}/(mol/L)	HCO_3^-/(mol/L)	μ	pAlK	pH 值	t/℃	K	SI
9 : 1	263. 63	0. 007	2. 18	0. 00	2133. 1	0. 0000	0. 0350	0. 04	1. 46	8. 11	35. 3	2. 30	2. 17
8 : 2	439. 76	0. 011	1. 96	0. 00	2191. 6	0. 0000	0. 0359	0. 06	1. 44	8. 15	33. 7	2. 35	2. 40
7 : 3	615. 89	0. 015	1. 81	0. 00	2250. 1	0. 0000	0. 0369	0. 08	1. 43	8. 03	31. 2	2. 35	2. 43
6 : 4	792. 02	0. 020	1. 70	0. 00	2308. 6	0. 0000	0. 0378	0. 10	1. 42	7. 40	29. 8	2. 40	1. 87
5 : 5	968. 15	0. 024	1. 62	0. 00	2367. 1	0. 0000	0. 0388	0. 12	1. 41	7. 42	28. 9	2. 45	1. 94
4 : 6	1144. 28	0. 029	1. 54	0. 00	2425. 6	0. 0000	0. 0398	0. 13	1. 40	7. 06	30. 7	2. 45	1. 67
3 : 7	1320. 41	0. 033	1. 48	0. 00	2484. 1	0. 0000	0. 0407	0. 15	1. 39	7. 74	32. 4	2. 50	2. 37
2 : 8	1496. 54	0. 037	1. 43	0. 00	2542. 6	0. 0000	0. 0417	0. 17	1. 38	7. 74	31. 4	2. 50	2. 43
1 : 9	1672. 67	0. 042	1. 38	0. 00	2601. 1	0. 0000	0. 0426	0. 19	1. 37	7. 66	35. 2	2. 50	2. 41

由表5-18可以看出，城8-29和城55注采站水样以9：1、8：2、7：3、6：4、5：5、4：6、3：7、2：8、1：9混合后 $SI>0$，因此有结垢趋势。

表5-19 $CaSO_4$的结垢趋势表

水样混合比例	Ca^{2+}/(mg/L)	Ca^{2+}/(mol/L)	SO_4^{2-}/(mg/L)	SO_4^{2-}/(mol/L)	X	c/(mmol/L)	μ	t/℃	K_{sp}/10^{-4}	S/(mmol/L)	C
9：1	263.63	0.007	2681.39	0.0279	0.021	27.93	0.069	35.3	3.2	63.00	35.07
8：2	439.76	0.011	2591.98	0.0270	0.016	27.00	0.076	33.7	3.3	55.71	28.71
7：3	615.89	0.015	2502.57	0.0261	0.011	26.07	0.083	31.2	3.5	49.58	23.51
6：4	792.02	0.020	2413.16	0.0251	0.005	25.14	0.090	29.8	3.6	43.66	18.52
5：5	968.15	0.024	2323.75	0.0242	0.000	24.21	0.097	28.9	3.6	37.95	13.74
4：6	1144.28	0.029	2234.34	0.0233	0.005	23.27	0.104	30.7	4.0	35.02	11.75
3：7	1320.41	0.033	2144.93	0.0223	0.011	22.34	0.111	32.4	4.0	30.73	8.39
2：8	1496.54	0.037	2055.52	0.0214	0.016	21.41	0.118	31.4	4.0	27.08	5.67
1：9	1672.67	0.042	1966.11	0.0205	0.021	20.48	0.125	35.2	4.0	24.00	3.52

由表5-19可以看出，城8-29和城55注采站水样以9：1、8：2、7：3、6：4、5：5、4：6、3：7、2：8、1：9混合后 $C>0$，因此无结垢趋势。

表5-20 $BaSO_4$的结垢趋势表

水样混合比例	Ba^{2+}/(mg/L)	Ba^{2+}/(mol/L)	pBa	SO_4^{2-}/(mg/L)	SO_4^{2-}/(mol/L)	μ	pAlK	pH值	t/℃	K	SI
9：1	—	—	—	2681.4	0.0279	0.056	1.25	7.85	35.3	2.1	4.50
8：2	—	—	—	2592.0	0.0270	0.054	1.27	7.84	33.7	2.1	4.47
7：3	—	—	—	2502.6	0.0261	0.052	1.28	7.83	31.2	2.1	4.45
6：4	—	—	—	2413.2	0.0251	0.050	1.30	7.82	29.8	2.2	4.32
5：5	—	—	—	2323.8	0.0242	0.048	1.32	7.81	28.9	2.2	4.29
4：6	—	—	—	2234.3	0.0233	0.047	1.33	7.82	30.7	2.1	4.39
3：7	—	—	—	2144.9	0.0223	0.045	1.35	7.84	32.4	2.1	4.39
2：8	—	—	—	2055.5	0.0214	0.043	1.37	7.82	31.4	2.1	4.35
1：9	—	—	—	1966.1	0.0205	0.041	1.39	7.83	35.2	2.1	4.34

由表5-20可以看出，城8-29和城55注采站水样以9：1、8：2、7：3、6：4、5：5、4：6、3：7、2：8、1：9混合后 $SI>0$，因此有结垢趋势。

表 5-21 $SrSO_4$的结垢趋势表

水样混合比例	Sr^{2+}/(mg/L)	SO_4^{2-}/(mol/L)	Sr^{2+}/(mg/L)	SO_4^{2-}/(mol/L)	Q	Q/K_{sp}
9 : 1	—	2681.39	—	0.028	—	—
8 : 2	—	2591.98	—	0.027	—	—
7 : 3	—	2502.57	—	0.026	—	—
6 : 4	—	2413.16	—	0.025	—	—
5 : 5	—	2323.75	—	0.024	—	—
4 : 6	—	2234.34	—	0.023	—	—
3 : 7	—	2144.93	—	0.022	—	—
2 : 8	—	2055.52	—	0.021	—	—
1 : 9	—	1966.11	—	0.021	—	—

由表 5-21 可以看出，城 8-29 和城 55 注采站水样以 9 : 1、8 : 2、7 : 3、6 : 4、5 : 5、4 : 6、3 : 7、2 : 8、1 : 9 混合后无 Q/K_{sp} 数据，因此不能判断有无结垢趋势。

表 5-22 侵蚀性二氧化碳法测定结垢趋势表

水样混合比例	Ca^{2+}/(mg/L)	Ca^{2+}/(mol/L)	HCO_3^-/(mg/L)	HCO_3^-/(mol/L)	CO_3^{2-}/(mg/L)	CO_3^{2-}/(mol/L)	μ	t/℃	SI
9 : 1	263.6	0.007	2133.1	0.0350	0.00	0.0000	0.04	35.3	8.85
8 : 2	439.8	0.011	2191.6	0.0359	0.00	0.0000	0.06	33.7	8.41
7 : 3	615.9	0.015	2250.1	0.0369	0.00	0.0000	0.08	31.2	8.05
6 : 4	792.0	0.020	2308.6	0.0378	0.00	0.0000	0.10	29.8	7.77
5 : 5	968.2	0.024	2367.1	0.0388	0.00	0.0000	0.12	28.9	7.52
4 : 6	1144.3	0.029	2425.6	0.0398	0.00	0.0000	0.13	30.7	7.35
3 : 7	1320.4	0.033	2484.1	0.0407	0.00	0.0000	0.15	32.4	7.19

由表 5-22 可以看出，城 8-29 和城 55 注采站水样以 9 : 1、8 : 2、7 : 3、6 : 4、5 : 5、4 : 6、3 : 7、2 : 8、1 : 9 混合后 $SI>0$，因此有结垢趋势。

（2）午 120 临时输油点和午 117-1

对午 120 临时输油点和午 117-1 的水样以 9 : 1、8 : 2、7 : 3、6 : 4、5 : 5、4 : 6、3 : 7、2 : 8、1 : 9 混合后的水样进行了结垢趋势的预测，结果见表 5-23~表 5-27。

表 5-23　$CaCO_3$的结垢趋势表

水样混合比例	Ca^{2+}/(mg/L)	Ca^{2+}/(mol/L)	pCa	CO_3^{2-}/(mg/L)	HCO_3^-/(mg/L)	CO_3^{2-}/(mol/L)	HCO_3^-/(mol/L)	μ	pAlK	pH值	t/℃	K	SI
9 : 1	755. 73	0. 019	1. 72	0. 00	217. 2	0. 0000	0. 0036	0. 08	2. 45	7. 73	33. 9	2. 35	1. 21
8 : 2	681. 96	0. 017	1. 77	0. 00	214. 7	0. 0000	0. 0035	0. 07	2. 45	7. 85	27. 4	2. 35	1. 28
7 : 3	608. 19	0. 015	1. 82	0. 00	212. 3	0. 0000	0. 0035	0. 06	2. 46	7. 84	38. 9	2. 35	1. 21
6 : 4	4314. 62	0. 108	0. 97	0. 00	3478. 6	0. 0000	0. 0570	0. 46	1. 24	7. 83	41. 3	2. 80	2. 82
5 : 5	460. 65	0. 012	1. 94	0. 00	207. 4	0. 0000	0. 0034	0. 05	2. 47	7. 82	39. 2	2. 20	1. 21
4 : 6	386. 88	0. 010	2. 01	0. 00	205. 0	0. 0000	0. 0034	0. 04	2. 47	7. 81	28. 4	2. 30	1. 02
3 : 7	313. 11	0. 008	2. 11	0. 00	202. 5	0. 0000	0. 0033	0. 03	2. 48	7. 82	27. 4	2. 30	0. 93
2 : 8	239. 34	0. 006	2. 22	0. 00	200. 1	0. 0000	0. 0033	0. 03	2. 48	7. 84	21. 9	2. 30	0. 83
1 : 9	165. 57	0. 004	2. 38	0. 00	197. 6	0. 0000	0. 0032	0. 02	2. 49	7. 82	30. 0	2. 30	0. 65

由表5-23可看出，午120临时输油点和午117-1水样以9：1、8：2、7：3、6：4、5：5、4：6、3：7、2：8、1：9混合后*SI*>0，有结垢趋势。

表5-24　$CaSO_4$的结垢趋势表

水样混合比例	Ca^{2+}/(mg/L)	Ca^{2+}/(mol/L)	SO_4^{2-}/(mg/L)	SO_4^{2-}/(mol/L)	X	c/(mmol/L)	μ	t/℃	K_{sp}/10^{-4}	S/(mmol/L)	C
9：1	755.73	0.019	4882.93	0.0509	0.032	50.86	0.140	33.9	4.0	83.18	32.31
8：2	681.96	0.017	4580.06	0.0477	0.031	47.71	0.130	27.4	4.0	81.06	33.35
7：3	608.19	0.015	4277.19	0.0446	0.029	44.55	0.120	38.9	4.0	78.96	34.41
6：4	4314.62	0.108	624.96	0.0065	0.101	6.51	0.229	41.3	4.5	8.52	2.01
5：5	460.65	0.012	3671.45	0.0382	0.027	38.24	0.100	39.2	3.6	73.14	34.90
4：6	386.88	0.010	3368.58	0.0351	0.025	35.09	0.090	28.4	3.6	71.09	36.00
3：7	313.11	0.008	3065.71	0.0319	0.024	31.93	0.080	27.4	3.4	68.17	36.23
2：8	239.34	0.006	2762.84	0.0288	0.023	28.78	0.070	21.9	3.3	65.69	36.91
1：9	165.57	0.004	2459.97	0.0256	0.021	25.62	0.060	30	3.3	63.69	38.07

由表5-24可以看出，午120临时输油点和午117-1水样以9：1、8：2、7：3、6：4、5：5、4：6、3：7、2：8、1：9混合后*C*>0，因此有结垢趋势。

表5-25　$BaSO_4$的结垢趋势表

水样混合比例	Ba^{2+}/(mg/L)	Ba^{2+}/(mol/L)	pBa	SO_4^{2-}/(mg/L)	SO_4^{2-}/(mol/L)	μ	pAlK	pH值	t/℃	K	SI
9：1	—	—	—	4882.9	0.0509	0.102	0.99	7.9	33.9	2.1	4.81
8：2	—	—	—	4580.1	0.0477	0.095	1.02	7.8	27.4	2.2	4.58
7：3	—	—	—	4277.2	0.0446	0.089	1.05	7.82	38.9	2.1	4.67
6：4	—	—	—	625.0	0.0065	0.013	1.89	7.81	41.3	2	3.92
5：5	—	—	—	3671.5	0.0382	0.076	1.12	7.72	39.2	2	4.60
4：6	—	—	—	3368.6	0.0351	0.070	1.15	7.61	28.4	2.2	4.26
3：7	—	—	—	3065.7	0.0319	0.064	1.19	7.55	27.4	2.2	4.16
2：8	—	—	—	2762.8	0.0288	0.058	1.24	7.49	21.9	2.3	3.95
1：9	—	—	—	2460.0	0.0256	0.051	1.29	7.45	30	2.1	4.06

由表5-25可以看出，午120临时输油点和午117-1水样以9：1、8：2、7：3、6：4、5：5、4：6、3：7、2：8、1：9混合后*SI*>0，因此有结垢趋势。

表 5-26 $SrSO_4$的结垢趋势表

水样混合比例	Sr^{2+}/(mg/L)	SO_4^{2-}/(mol/L)	Sr^{2+}/(mg/L)	SO_4^{2-}/(mol/L)	Q	Q/K_{sp}
9∶1	—	4882.93	—	0.0509	—	—
8∶2	—	4580.06	—	0.0477	—	—
7∶3	—	4277.19	—	0.0446	—	—
6∶4	—	624.96	—	0.0065	—	—
5∶5	—	3671.45	—	0.0382	—	—
4∶6	—	3368.58	—	0.0351	—	—
3∶7	—	3065.71	—	0.0319	—	—
2∶8	—	2762.84	—	0.0288	—	—
1∶9	—	2459.97	—	0.0256	—	—

由表 5-26 可以看出，午 120 临时输油点和午 117-1 水样以 9∶1、8∶2、7∶3、6∶4、5∶5、4∶6、3∶7、2∶8、1∶9 混合后无 Q/K_{sp}数据，因此不能判断有无结垢趋势。

表 5-27 侵蚀性二氧化碳法测定结垢趋势表

水样混合比例	Ca^{2+}/(mg/L)	Ca^{2+}/(mol/L)	HCO_3^-/(mg/L)	HCO_3^-/(mol/L)	CO_3^{2-}/(mg/L)	CO_3^{2-}/(mol/L)	μ	t/℃	SI
9∶1	755.7	0.019	217.2	0.0036	0.00	0.0000	0.08	33.9	10.07
8∶2	682.0	0.017	214.7	0.0035	0.00	0.0000	0.07	27.4	10.06
7∶3	608.2	0.015	212.3	0.0035	0.00	0.0000	0.06	38.9	10.39
6∶4	4314.6	0.108	3478.6	0.0570	0.00	0.0000	0.46	41.3	5.14
5∶5	460.7	0.012	207.4	0.0034	0.00	0.0000	0.05	39.2	10.66
4∶6	386.9	0.010	205.0	0.0034	0.00	0.0000	0.04	28.4	10.62
3∶7	313.1	0.008	202.5	0.0033	0.00	0.0000	0.03	27.4	10.78
2∶8	239.3	0.006	200.1	0.0033	0.00	0.0000	0.03	21.9	10.89
1∶9	165.6	0.004	197.6	0.0032	0.00	0.0000	0.02	30	11.31

由表 5-27 可以看出，午 120 临时输油点和午 117-1 水样以 9∶1、8∶2、7∶3、6∶4、5∶5、4∶6、3∶7、2∶8、1∶9 混合后 $SI>0$，因此有结垢趋势。

(3) 里 149-07 和里 151 注采站

对里 149-07 和里 151 注采站的水样以 9∶1、8∶2、7∶3、6∶4、5∶5、4∶6、3∶7、2∶8、1∶9 混合后的水样进行了结垢趋势的预测，结果见表 5-28~表 5-32。

表 5-28 $CaCO_3$的结垢趋势表

水样混合比例	Ca^{2+}/(mg/L)	Ca^{2+}/(mol/L)	pCa	CO_3^{2-}/(mg/L)	HCO_3^-/(mg/L)	CO_3^{2-}/(mol/L)	HCO_3^-/(mol/L)	μ	pAlK	pH 值	t/℃	K	SI
9 : 1	259. 71	0. 006	2. 19	72. 72	2464. 4	0. 0012	0. 0404	0. 05	1. 38	7. 83	32. 1	2. 30	1. 96
8 : 2	327. 62	0. 008	2. 09	72. 64	2464. 4	0. 0012	0. 0404	0. 06	1. 38	7. 90	35. 4	2. 30	2. 13
7 : 3	395. 53	0. 010	2. 00	72. 56	2464. 4	0. 0012	0. 0404	0. 06	1. 38	7. 80	28. 6	2. 30	2. 11
6 : 4	4314. 62	0. 108	0. 97	0. 00	3478. 6	0. 0000	0. 0570	0. 46	1. 24	7. 82	27. 5	3. 20	2. 41
5 : 5	531. 35	0. 013	1. 88	72. 40	2464. 4	0. 0012	0. 0404	0. 08	1. 38	7. 81	28. 3	2. 50	2. 05
4 : 6	599. 26	0. 015	1. 82	72. 32	2464. 4	0. 0012	0. 0404	0. 08	1. 38	7. 72	26. 9	2. 50	2. 01
3 : 7	667. 17	0. 017	1. 78	72. 24	2464. 4	0. 0012	0. 0404	0. 09	1. 38	7. 61	29. 3	2. 50	1. 95
2 : 8	735. 08	0. 018	1. 74	72. 16	2464. 4	0. 0012	0. 0404	0. 10	1. 38	7. 55	29. 4	2. 50	1. 93
1 : 9	802. 99	0. 020	1. 70	72. 08	2464. 4	0. 0012	0. 0404	0. 10	1. 38	7. 49	31. 3	2. 50	1. 91

由表5-28可以看出，里149-07和里151注采站水样以9∶1、8∶2、7∶3、6∶4、5∶5、4∶6、3∶7、2∶8、1∶9混合后 $SI>0$，因此有结垢趋势。

表5-29　$SrSO_4$的结垢趋势表

水样混合比例	Sr^{2+}/(mg/L)	SO_4^{2-}/(mol/L)	Sr^{2+}/(mg/L)	SO_4^{2-}/(mol/L)	Q	Q/K_{sp}
9∶1	—	941.41	—	0.0098	—	—
8∶2	—	1241.42	—	0.0129	—	—
7∶3	—	1541.43	—	0.0161	—	—
6∶4	—	624.96	—	0.0065	—	—
5∶5	—	2141.45	—	0.0223	—	—
4∶6	—	2441.46	—	0.0254	—	—
3∶7	—	2741.47	—	0.0286	—	—
2∶8	—	3041.48	—	0.0317	—	—
1∶9	—	3341.49	—	0.0348	—	—

由表5-29可以看出，里149-07和里151注采站的水样以9∶1、8∶2、7∶3、6∶4、5∶5、4∶6、3∶7、2∶8、1∶9混合后无 Q/K_{sp} 数据，因此不能判断有无结垢趋势。

表5-30　$CaSO_4$的结垢趋势表

水样混合比例	Ca^{2+}/(mg/L)	Ca^{2+}/(mol/L)	SO_4^{2-}/(mg/L)	SO_4^{2-}/(mol/L)	X	c/(mmol/L)	μ	t/℃	K_{sp}/10^{-4}	S/(mmol/L)	C
9∶1	259.71	0.006	941.41	0.0098	0.003	9.81	0.033	32.1	3.0	38.11	28.31
8∶2	327.62	0.008	1241.42	0.0129	0.005	12.93	0.042	35.4	3.0	39.70	26.77
7∶3	395.53	0.010	1541.43	0.0161	0.006	16.06	0.052	28.6	3.0	41.35	25.30
6∶4	4314.62	0.108	624.96	0.0065	0.101	6.51	0.229	27.5	4.5	8.52	2.01
5∶5	531.35	0.013	2141.45	0.0223	0.009	22.31	0.071	28.3	3.3	46.46	24.15
4∶6	599.26	0.015	2441.46	0.0254	0.010	25.43	0.081	26.9	3.4	48.78	23.35
3∶7	667.17	0.017	2741.47	0.0286	0.012	28.56	0.090	29.3	3.6	51.64	23.08
2∶8	735.08	0.018	3041.48	0.0317	0.013	31.68	0.100	29.4	3.6	53.52	21.84
1∶9	802.99	0.020	3341.49	0.0348	0.015	34.81	0.110	31.3	3.6	55.44	20.63

由表5-30可以看出，里149-07和里151注采站水样以9∶1、8∶2、7∶3、6∶4、5∶5、4∶6、3∶7、2∶8、1∶9混合后 $C>0$，因此有结垢趋势。

表 5-31 $BaSO_4$的结垢趋势表

水样混合比例	Ba^{2+}/(mg/L)	Ba^{2+}/(mol/L)	pBa	SO_4^{2-}/(mg/L)	SO_4^{2-}/(mol/L)	μ	pAlK	pH 值	t/℃	K	SI
9∶1	—	—	—	941.4	0.0098	0.020	1.71	8.1	32.1	2.1	4.29
8∶2	—	—	—	1241.4	0.0129	0.026	1.59	8.21	35.4	2.1	4.52
7∶3	—	—	—	1541.4	0.0161	0.032	1.49	8.23	28.6	2.2	4.54
6∶4	—	—	—	625.0	0.0065	0.013	1.89	8.3	27.5	2.2	4.21
5∶5	—	—	—	2141.5	0.0223	0.045	1.35	8.11	28.3	2.2	4.56
4∶6	—	—	—	2441.5	0.0254	0.051	1.29	8.35	26.9	2.2	4.86
3∶7	—	—	—	2741.5	0.0286	0.057	1.24	8.28	29.3	2.1	4.94
2∶8	—	—	—	3041.5	0.0317	0.063	1.20	8.3	29.4	2.1	5.00
1∶9	—	—	—	3341.5	0.0348	0.070	1.16	8.18	31.3	2.1	4.92

由表 5-31 可以看出，里 149-07 和里 151 注采站水样以 9∶1、8∶2、7∶3、6∶4、5∶5、4∶6、3∶7、2∶8、1∶9 混合后 $SI>0$，因此有结垢趋势。

表 5-32 侵蚀性二氧化碳法测定结垢趋势表

水样混合比例	Ca^{2+}/(mg/L)	Ca^{2+}/(mol/L)	HCO_3^-/(mg/L)	HCO_3^-/(mol/L)	CO_3^{2-}/(mg/L)	CO_3^{2-}/(mol/L)	μ	t/℃	SI
9∶1	259.7	0.006	2464.4	0.0404	72.72	0.0012	0.05	32.1	8.62
8∶2	327.6	0.008	2464.4	0.0404	72.64	0.0012	0.06	35.4	8.52
7∶3	395.5	0.010	2464.4	0.0404	72.56	0.0012	0.06	28.6	8.26
6∶4	4314.6	0.108	3478.6	0.0570	0.00	0.0000	0.46	27.5	4.89
5∶5	531.4	0.013	2464.4	0.0404	72.40	0.0012	0.08	28.3	8.02
4∶6	599.3	0.015	2464.4	0.0404	72.32	0.0012	0.08	26.9	7.89
3∶7	667.2	0.017	2464.4	0.0404	72.24	0.0012	0.09	29.3	7.84
2∶8	735.1	0.018	2464.4	0.0404	72.16	0.0012	0.10	29.4	7.75
1∶9	803.0	0.020	2464.4	0.0404	72.08	0.0012	0.10	31.3	7.70

由表 5-32 可以看出，里 149-07 和里 151 注采站水样以 9∶1、8∶2、7∶3、6∶4、5∶5、4∶6、3∶7、2∶8、1∶9 混合后 $SI>0$，因此有结垢趋势。

(4) 午 225-01 和午 206-1

对午 225-01 和午 206-1 的水样以 9∶1、8∶2、7∶3、6∶4、5∶5、4∶6、3∶7、2∶8、1∶9 混合后的水样进行了结垢趋势的预测，结果见表 5-33～表 5-37。

表 5-33 $CaCO_3$的结垢趋势表

水样混合比例	Ca^{2+}/(mg/L)	Ca^{2+}/(mol/L)	pCa	CO_3^{2-}/(mg/L)	HCO_3^-/(mg/L)	CO_3^{2-}/(mol/L)	HCO_3^-/(mol/L)	μ	pAlK	pH 值	t/℃	K	SI
9 : 1	123. 18	0. 003	2. 51	0. 00	0. 0	0. 0000	0. 0000	0. 01	0. 00	7. 45	35. 9	2. 20	2. 74
8 : 2	208. 46	0. 005	2. 28	0. 00	0. 0	0. 0000	0. 0000	0. 02	0. 00	8. 10	32. 4	2. 20	3. 62
7 : 3	293. 74	0. 007	2. 13	0. 00	0. 0	0. 0000	0. 0000	0. 03	0. 00	8. 21	30. 1	2. 20	3. 88
6 : 4	4314. 62	0. 108	0. 97	0. 00	3478. 6	0. 0000	0. 0570	0. 46	1. 24	8. 23	22. 9	3. 30	2. 72
5 : 5	464. 3	0. 012	1. 94	0. 00	0. 0	0. 0000	0. 0000	0. 05	0. 00	8. 30	34. 2	2. 30	4. 06
4 : 6	549. 58	0. 014	1. 86	0. 00	0. 0	0. 0000	0. 0000	0. 05	0. 00	8. 11	43. 9	2. 30	3. 95
3 : 7	634. 86	0. 016	1. 80	0. 00	0. 0	0. 0000	0. 0000	0. 06	0. 00	8. 35	24. 3	2. 30	4. 25
2 : 8	720. 14	0. 018	1. 74	0. 00	0. 0	0. 0000	0. 0000	0. 07	0. 00	8. 28	34. 9	2. 30	4. 24
1 : 9	805. 42	0. 020	1. 70	0. 00	0. 0	0. 0000	0. 0000	0. 08	0. 00	8. 30	35. 4	2. 30	4. 30

由表 5-33 可以看出，午 225-01 和午 206-1 水样以 9∶1、8∶2、7∶3、6∶4、5∶5、4∶6、3∶7、2∶8、1∶9 混合后 $SI>0$，因此有结垢趋势。

表 5-34　$SrSO_4$的结垢趋势表

水样混合比例	Sr^{2+}/(mg/L)	SO_4^{2-}/(mol/L)	Sr^{2+}/(mg/L)	SO_4^{2-}/(mol/L)	Q	Q/K_{sp}
9∶1	—	1708.98	—	0.0178	—	—
8∶2	—	1847.26	—	0.0192	—	—
7∶3	—	1985.54	—	0.0207	—	—
6∶4	—	624.96	—	0.0065	—	—
5∶5	—	2262.1	—	0.0236	—	—
4∶6	—	2400.38	—	0.0250	—	—
3∶7	—	2538.66	—	0.0264	—	—
2∶8	—	2676.94	—	0.0279	—	—
1∶9	—	2815.22	—	0.0293	—	—

由表 5-34 可以看出，午 225-01 和午 206-1 水样以 9∶1、8∶2、7∶3、6∶4、5∶5、4∶6、3∶7、2∶8、1∶9 混合后无 Q/K_{sp}数据，因此不能判断有无结垢趋势。

表 5-35　$CaSO_4$的结垢趋势表

水样混合比例	Ca^{2+}/(mg/L)	Ca^{2+}/(mol/L)	SO_4^{2-}/(mg/L)	SO_4^{2-}/(mol/L)	X	c/(mmol/L)	μ	t/℃	K_{sp}/10^{-4}	S/(mmol/L)	C
9∶1	123.18	0.003	1708.98	0.0178	0.015	17.80	0.042	35.9	3.0	52.36	34.56
8∶2	208.46	0.005	1847.26	0.0192	0.014	19.24	0.049	32.4	3.0	51.41	32.16
7∶3	293.74	0.007	1985.54	0.0207	0.013	20.68	0.056	30.1	3.0	50.46	29.78
6∶4	4314.62	0.108	624.96	0.0065	0.101	6.51	0.229	22.9	4.5	8.52	2.01
5∶5	464.3	0.012	2262.10	0.0236	0.012	23.56	0.070	34.2	3.3	50.20	26.64
4∶6	549.58	0.014	2400.38	0.0250	0.011	25.00	0.077	43.9	3.4	49.82	24.82
3∶7	634.86	0.016	2538.66	0.0264	0.011	26.44	0.085	24.3	3.6	49.97	23.52
2∶8	720.14	0.018	2676.94	0.0279	0.010	27.88	0.092	34.9	3.6	49.09	21.21
1∶9	805.42	0.020	2815.22	0.0293	0.009	29.33	0.099	35.4	3.6	48.23	18.91

由表 5-35 可以看出，午 225-01 和午 206-1 水样以 9∶1、8∶2、7∶3、6∶4、5∶5、4∶6、3∶7、2∶8、1∶9 混合后 $C>0$，因此有结垢趋势。

表 5-36 $BaSO_4$的结垢趋势表

水样混合比例	Ba^{2+}/(mg/L)	Ba^{2+}/(mol/L)	pBa	SO_4^{2-}/(mg/L)	SO_4^{2-}/(mol/L)	μ	pAlK	pH值	t/℃	K	SI
9:1	—	—	—	1709.0	0.0178	0.036	1.45	8.11	35.9	2.2	4.46
8:2	—	—	—	1847.3	0.0192	0.038	1.41	8.02	32.4	2.1	4.51
7:3	—	—	—	1985.5	0.0207	0.041	1.38	7.69	30.1	2.1	4.21
6:4	—	—	—	625.0	0.0065	0.013	1.89	6.48	22.9	2.2	2.39
5:5	—	—	—	2262.1	0.0236	0.047	1.33	6.05	34.2	2.1	2.62
4:6	—	—	—	2400.4	0.0250	0.050	1.30	5.95	43.9	2	2.65
3:7	—	—	—	2538.7	0.0264	0.053	1.28	5.79	24.3	2.2	2.31
2:8	—	—	—	2676.9	0.0279	0.056	1.25	5.37	34.9	2.1	2.02
1:9	—	—	—	2815.2	0.0293	0.059	1.23	5.14	35.4	2	1.91

由表5-36可以看出，午225-01和午206-1水样以9：1、8：2、7：3、6：4、5：5、4：6、3：7、2：8、1：9混合后$SI>0$，因此有结垢趋势。

表 5-37 侵蚀性二氧化碳法测定结垢趋势表

水样混合比例	Ca^{2+}/(mg/L)	Ca^{2+}/(mol/L)	HCO_3^-/(mg/L)	HCO_3^-/(mol/L)	CO_3^{2-}/(mg/L)	CO_3^{2-}/(mol/L)	μ	t/℃	SI
9:1	123.2	0.003	0.0	0.0000	0.00	0.0000	0.01	35.9	4.14
8:2	208.5	0.005	0.0	0.0000	0.00	0.0000	0.02	32.4	3.95
7:3	293.7	0.007	0.0	0.0000	0.00	0.0000	0.03	30.1	3.81
6:4	4314.6	0.108	3478.6	0.0570	0.00	0.0000	0.46	22.9	4.81
5:5	464.3	0.012	0.0	0.0000	0.00	0.0000	0.05	34.2	3.71
4:6	549.6	0.014	0.0	0.0000	0.00	0.0000	0.05	43.9	3.81
3:7	634.9	0.016	0.0	0.0000	0.00	0.0000	0.06	24.3	3.38
2:8	720.1	0.018	0.0	0.0000	0.00	0.0000	0.07	34.9	3.50
1:9	805.4	0.020	0.0	0.0000	0.00	0.0000	0.08	35.4	3.45

由表5-37可以看出，午225-01和午206-1水样以9：1、8：2、7：3、6：4、5：5、4：6、3：7、2：8、1：9混合后$SI>0$，因此有结垢趋势。

（5）剖17-10剖和18-8注水橇

对剖17-10剖和18-8注水橇的水样以9：1、8：2、7：3、6：4、5：5、4：6、3：7、2：8、1：9混合后的水样进行了结垢趋势的预测，结果见表5-38~表5-42。

表 5-38 $CaCO_3$的结垢趋势表

水样混合比例	Ca^{2+}/(mg/L)	Ca^{2+}/(mol/L)	pCa	CO_3^{2-}/(mg/L)	HCO_3^-/(mg/L)	CO_3^{2-}/(mol/L)	HCO_3^-/(mol/L)	μ	pAlK	pH值	t/℃	K	SI
9:1	482.55	0.012	1.92	0.00	9379.4	0.0000	0.1538	0.13	0.81	8.18	31.5	2.40	3.05
8:2	523.30	0.013	1.88	0.00	8413.1	0.0000	0.0000	0.05	0.00	8.11	32.5	2.30	3.93
7:3	564.05	0.014	1.85	0.00	7446.9	0.0000	0.0000	0.06	0.00	8.02	33.6	2.30	3.87
6:4	4314.62	0.108	0.97	0.00	3478.6	0.0000	0.0000	0.43	0.00	7.69	31.6	3.10	3.62
5:5	645.55	0.016	1.79	0.00	5514.4	0.0000	0.0904	0.11	1.04	6.48	37.8	2.30	1.34
4:6	686.30	0.017	1.77	0.00	4548.2	0.0000	0.0000	0.07	0.00	6.05	31.3	2.30	1.98
3:7	727.05	0.018	1.74	0.00	3581.9	0.0000	0.0000	0.07	0.00	5.95	34.3	2.30	1.91
2:8	767.80	0.019	1.72	0.00	2615.7	0.0000	0.0000	0.08	0.00	5.79	35.3	2.30	1.77
1:9	808.55	0.020	1.69	0.00	1649.4	0.0000	0.0000	0.08	0.00	5.37	31.9	2.30	1.38

由表5-38可以看出，剖17-10剖和18-8注水橇以9：1、8：2、7：3、6：4、5：5、4：6、3：7、2：8、1：9混合后$SI>0$，因此有结垢趋势。

表5-39 $SrSO_4$的结垢趋势表

水样混合比例	Sr^{2+}/(mg/L)	SO_4^{2-}/(mol/L)	Sr^{2+}/(mg/L)	SO_4^{2-}/(mol/L)	Q	Q/K_{sp}
9：1	—	1481.11	—	0.0154	—	—
8：2	—	1448.52	—	0.0151	—	—
7：3	—	1415.93	—	0.0147	—	—
6：4	—	624.96	—	0.0065	—	—
5：5	—	1350.75	—	0.0141	—	—
4：6	—	1318.16	—	0.0137	—	—
3：7	—	1285.57	—	0.0134	—	—
2：8	—	1252.98	—	0.0131	—	—
1：9	—	1220.39	—	0.0127	—	—

由表5-39可以看出，剖17-10剖和18-8注水橇以9：1、8：2、7：3、6：4、5：5、4：6、3：7、2：8、1：9混合后无Q/K_{sp}数据，因此不能判断有无结垢趋势。

表5-40 $CaSO_4$的结垢趋势表

水样混合比例	Ca^{2+}/(mg/L)	Ca^{2+}/(mol/L)	SO_4^{2-}/(mg/L)	SO_4^{2-}/(mol/L)	X	c/(mmol/L)	μ	t/℃	K_{sp}/10^{-4}	S/(mmol/L)	C
9：1	482.55	0.012	1481.11	0.0154	0.003	15.43	0.055	31.5	3.0	38.17	22.74
8：2	523.3	0.013	1448.52	0.0151	0.002	15.09	0.056	32.5	3.0	36.71	21.62
7：3	564.05	0.014	1415.93	0.0147	0.001	14.75	0.058	33.6	3.0	35.30	20.55
6：4	4314.62	0.108	624.96	0.0065	0.101	6.51	0.229	31.6	4.5	8.52	2.01
5：5	645.55	0.016	1350.75	0.0141	0.002	14.07	0.060	37.8	3.2	33.77	19.70
4：6	686.3	0.017	1318.16	0.0137	0.003	13.73	0.062	31.3	3.2	32.51	18.78
3：7	727.05	0.018	1285.57	0.0134	0.005	13.39	0.063	34.3	3.2	31.31	17.92
2：8	767.8	0.019	1252.98	0.0131	0.006	13.05	0.064	35.3	3.2	30.16	17.11
1：9	808.55	0.020	1220.39	0.0127	0.008	12.71	0.066	31.9	3.2	29.05	16.34

由表5-40可以看出，剖17-10剖和18-8注水橇以9：1、8：2、7：3、6：4、5：5、4：6、3：7、2：8、1：9混合后$C>0$，因此有结垢趋势。

表 5-41 $BaSO_4$的结垢趋势表

水样混合比例	Ba^{2+}/(mg/L)	Ba^{2+}/(mol/L)	pBa	SO_4^{2-}/(mg/L)	SO_4^{2-}/(mol/L)	μ	pAlK	pH 值	t/℃	K	SI
9∶1	—	—	—	1481.1	0.0154	0.031	1.51	7.65	31.5	2.1	4.04
8∶2	—	—	—	1448.5	0.0151	0.030	1.52	7.88	32.5	2.1	4.26
7∶3	—	—	—	1415.9	0.0147	0.029	1.53	7.92	33.6	2.1	4.29
6∶4	—	—	—	625.0	0.0065	0.013	1.89	7.99	31.6	2.1	4.00
5∶5	—	—	—	1350.8	0.0141	0.028	1.55	8.03	37.8	2	4.48
4∶6	—	—	—	1318.2	0.0137	0.027	1.56	8.05	31.3	2.1	4.39
3∶7	—	—	—	1285.6	0.0134	0.027	1.57	8.07	34.3	2.1	4.40
2∶8	—	—	—	1253.0	0.0131	0.026	1.58	8.1	35.3	2	4.52
1∶9	—	—	—	1220.4	0.0127	0.025	1.59	8.12	31.9	2.1	4.43

由表 5-41 可以看出，剖 17-10 剖和 18-8 注水橇以 9∶1、8∶2、7∶3、6∶4、5∶5、4∶6、3∶7、2∶8、1∶9 混合后 SI>0，因此有结垢趋势。

表 5-42 侵蚀性二氧化碳法测定结垢趋势表

水样混合比例	Ca^{2+}/(mg/L)	Ca^{2+}/(mol/L)	HCO_3^-/(mg/L)	HCO_3^-/(mol/L)	CO_3^{2-}/(mg/L)	CO_3^{2-}/(mol/L)	μ	t/℃	SI
9∶1	482.6	0.012	9379.4	0.1538	0.00	0.0000	0.13	31.5	6.62
8∶2	523.3	0.013	8413.1	0.1379	0.00	0.0000	0.12	32.5	6.72
7∶3	564.1	0.014	7446.9	0.1221	0.00	0.0000	0.12	33.6	6.84
6∶4	4314.6	0.108	3478.6	0.0570	0.00	0.0000	0.46	31.6	4.96
5∶5	645.6	0.016	5514.4	0.0904	0.00	0.0000	0.11	37.8	7.17
4∶6	686.3	0.017	4548.2	0.0746	0.00	0.0000	0.11	31.3	7.22
3∶7	727.1	0.018	3581.9	0.0587	0.00	0.0000	0.10	34.3	7.48
2∶8	767.8	0.019	2615.7	0.0429	0.00	0.0000	0.10	35.3	7.77
1∶9	808.6	0.020	1649.4	0.0270	0.00	0.0000	0.09	31.9	8.12

由表 5-42 可以看出，剖 17-10 剖和 18-8 注水橇以 9∶1、8∶2、7∶3、6∶4、5∶5、4∶6、3∶7、2∶8、1∶9 混合后 SI>0，因此有结垢趋势。

（6）华 42-13 和新华一转污水回注

对华 42-13 和新华一转污水回注的水样以 9∶1、8∶2、7∶3、6∶4、5∶5、4∶6、3∶7、2∶8、1∶9 混合后的水样进行了结垢趋势的预测，结果见表 5-43~表 5-47。

表 5-43 $CaCO_3$的结垢趋势表

水样混合比例	Ca^{2+}/(mg/L)	Ca^{2+}/(mol/L)	pCa	CO_3^{2-}/(mg/L)	HCO_3^-/(mg/L)	CO_3^{2-}/(mol/L)	HCO_3^-/(mol/L)	μ	pAlK	pH 值	t/℃	K	SI
9∶1	1422.97	0.036	1.45	165.60	5443.6	0.0028	0.0000	0.15	2.56	5.14	28.1	2.50	-1.37
8∶2	1312.84	0.033	1.48	163.20	5226.5	0.0027	0.0857	0.18	1.05	7.65	32.1	2.50	2.61
7∶3	1121.05	0.028	1.55	132.00	4174.8	0.0022	0.0684	0.15	1.15	7.88	36.3	2.50	2.68
6∶4	1092.58	0.027	1.56	158.40	4792.2	0.0026	0.0786	0.15	1.09	7.92	37.2	2.50	2.77
5∶5	982.45	0.025	1.61	156.00	4575.0	0.0026	0.0750	0.14	1.11	7.99	35.2	2.50	2.77
4∶6	872.32	0.022	1.66	153.60	4357.8	0.0026	0.0714	0.13	1.13	8.03	35.8	2.50	2.74
3∶7	762.19	0.019	1.72	151.20	4140.7	0.0025	0.0679	0.12	1.15	8.05	26.8	2.50	2.68
2∶8	434.3	0.011	1.96	72.00	1698.2	0.0012	0.0278	0.06	1.54	8.07	28.7	2.50	2.07
1∶9	541.93	0.014	1.87	146.40	3706.4	0.0024	0.0608	0.09	1.20	8.10	27.9	2.50	2.53

由表 5-43 可以看出，华 42-13 和新华一转污水回注以 9：1 混合后 $SI<0$，因此无结垢趋势；剖 17-10 剖和 18-8 注水橇以 8：2、7：3、6：4、5：5、4：6、3：7、2：8、1：9 混合后 $SI>0$，因此有结垢趋势。

表 5-44　$SrSO_4$的结垢趋势表

水样混合比例	Sr^{2+}/(mg/L)	SO_4^{2-}/(mol/L)	Sr^{2+}/(mg/L)	SO_4^{2-}/(mol/L)	Q	Q/K_{sp}
9：1	—	1914. 32	—	0. 0199	—	—
8：2	—	1871. 54	—	0. 0195	—	—
7：3	—	1914. 32	—	0. 0199	—	—
6：4	—	1785. 98	—	0. 0186	—	—
5：5	—	1743. 2	—	0. 0182	—	—
4：6	—	1700. 42	—	0. 0177	—	—
3：7	—	1657. 64	—	0. 0173	—	—
2：8	—	1843. 02	—	0. 0192	—	—
1：9	—	1572. 08	—	0. 0164	—	—

由表 5-44 可以看出，华 42-13 和新华一转污水回注以 9：1、8：2、7：3、6：4、5：5、4：6、3：7、2：8、1：9 混合后无 Q/K_{sp}数据，因此不能判断有无结垢趋势。

表 5-45　$CaSO_4$的结垢趋势表

水样混合比例	Ca^{2+}/(mg/L)	Ca^{2+}/(mol/L)	SO_4^{2-}/(mg/L)	SO_4^{2-}/(mol/L)	X	c/(mmol/L)	μ	t/℃	K_{sp}/10^{-4}	S/(mmol/L)	C
9：1	1422. 97	0. 036	1914. 32	0. 0199	0. 016	19. 94	0. 111	28. 1	4. 0	27. 31	7. 37
8：2	1312. 84	0. 033	1871. 54	0. 0195	0. 013	19. 50	0. 105	32. 1	4. 0	28. 84	9. 34
7：3	1121. 05	0. 028	1914. 32	0. 0199	0. 008	19. 94	0. 096	36. 3	3. 6	30. 71	10. 77
6：4	1092. 58	0. 027	1785. 98	0. 0186	0. 009	18. 60	0. 092	37. 2	3. 6	30. 22	11. 62
5：5	982. 45	0. 025	1743. 20	0. 0182	0. 006	18. 16	0. 085	35. 2	3. 4	31. 03	12. 87
4：6	872. 32	0. 022	1700. 42	0. 0177	0. 004	17. 71	0. 079	35. 8	3. 3	32. 47	14. 75
3：7	762. 19	0. 019	1657. 64	0. 0173	0. 002	17. 27	0. 073	26. 8	3. 3	34. 59	17. 32
2：8	434. 3	0. 011	1843. 02	0. 0192	0. 008	19. 20	0. 060	28. 7	3. 3	45. 62	26. 42
1：9	541. 93	0. 014	1572. 08	0. 0164	0. 003	16. 38	0. 060	27. 9	3. 3	39. 27	22. 89

由表 5-45 可以看出，华 42-13 和新华一转污水回注以 9：1、8：2、7：3、6：4、5：5、4：6、3：7、2：8、1：9 混合后 $C>0$，因此有结垢趋势。

表 5-46 $BaSO_4$的结垢趋势表

水样混合比例	Ba^{2+}/(mg/L)	Ba^{2+}/(mol/L)	pBa	SO_4^{2-}/(mg/L)	SO_4^{2-}/(mol/L)	μ	pAlK	pH值	t/℃	K	SI
9∶1	—	—	—	1914.3	0.0199	0.040	1.40	7.82	28.1	2.2	4.22
8∶2	—	—	—	1871.5	0.0195	0.039	1.41	7.86	32.1	2.1	4.35
7∶3	—	—	—	1914.3	0.0199	0.040	1.40	7.89	36.3	2	4.49
6∶4	—	—	—	1786.0	0.0186	0.037	1.43	7.93	37.2	2	4.50
5∶5	—	—	—	1743.2	0.0182	0.036	1.44	7.95	35.2	2	4.51
4∶6	—	—	—	1700.4	0.0177	0.035	1.45	7.96	35.8	2	4.51
3∶7	—	—	—	1657.6	0.0173	0.035	1.46	8.02	26.8	2.2	4.36
2∶8	—	—	—	1843.0	0.0192	0.038	1.42	8.11	28.7	2.2	4.49
1∶9	—	—	—	1572.1	0.0164	0.033	1.48	8.24	27.9	2.2	4.56

由表5-46可以看出，华42-13和新华一转污水回注以9∶1、8∶2、7∶3、6∶4、5∶5、4∶6、3∶7、2∶8、1∶9混合后SI>0，因此有结垢趋势。

表 5-47 侵蚀性二氧化碳法测定结垢趋势表

水样混合比例	Ca^{2+}/(mg/L)	Ca^{2+}/(mol/L)	HCO_3^-/(mg/L)	HCO_3^-/(mol/L)	CO_3^{2-}/(mg/L)	CO_3^{2-}/(mol/L)	μ	t/℃	SI
9∶1	1423.0	0.036	5443.6	0.0892	165.60	0.0028	0.19	28.1	6.18
8∶2	1312.8	0.033	5226.5	0.0857	163.20	0.0027	0.18	32.1	6.39
7∶3	1121.1	0.028	4174.8	0.0684	132.00	0.0022	0.15	36.3	6.89
6∶4	1092.6	0.027	4792.2	0.0786	158.40	0.0026	0.15	37.2	6.78
5∶5	982.5	0.025	4575.0	0.0750	156.00	0.0026	0.14	35.2	6.91
4∶6	872.3	0.022	4357.8	0.0714	153.60	0.0026	0.13	35.8	7.09
3∶7	762.2	0.019	4140.7	0.0679	151.20	0.0025	0.12	26.8	7.11
2∶8	434.3	0.011	1698.2	0.0278	72.00	0.0012	0.06	28.7	8.56
1∶9	541.9	0.014	3706.4	0.0608	146.40	0.0024	0.09	27.9	7.55

由表5-47可以看出，华42-13和新华一转污水回注以9∶1、8∶2、7∶3、6∶4、5∶5、4∶6、3∶7、2∶8、1∶9混合后SI>0，因此有结垢趋势。

(7) 华40-11和新华一转污水回注

对华40-11和新华一转污水回注的水样以9∶1、8∶2、7∶3、6∶4、5∶5、4∶6、3∶7、2∶8、1∶9混合后的水样进行了结垢趋势的预测，结果见表5-48~表5-52。

表 5-48 $CaCO_3$的结垢趋势表

水样混合比例	Ca^{2+}/(mg/L)	Ca^{2+}/(mol/L)	pCa	CO_3^{2-}/(mg/L)	HCO_3^-/(mg/L)	CO_3^{2-}/(mol/L)	HCO_3^-/(mol/L)	μ	pAlK	pH 值	t/℃	K	SI
9：1	186.82	0.005	2.33	57.60	985.8	0.0010	0.0162	0.03	1.77	8.12	34.7	2.50	1.52
8：2	214.04	0.005	2.27	67.20	1263.9	0.0011	0.0207	0.03	1.66	7.82	36.2	2.50	1.39
7：3	241.26	0.006	2.22	76.80	1542.1	0.0013	0.0253	0.04	1.58	7.86	35.9	2.50	1.56
6：4	1822.96	0.046	1.34	604.80	14381.4	0.0101	0.2358	0.32	0.61	7.89	34.3	2.20	3.74
5：5	571.025	0.014	1.85	102.00	2641.3	0.0017	0.0433	0.08	1.35	7.93	35.4	2.50	2.24
4：6	322.92	0.008	2.09	105.60	2376.6	0.0018	0.0390	0.06	1.39	7.95	36.0	2.50	1.97
3：7	350.14	0.009	2.06	115.20	2654.7	0.0019	0.0435	0.06	1.34	7.96	35.4	2.50	2.06
2：8	377.36	0.009	2.03	124.80	2932.9	0.0021	0.0481	0.07	1.30	8.02	34.7	2.50	2.20
1：9	404.58	0.010	2.00	134.40	3211.0	0.0022	0.0526	0.07	1.26	8.11	33.3	2.50	2.35

由表 5-48 可以看出，华 40-11 和新华一转污水回注以 9∶1、8∶2、7∶3、6∶4、5∶5、4∶6、3∶7、2∶8、1∶9 混合后 *SI*>0，因此有结垢趋势。

表 5-49 $SrSO_4$的结垢趋势表

水样混合比例	Sr^{2+}/(mg/L)	SO_4^{2-}/(mol/L)	Sr^{2+}/(mg/L)	SO_4^{2-}/(mol/L)	Q	Q/K_{sp}
9∶1	—	1785.98	—	0.0186	—	—
8∶2	—	1757.46	—	0.0183	—	—
7∶3	—	1728.94	—	0.0180	—	—
6∶4	—	7205.9	—	0.0751	—	—
5∶5	—	1778.85	—	0.0185	—	—
4∶6	—	1643.38	—	0.0171	—	—
3∶7	—	1614.86	—	0.0168	—	—
2∶8	—	1586.34	—	0.0165	—	—
1∶9	—	1557.82	—	0.0162	—	—

由表 5-49 可以看出，华 40-11 和新华一转污水回注以 9∶1、8∶2、7∶3、6∶4、5∶5、4∶6、3∶7、2∶8、1∶9 混合后无 Q/K_{sp} 数据，因此不能判断有无结垢趋势。

表 5-50 $CaSO_4$的结垢趋势表

水样混合比例	Ca^{2+}/(mg/L)	Ca^{2+}/(mol/L)	SO_4^{2-}/(mg/L)	SO_4^{2-}/(mol/L)	X	c/(mmol/L)	μ	t/℃	K_{sp}/10^{-4}	S/(mmol/L)	C
9∶1	186.82	0.005	1785.98	0.0186	0.014	18.60	0.047	34.7	3.0	51.27	32.67
8∶2	214.04	0.005	1757.46	0.0183	0.013	18.31	0.047	36.2	3.0	49.94	31.63
7∶3	241.26	0.006	1728.94	0.0180	0.012	18.01	0.048	35.9	3.0	48.63	30.62
6∶4	1822.96	0.046	7205.90	0.0751	0.029	75.06	0.241	34.3	4.5	81.15	6.09
5∶5	571.025	0.014	1778.85	0.0185	0.004	18.53	0.066	35.4	3.0	39.16	20.63
4∶6	322.92	0.008	1643.38	0.0171	0.009	17.12	0.050	36	3.0	44.85	27.73
3∶7	350.14	0.009	1614.86	0.0168	0.008	16.82	0.051	35.4	3.0	43.64	26.81
2∶8	377.36	0.009	1586.34	0.0165	0.007	16.52	0.052	34.7	3.0	42.45	25.93
1∶9	404.58	0.010	1557.82	0.0162	0.006	16.23	0.053	33.3	3.0	41.29	25.06

由表 5-50 可以看出，华 40-11 和新华一转污水回注以 9∶1、8∶2、7∶3、6∶4、5∶5、4∶6、3∶7、2∶8、1∶9 混合后 *C*>0，因此有结垢趋势。

表 5-51 $BaSO_4$的结垢趋势表

水样混合比例	Ba^{2+}/(mg/L)	Ba^{2+}/(mol/L)	pBa	SO_4^{2-}/(mg/L)	SO_4^{2-}/(mol/L)	μ	pAlK	pH 值	t/℃	K	SI
9：1	—	—	—	1786.0	0.0186	0.037	1.43	7.81	34.7	2.1	4.28
8：2	—	—	—	1757.5	0.0183	0.037	1.44	7.83	36.2	2	4.39
7：3	—	—	—	1728.9	0.0180	0.036	1.44	7.84	35.9	2	4.40
6：4	—	—	—	7205.9	0.0751	0.150	0.82	7.83	34.3	2.1	4.91
5：5	—	—	—	1778.9	0.0185	0.037	1.43	7.86	35.4	2	4.43
4：6	—	—	—	1643.4	0.0171	0.034	1.47	7.88	36	2	4.41
3：7	—	—	—	1614.9	0.0168	0.034	1.47	7.85	35.4	2	4.38
2：8	—	—	—	1586.3	0.0165	0.033	1.48	7.89	34.7	2.1	4.31
1：9	—	—	—	1557.8	0.0162	0.032	1.49	7.88	33.3	2.1	4.29

由表 5-51 可以看出，华 40-11 和新华一转污水回注以 9：1、8：2、7：3、6：4、5：5、4：6、3：7、2：8、1：9 混合后 SI>0，因此有结垢趋势。

表 5-52 侵蚀性二氧化碳法测定结垢趋势表

水样混合比例	Ca^{2+}/(mg/L)	Ca^{2+}/(mol/L)	HCO_3^-/(mg/L)	HCO_3^-/(mol/L)	CO_3^{2-}/(mg/L)	CO_3^{2-}/(mol/L)	μ	t/℃	SI
9：1	186.8	0.005	985.8	0.0162	57.60	0.0010	0.03	34.7	9.81
8：2	214.0	0.005	1263.9	0.0207	67.20	0.0011	0.03	36.2	9.51
7：3	241.3	0.006	1542.1	0.0253	76.80	0.0013	0.04	35.9	9.22
6：4	1823.0	0.046	14381.4	0.2358	604.80	0.0101	0.32	34.3	4.73
5：5	571.0	0.014	2641.3	0.0433	102.00	0.0017	0.08	35.4	8.01
4：6	322.9	0.008	2376.6	0.0390	105.60	0.0018	0.06	36	8.57
3：7	350.1	0.009	2654.7	0.0435	115.20	0.0019	0.06	35.4	8.38
2：8	377.4	0.009	2932.9	0.0481	124.80	0.0021	0.07	34.7	8.21
1：9	404.6	0.010	3211.0	0.0526	134.40	0.0022	0.07	33.3	8.03

由表 5-52 可以看出，华 40-11 和新华一转污水回注以 9：1、8：2、7：3、6：4、5：5、4：6、3：7、2：8、1：9 混合后 SI>0，因此有结垢趋势。

(8) 城 96 和城 98-4A

对城 96 和城 98-4A 的水样以 9：1、8：2、7：3、6：4、5：5、4：6、3：7、2：8、1：9 混合后的水样进行了结垢趋势的预测，结果见表 5-53~表 5-57。

表 5-53 $CaCO_3$的结垢趋势表

水样混合比例	Ca^{2+}/(mg/L)	Ca^{2+}/(mol/L)	pCa	CO_3^{2-}/(mg/L)	HCO_3^-/(mg/L)	CO_3^{2-}/(mol/L)	HCO_3^-/(mol/L)	μ	pAlK	pH 值	t/℃	K	SI
9 : 1	1248	0. 031	1. 51	0. 00	836. 9	0. 0000	0. 0137	0. 13	1. 86	8. 24	29. 0	2. 60	2. 27
8 : 2	1298	0. 032	1. 49	0. 00	771. 0	0. 0000	0. 0126	0. 14	1. 90	7. 81	29. 4	2. 60	1. 82
7 : 3	1348	0. 034	1. 47	0. 00	705. 2	0. 0000	0. 0116	0. 14	1. 94	7. 83	27. 4	2. 60	1. 82
6 : 4	1398	0. 035	1. 46	0. 00	639. 3	0. 0000	0. 0105	0. 15	1. 98	7. 84	33. 4	2. 60	1. 80
5 : 5	1448	0. 036	1. 44	0. 00	573. 4	0. 0000	0. 0094	0. 15	2. 03	7. 83	34. 5	2. 60	1. 76
4 : 6	1498	0. 037	1. 43	0. 00	507. 5	0. 0000	0. 0083	0. 15	2. 08	7. 86	31. 3	2. 60	1. 75
3 : 7	1548	0. 039	1. 41	0. 00	441. 6	0. 0000	0. 0072	0. 16	2. 14	7. 88	30. 2	2. 60	1. 73
2 : 8	1598	0. 040	1. 40	0. 00	375. 8	0. 0000	0. 0062	0. 16	2. 21	7. 85	25. 4	2. 60	1. 64
1 : 9	1648	0. 041	1. 39	0. 00	309. 9	0. 0000	0. 0051	0. 17	2. 29	7. 89	23. 9	2. 60	1. 61

由表5-53可以看出，城96和城98-4A以9∶1、8∶2、7∶3、6∶4、5∶5、4∶6、3∶7、2∶8、1∶9混合后 $SI>0$，因此有结垢趋势。

表5-54　$SrSO_4$的结垢趋势表

水样混合比例	Sr^{2+}/(mg/L)	SO_4^{2-}/(mol/L)	Sr^{2+}/(mg/L)	SO_4^{2-}/(mol/L)	Q	Q/K_{sp}
9∶1	—	2097.46	—	0.022	—	—
8∶2	—	2013.42	—	0.021	—	—
7∶3	—	1929.38	—	0.020	—	—
6∶4	—	1845.34	—	0.019	—	—
5∶5	—	1761.3	—	0.018	—	—
4∶6	—	1677.26	—	0.017	—	—
3∶7	—	1593.22	—	0.017	—	—
2∶8	—	1509.18	—	0.016	—	—
1∶9	—	1425.14	—	0.015	—	—

由表5-54可以看出，城96和城98-4A以9∶1、8∶2、7∶3、6∶4、5∶5、4∶6、3∶7、2∶8、1∶9混合后无 Q/K_{sp} 数据，因此不能判断有无结垢趋势。

表5-55　$CaSO_4$的结垢趋势表

水样混合比例	Ca^{2+}/(mg/L)	Ca^{2+}/(mol/L)	SO_4^{2-}/(mg/L)	SO_4^{2-}/(mol/L)	X	c/(mmol/L)	μ	t/℃	K_{sp}/10^{-4}	S/(mmol/L)	C
9∶1	1248	0.031	2097.46	0.0218	0.009	21.85	0.106	29	4.5	34.09	12.24
8∶2	1298	0.032	2013.42	0.0210	0.011	20.97	0.107	29.4	4.5	32.47	11.50
7∶3	1348	0.034	1929.38	0.0201	0.014	20.10	0.108	27.4	4.5	30.95	10.85
6∶4	1398	0.035	1845.34	0.0192	0.016	19.22	0.108	33.4	4.5	29.52	10.30
5∶5	1448	0.036	1761.30	0.0183	0.018	18.35	0.109	34.5	4.5	28.18	9.83
4∶6	1498	0.037	1677.26	0.0175	0.020	17.47	0.110	31.3	4.5	26.92	9.45
3∶7	1548	0.039	1593.22	0.0166	0.022	16.60	0.111	30.2	4.5	25.74	9.14
2∶8	1598	0.040	1509.18	0.0157	0.024	15.72	0.111	25.4	4.5	24.63	8.91
1∶9	1648	0.041	1425.14	0.0148	0.026	14.85	0.112	23.9	4.5	23.59	8.75

由表5-55可以看出，城96和城98-4A以9∶1、8∶2、7∶3、6∶4、5∶5、4∶6、3∶7、2∶8、1∶9混合后 $C>0$，因此有结垢趋势。

表 5-56 $BaSO_4$的结垢趋势表

水样混合比例	Ba^{2+}/(mg/L)	Ba^{2+}/(mol/L)	pBa	SO_4^{2-}/(mg/L)	SO_4^{2-}/(mol/L)	μ	pAlK	pH 值	t/℃	K	SI
9∶1	—	—	—	2097.5	0.0218	0.044	1.36	7.22	29	2.2	3.66
8∶2	—	—	—	2013.4	0.0210	0.042	1.38	7.28	29.4	2.2	3.70
7∶3	—	—	—	1929.4	0.0201	0.040	1.40	7.3	27.4	2.2	3.70
6∶4	—	—	—	1845.3	0.0192	0.038	1.42	7.34	33.4	2.1	3.82
5∶5	—	—	—	1761.3	0.0183	0.037	1.44	7.36	34.5	2.1	3.82
4∶6	—	—	—	1677.3	0.0175	0.035	1.46	7.39	31.3	2.1	3.83
3∶7	—	—	—	1593.2	0.0166	0.033	1.48	7.4	30.2	2.1	3.82
2∶8	—	—	—	1509.2	0.0157	0.031	1.50	7.41	25.4	2.2	3.71
1∶9	—	—	—	1425.1	0.0148	0.030	1.53	7.44	23.9	2.3	3.61

由表 5-56 可以看出，城 96 和城 98-4A 以 9∶1、8∶2、7∶3、6∶4、5∶5、4∶6、3∶7、2∶8、1∶9 混合后 $SI>0$，因此有结垢趋势。

表 5-57 侵蚀性二氧化碳法测定结垢趋势表

水样混合比例	Ca^{2+}/(mg/L)	Ca^{2+}/(mol/L)	HCO_3^-/(mg/L)	HCO_3^-/(mol/L)	CO_3^{2-}/(mg/L)	CO_3^{2-}/(mol/L)	μ	t/℃	SI
9∶1	1248.0	0.031	836.9	0.0137	0.00	0.0000	0.13	29	8.22
8∶2	1298.0	0.032	771.0	0.0126	0.00	0.0000	0.14	29.4	8.26
7∶3	1348.0	0.034	705.2	0.0116	0.00	0.0000	0.14	27.4	8.25
6∶4	1398.0	0.035	639.3	0.0105	0.00	0.0000	0.15	33.4	8.41
5∶5	1448.0	0.036	573.4	0.0094	0.00	0.0000	0.15	34.5	8.48
4∶6	1498.0	0.037	507.5	0.0083	0.00	0.0000	0.15	31.3	8.49
3∶7	1548.0	0.039	441.6	0.0072	0.00	0.0000	0.16	30.2	8.55
2∶8	1598.0	0.040	375.8	0.0062	0.00	0.0000	0.16	25.4	8.56
1∶9	1648.0	0.041	309.9	0.0051	0.00	0.0000	0.17	23.9	8.66

由表 5-57 可以看出，城 96 和城 98-4A 以 9∶1、8∶2、7∶3、6∶4、5∶5、4∶6、3∶7、2∶8、1∶9 混合后 $SI>0$，因此有结垢趋势。

(9) 关 46-192 和白 255-s4 水源井

对关 46-192 和白 255-s4 水源井的水样以 9∶1、8∶2、7∶3、6∶4、5∶5、4∶6、3∶7、2∶8、1∶9 混合后的水样进行了结垢趋势的预测，结果见表 5-58～表 5-62。

表 5-58 $CaCO_3$的结垢趋势表

水样混合比例	Ca^{2+}/(mg/L)	Ca^{2+}/(mol/L)	pCa	CO_3^{2-}/(mg/L)	HCO_3^-/(mg/L)	CO_3^{2-}/(mol/L)	HCO_3^-/(mol/L)	μ	pAlK	pH 值	t/℃	K	SI
9:1	225.5	0.006	2.25	0.00	1486.0	0.0000	0.0244	0.03	1.61	7.88	43.3	2.20	1.82
8:2	248.8	0.006	2.21	0.00	1337.1	0.0000	0.0219	0.04	1.66	7.22	43.5	2.20	1.15
7:3	272.1	0.007	2.17	0.00	1188.3	0.0000	0.0195	0.04	1.71	7.28	33.9	2.20	1.20
6:4	2398	0.060	1.22	0.00	678.3	0.0000	0.0111	0.25	1.95	7.30	37.5	2.60	1.52
5:5	318.7	0.008	2.10	0.00	890.6	0.0000	0.0146	0.04	1.84	7.34	33.4	2.20	1.21
4:6	342	0.009	2.07	0.00	741.8	0.0000	0.0122	0.04	1.92	7.36	23.7	2.20	1.18
3:7	365.3	0.009	2.04	0.00	592.9	0.0000	0.0097	0.04	2.01	7.39	28.4	2.20	1.14
2:8	388.6	0.010	2.01	0.00	444.1	0.0000	0.0073	0.04	2.14	7.40	29.1	2.20	1.05
1:9	411.9	0.010	1.99	0.00	295.2	0.0000	0.0048	0.04	2.32	7.41	34.3	2.20	0.91

由表5-58可以看出，关46-192和白255-s4水源井以9：1、8：2、7：3、6：4、5：5、4：6、3：7、2：8、1：9混合后*SI*>0，因此有结垢趋势。

表5-59 $SrSO_4$的结垢趋势表

水样混合比例	Sr^{2+}/(mg/L)	SO_4^{2-}/(mol/L)	Sr^{2+}/(mg/L)	SO_4^{2-}/(mol/L)	Q	Q/K_{sp}
9：1	—	731.36	—	0.008	—	—
8：2	—	944.22	—	0.010	—	—
7：3	—	1157.08	—	0.012	—	—
6：4	—	164.54	—	0.002	—	—
5：5	—	1582.8	—	0.016	—	—
4：6	—	1795.66	—	0.019	—	—
3：7	—	2008.52	—	0.021	—	—
2：8	—	2221.38	—	0.023	—	—
1：9	—	2434.24	—	0.025	—	—

由表5-59可以看出，关46-192和白255-s4水源井以9：1、8：2、7：3、6：4、5：5、4：6、3：7、2：8、1：9混合后无Q/K_{sp}数据，因此不能判断有无结垢趋势。

表5-60 $CaSO_4$的结垢趋势表

水样混合比例	Ca^{2+}/(mg/L)	Ca^{2+}/(mol/L)	SO_4^{2-}/(mg/L)	SO_4^{2-}/(mol/L)	X	c/(mmol/L)	μ	t/℃	K_{sp}/10^{-4}	S/(mmol/L)	C
9：1	225.5	0.006	731.36	0.0076	0.002	7.62	0.027	43.3	3.0	36.68	29.06
8：2	248.8	0.006	944.22	0.0098	0.004	9.84	0.032	43.5	3.0	38.44	28.61
7：3	272.1	0.007	1157.08	0.0121	0.005	12.05	0.038	33.9	3.0	40.29	28.23
6：4	2398	0.060	164.54	0.0017	0.058	1.71	0.123	37.5	4.2	12.98	11.26
5：5	318.7	0.008	1582.80	0.0165	0.009	16.49	0.049	33.4	3.0	44.19	27.71
4：6	342	0.009	1795.66	0.0187	0.010	18.70	0.055	23.7	3.0	46.25	27.55
3：7	365.3	0.009	2008.52	0.0209	0.012	20.92	0.060	28.4	3.1	48.92	28.00
2：8	388.6	0.010	2221.38	0.0231	0.013	23.14	0.066	29.1	3.2	51.64	28.50
1：9	411.9	0.010	2434.24	0.0254	0.015	25.36	0.071	34.3	3.2	53.88	28.52

由表5-60可以看出，关46-192和白255-s4水源井以9：1、8：2、7：3、6：4、5：5、4：6、3：7、2：8、1：9混合后*C*>0，因此有结垢趋势。

表 5-61　$BaSO_4$的结垢趋势表

水样混合比例	Ba^{2+}/(mg/L)	Ba^{2+}/(mol/L)	pBa	SO_4^{2-}/(mg/L)	SO_4^{2-}/(mol/L)	μ	pAlK	pH 值	t/℃	K	SI
9∶1	—	—	—	731.4	0.0076	0.015	1.82	8.01	43.3	2	4.19
8∶2	—	—	—	944.2	0.0098	0.020	1.71	7.89	43.5	2	4.18
7∶3	—	—	—	1157.1	0.0121	0.024	1.62	7.83	33.9	2.1	4.11
6∶4	—	—	—	164.5	0.0017	0.003	2.46	7.71	37.5	2	3.25
5∶5	—	—	—	1582.8	0.0165	0.033	1.48	7.68	33.4	2.1	4.10
4∶6	—	—	—	1795.7	0.0187	0.037	1.43	7.62	23.7	2.2	3.99
3∶7	—	—	—	2008.5	0.0209	0.042	1.38	7.58	28.4	2.2	4.00
2∶8	—	—	—	2221.4	0.0231	0.046	1.33	7.55	29.1	2.2	4.02
1∶9	—	—	—	2434.2	0.0254	0.051	1.29	7.52	34.3	2.1	4.13

由表 5-61 可以看出，关 46-192 和白 255-s4 水源井以 9∶1、8∶2、7∶3、6∶4、5∶5、4∶6、3∶7、2∶8、1∶9 混合后 $SI>0$，因此有结垢趋势。

表 5-62　侵蚀性二氧化碳法测定结垢趋势表

水样混合比例	Ca^{2+}/(mg/L)	Ca^{2+}/(mol/L)	HCO_3^-/(mg/L)	HCO_3^-/(mol/L)	CO_3^{2-}/(mg/L)	CO_3^{2-}/(mol/L)	μ	t/℃	SI
9∶1	225.5	0.006	1486.0	0.0244	0.00	0.0000	0.03	43.3	9.47
8∶2	248.8	0.006	1337.1	0.0219	0.00	0.0000	0.04	43.5	9.51
7∶3	272.1	0.007	1188.3	0.0195	0.00	0.0000	0.04	33.9	9.38
6∶4	2398.0	0.060	678.3	0.0111	0.00	0.0000	0.25	37.5	7.67
5∶5	318.7	0.008	890.6	0.0146	0.00	0.0000	0.04	33.4	9.53
4∶6	342.0	0.009	741.8	0.0122	0.00	0.0000	0.04	23.7	9.47
3∶7	365.3	0.009	592.9	0.0097	0.00	0.0000	0.04	28.4	9.71
2∶8	388.6	0.010	444.1	0.0073	0.00	0.0000	0.04	29.1	9.94
1∶9	411.9	0.010	295.2	0.0048	0.00	0.0000	0.04	34.3	10.35

由表 5-62 可以看出，关 46-192 和白 255-s4 水源井以 9∶1、8∶2、7∶3、6∶4、5∶5、4∶6、3∶7、2∶8、1∶9 混合后 $SI>0$，因此有结垢趋势。

(10) 里 167-5 和里 166-01

对里 167-5 和里 166-01 的水样以 9∶1、8∶2、7∶3、6∶4、5∶5、4∶6、3∶7、2∶8、1∶9 混合后的水样进行了结垢趋势的预测，结果见表 5-63~表 5-67。

表 5-63　$CaCO_3$的结垢趋势表

水样混合比例	Ca^{2+}/(mg/L)	Ca^{2+}/(mol/L)	pCa	CO_3^{2-}/(mg/L)	HCO_3^-/(mg/L)	CO_3^{2-}/(mol/L)	HCO_3^-/(mol/L)	μ	pAlK	pH 值	t/℃	K	SI
9 : 1	1820. 89	0. 046	1. 34	0. 00	1459. 1	0. 0000	0. 0239	0. 19	1. 62	7. 44	35. 2	2. 60	1. 88
8 : 2	1653. 58	0. 041	1. 38	0. 00	1307. 8	0. 0000	0. 0214	0. 18	1. 67	8. 01	39. 4	2. 60	2. 36
7 : 3	1486. 27	0. 037	1. 43	0. 00	1156. 6	0. 0000	0. 0190	0. 16	1. 72	7. 89	34. 2	2. 60	2. 14
6 : 4	3398	0. 085	1. 07	0. 00	1995. 9	0. 0000	0. 0327	0. 36	1. 49	7. 83	35. 6	3. 00	2. 27
5 : 5	1151. 65	0. 029	1. 54	0. 00	854. 0	0. 0000	0. 0140	0. 12	1. 85	7. 71	38. 4	2. 60	1. 72
4 : 6	984. 34	0. 025	1. 61	0. 00	702. 7	0. 0000	0. 0115	0. 10	1. 94	7. 68	32. 3	2. 60	1. 53
3 : 7	817. 03	0. 020	1. 69	0. 00	551. 4	0. 0000	0. 0090	0. 09	2. 04	7. 62	31. 2	2. 60	1. 29
2 : 8	649. 72	0. 016	1. 79	0. 00	400. 2	0. 0000	0. 0066	0. 07	2. 18	7. 58	33. 5	2. 25	1. 36
1 : 9	482. 41	0. 012	1. 92	0. 00	248. 9	0. 0000	0. 0041	0. 05	2. 39	7. 55	33. 1	2. 40	0. 84

由表5-63可以看出，里167-5和里166-01以9：1、8：2、7：3、6：4、5：5、4：6、3：7、2：8、1：9混合后*SI*>0，因此有结垢趋势。

表5-64　$SrSO_4$的结垢趋势表

水样混合比例	Sr^{2+}/(mg/L)	SO_4^{2-}/(mol/L)	Sr^{2+}/(mg/L)	SO_4^{2-}/(mol/L)	Q	Q/K_{sp}
9：1	—	1884.4	—	0.020	—	—
8：2	—	1884.4	—	0.020	—	—
7：3	—	1884.4	—	0.020	—	—
6：4	—	1516.26	—	0.016	—	—
5：5	—	1884.4	—	0.020	—	—
4：6	—	1884.4	—	0.020	—	—
3：7	—	1884.4	—	0.020	—	—
2：8	—	1884.4	—	0.020	—	—
1：9	—	1884.4	—	0.020	—	—

由表5-64可以看出，里167-5和里166-01以9：1、8：2、7：3、6：4、5：5、4：6、3：7、2：8、1：9混合后无Q/K_{sp}数据，因此不能判断有无结垢趋势。

表5-65　$CaSO_4$的结垢趋势表

水样混合比例	Ca^{2+}/(mg/L)	Ca^{2+}/(mol/L)	SO_4^{2-}/(mg/L)	SO_4^{2-}/(mol/L)	X	c/(mmol/L)	μ	t/℃	K_{sp}/10^{-4}	S/(mmol/L)	C
9：1	1820.89	0.046	1884.40	0.0196	0.026	19.63	0.130	35.2	4.2	22.59	2.96
8：2	1653.58	0.041	1884.40	0.0196	0.022	19.63	0.122	39.4	4.2	24.67	5.04
7：3	1486.27	0.037	1884.40	0.0196	0.018	19.63	0.114	34.2	4.2	27.05	7.42
6：4	3398	0.085	1516.26	0.0158	0.069	15.79	0.201	35.6	4.2	11.23	-4.56
5：5	1151.65	0.029	1884.40	0.0196	0.009	19.63	0.097	38.4	4.8	35.60	15.97
4：6	984.34	0.025	1884.40	0.0196	0.005	19.63	0.088	32.3	3.6	33.29	13.66
3：7	817.03	0.020	1884.40	0.0196	0.001	19.63	0.080	31.2	3.5	36.63	17.00
2：8	649.72	0.016	1884.40	0.0196	0.003	19.63	0.072	33.5	3.3	39.88	20.25
1：9	482.41	0.012	1884.40	0.0196	0.008	19.63	0.063	33.1	3.2	44.14	24.51

由表5-65可以看出，里167-5和里166-01以6：4混合后*C*<0，因此无结垢趋势；里167-5和里166-01以9：1、8：2、7：3、5：5、4：6、3：7、2：8、1：9混合后*C*>0，因此有结垢趋势。

表 5-66 $BaSO_4$的结垢趋势表

水样混合比例	Ba^{2+}/(mg/L)	Ba^{2+}/(mol/L)	pBa	SO_4^{2-}/(mg/L)	SO_4^{2-}/(mol/L)	μ	pAlK	pH 值	t/℃	K	SI
9：1	—	—	—	1884.4	0.0196	0.039	1.41	8.13	35.2	2.1	4.62
8：2	—	—	—	1884.4	0.0196	0.039	1.41	8.15	39.4	2	4.74
7：3	—	—	—	1884.4	0.0196	0.039	1.41	8.18	34.2	2.1	4.67
6：4	—	—	—	1516.3	0.0158	0.032	1.50	8.19	35.6	2	4.69
5：5	—	—	—	1884.4	0.0196	0.039	1.41	8.23	38.4	2.1	4.72
4：6	—	—	—	1884.4	0.0196	0.039	1.41	8.25	32.3	2.1	4.74
3：7	—	—	—	1884.4	0.0196	0.039	1.41	8.29	31.2	2.1	4.78
2：8	—	—	—	1884.4	0.0196	0.039	1.41	8.3	33.5	2.1	4.79
1：9	—	—	—	1884.4	0.0196	0.039	1.41	8.37	33.1	2.1	4.86

由表 5-66 可以看出，里 167-5 和里 166-01 以 9：1、8：2、7：3、6：4、5：5、4：6、3：7、2：8、1：9 混合后 $SI>0$，因此有结垢趋势。

表 5-67 侵蚀性二氧化碳法测定结垢趋势表

水样混合比例	Ca^{2+}/(mg/L)	Ca^{2+}/(mol/L)	HCO_3^-/(mg/L)	HCO_3^-/(mol/L)	CO_3^{2-}/(mg/L)	CO_3^{2-}/(mol/L)	μ	t/℃	SI
9：1	1820.9	0.046	1459.1	0.0239	0.00	0.0000	0.19	35.2	7.34
8：2	1653.6	0.041	1307.8	0.0214	0.00	0.0000	0.18	39.4	7.65
7：3	1486.3	0.037	1156.6	0.0190	0.00	0.0000	0.16	34.2	7.80
6：4	3398.0	0.085	1995.9	0.0327	0.00	0.0000	0.36	35.6	6.04
5：5	1151.7	0.029	854.0	0.0140	0.00	0.0000	0.12	38.4	8.47
4：6	984.3	0.025	702.7	0.0115	0.00	0.0000	0.10	32.3	8.71
3：7	817.0	0.020	551.4	0.0090	0.00	0.0000	0.09	31.2	9.11
2：8	649.7	0.016	400.2	0.0066	0.00	0.0000	0.07	33.5	9.66
1：9	482.4	0.012	248.9	0.0041	0.00	0.0000	0.05	33.1	10.35

由表 5-67 可以看出，里 167-5 和里 166-01 以 9：1、8：2、7：3、6：4、5：5、4：6、3：7、2：8、1：9 混合后 $SI>0$，因此有结垢趋势。

(11) 木平 107-28A 和木平 109-28

对木平 107-28A 和木平 109-28 的水样以 9：1、8：2、7：3、6：4、5：5、4：6、3：7、2：8、1：9 混合后的水样进行了结垢趋势的预测，结果见表 5-68～表 5-72。

表 5-68 $CaCO_3$的结垢趋势表

水样混合比例	Ca^{2+}/(mg/L)	Ca^{2+}/(mol/L)	pCa	CO_3^{2-}/(mg/L)	HCO_3^-/(mg/L)	CO_3^{2-}/(mol/L)	HCO_3^-/(mol/L)	μ	pAlK	pH值	t/℃	K	SI
9:1	555.77	0.014	1.86	0.00	464.3	0.0000	0.0076	0.06	2.12	7.52	35.5	2.40	1.14
8:2	545.2	0.014	1.87	0.00	478.9	0.0000	0.0079	0.06	2.11	8.13	31.4	2.40	1.76
7:3	542.2	0.014	1.87	0.00	473.9	0.0000	0.0078	0.06	2.11	8.15	36.4	2.40	1.77
6:4	569.48	0.014	1.85	0.00	390.9	0.0000	0.0064	0.06	2.19	8.18	23.5	2.40	1.74
5:5	536.2	0.013	1.87	0.00	464.0	0.0000	0.0076	0.06	2.12	8.19	43.6	2.40	1.80
4:6	578.62	0.014	1.84	0.00	341.9	0.0000	0.0056	0.06	2.25	8.23	42.1	2.40	1.74
3:7	530.2	0.013	1.88	0.00	454.1	0.0000	0.0074	0.06	2.13	8.25	41.9	2.40	1.84
2:8	527.2	0.013	1.88	0.00	449.1	0.0000	0.0074	0.06	2.13	8.29	36.4	2.40	1.88
1:9	524.2	0.013	1.88	0.00	444.2	0.0000	0.0073	0.06	2.14	8.30	35.4	2.40	1.88

由表 5-68 可以看出，木平 107-28A 和木平 109-28 以 9：1、8：2、7：3、6：4、5：5、4：6、3：7、2：8、1：9 混合后 $SI>0$，因此有结垢趋势。

表 5-69　$SrSO_4$的结垢趋势表

水样混合比例	Sr^{2+}/(mg/L)	SO_4^{2-}/(mol/L)	Sr^{2+}/(mg/L)	SO_4^{2-}/(mol/L)	Q	Q/K_{sp}
9：1	—	1622.07	—	0.017	—	—
8：2	—	1522	—	0.016	—	—
7：3	—	1536.05	—	0.016	—	—
6：4	—	2006.58	—	0.021	—	—
5：5	—	1564.15	—	0.016	—	—
4：6	—	2262.92	—	0.024	—	—
3：7	—	1592.25	—	0.017	—	—
2：8	—	1606.3	—	0.017	—	—
1：9	—	1620.35	—	0.017	—	—

由表 5-69 可以看出，木平 107-28A 和木平 109-28 以 9：1、8：2，7：3，6：4，5：5，4：6，3：7，2：8，1：9 混合后无 Q/K_{sp}数据，因此不能判断有无结垢趋势。

表 5-70　$CaSO_4$的结垢趋势表

水样混合比例	Ca^{2+}/(mg/L)	Ca^{2+}/(mol/L)	SO_4^{2-}/(mg/L)	SO_4^{2-}/(mol/L)	X	c/(mmol/L)	μ	t/℃	K_{sp}/10^{-4}	S/(mmol/L)	C
9：1	555.77	0.014	1622.07	0.0169	0.003	16.90	0.062	35.5	3.2	38.91	22.01
8：2	545.2	0.014	1522.00	0.0159	0.002	15.85	0.059	31.4	3.2	38.07	22.22
7：3	542.2	0.014	1536.05	0.0160	0.002	16.00	0.059	36.4	3.2	38.31	22.31
6：4	569.48	0.014	2006.58	0.0209	0.007	20.90	0.070	23.5	3.3	43.60	22.70
5：5	536.2	0.013	1564.15	0.0163	0.003	16.29	0.059	43.6	3.2	38.78	22.49
4：6	578.62	0.014	2262.92	0.0236	0.009	23.57	0.076	42.1	3.2	46.02	22.45
3：7	530.2	0.013	1592.25	0.0166	0.003	16.59	0.060	41.9	3.2	39.26	22.68
2：8	527.2	0.013	1606.30	0.0167	0.004	16.73	0.060	36.4	3.2	39.51	22.77
1：9	524.2	0.013	1620.35	0.0169	0.004	16.88	0.060	35.4	3.2	39.75	22.87

由表 5-70 可以看出，木平 107-28A 和木平 109-28 以 9：1、8：2、7：3、6：4、5：5、4：6、3：7、2：8、1：9 混合后 $C>0$，因此有结垢趋势。

表 5-71 $BaSO_4$的结垢趋势表

水样混合比例	Ba^{2+}/(mg/L)	Ba^{2+}/(mol/L)	pBa	SO_4^{2-}/(mg/L)	SO_4^{2-}/(mol/L)	μ	pAlK	pH 值	t/℃	K	SI
9：1	—	—	—	1622. 1	0. 0169	0. 034	1. 47	7. 88	35. 5	2	4. 41
8：2	—	—	—	1522. 0	0. 0159	0. 032	1. 50	7. 89	31. 4	2. 1	4. 29
7：3	—	—	—	1536. 1	0. 0160	0. 032	1. 49	7. 69	36. 4	2	4. 20
6：4	—	—	—	2006. 6	0. 0209	0. 042	1. 38	7. 95	23. 5	2. 3	4. 27
5：5	—	—	—	1564. 2	0. 0163	0. 033	1. 49	8	43. 6	2	4. 51
4：6	—	—	—	2262. 9	0. 0236	0. 047	1. 33	8. 03	42. 1	2	4. 70
3：7	—	—	—	1592. 3	0. 0166	0. 033	1. 48	8. 06	41. 9	2	4. 58
2：8	—	—	—	1606. 3	0. 0167	0. 033	1. 48	8. 05	36. 4	2	4. 57
1：9	—	—	—	1620. 4	0. 0169	0. 034	1. 47	8. 1	35. 4	2	4. 63

由表 5-71 可以看出，木平 107-28A 和木平 109-28 以 9：1，8：2，7：3，6：4，5：5，4：6，3：7，2：8，1：9 混合后 $SI>0$，因此有结垢趋势。

表 5-72 侵蚀性二氧化碳法测定结垢趋势表

水样混合比例	Ca^{2+}/(mg/L)	Ca^{2+}/(mol/L)	HCO_3^-/(mg/L)	HCO_3^-/(mol/L)	CO_3^{2-}/(mg/L)	CO_3^{2-}/(mol/L)	μ	t/℃	SI
9：1	555. 8	0. 014	464. 3	0. 0076	0. 00	0. 0000	0. 06	35. 5	9. 71
8：2	545. 2	0. 014	478. 9	0. 0079	0. 00	0. 0000	0. 06	31. 4	9. 62
7：3	542. 2	0. 014	473. 9	0. 0078	0. 00	0. 0000	0. 06	36. 4	9. 73
6：4	569. 5	0. 014	390. 9	0. 0064	0. 00	0. 0000	0. 06	23. 5	9. 62
5：5	536. 2	0. 013	464. 0	0. 0076	0. 00	0. 0000	0. 06	43. 6	9. 90
4：6	578. 6	0. 014	341. 9	0. 0056	0. 00	0. 0000	0. 06	42. 1	10. 07
3：7	530. 2	0. 013	454. 1	0. 0074	0. 00	0. 0000	0. 06	41. 9	9. 89
2：8	527. 2	0. 013	449. 1	0. 0074	0. 00	0. 0000	0. 06	36. 4	9. 80
1：9	524. 2	0. 013	444. 2	0. 0073	0. 00	0. 0000	0. 06	35. 4	9. 80

由表 5-72 可以看出，木平 107-28A 和木平 109-28 以 9：1、8：2、7：3、6：4、5：5、4：6、3：7、2：8、1：9 混合后 $SI>0$，因此有结垢趋势。

(12) 木平 107-28A 和木 112-27

对木平 107-28A 和木 112-27 的水样以 9：1、8：2、7：3、6：4、5：5、4：6、3：7、2：8、1：9 混合后的水样进行了结垢趋势的预测，结果见表 5-73~表 5-77。

表 5-73 $CaCO_3$的结垢趋势表

水样混合比例	Ca^{2+}/(mg/L)	Ca^{2+}/(mol/L)	pCa	CO_3^{2-}/(mg/L)	HCO_3^-/(mg/L)	CO_3^{2-}/(mol/L)	HCO_3^-/(mol/L)	μ	pAlK	pH 值	t/℃	K	SI
9∶1	528.77	0.013	1.88	0.00	419.7	0.0000	0.0069	0.06	2.16	8.37	33.2	2.40	1.93
8∶2	560.34	0.014	1.85	0.00	439.8	0.0000	0.0072	0.06	2.14	7.88	36.1	2.40	1.48
7∶3	564.91	0.014	1.85	0.00	415.4	0.0000	0.0068	0.06	2.17	7.89	32.2	2.40	1.47
6∶4	551.48	0.014	1.86	0.00	361.1	0.0000	0.0059	0.06	2.23	7.69	27.5	2.40	1.20
5∶5	559.05	0.014	1.85	0.00	341.6	0.0000	0.0056	0.06	2.25	7.95	28.5	2.40	1.44
4∶6	566.62	0.014	1.85	0.00	322.1	0.0000	0.0053	0.06	2.28	8.00	29.5	2.40	1.47
3∶7	583.19	0.015	1.84	0.00	317.4	0.0000	0.0052	0.06	2.28	8.03	30.3	2.40	1.51
2∶8	587.76	0.015	1.83	0.00	293.0	0.0000	0.0048	0.06	2.32	8.06	31.2	2.40	1.51
1∶9	592.33	0.015	1.83	0.00	268.5	0.0000	0.0044	0.06	2.36	8.05	34.2	2.40	1.46

由表 5-73 可以看出，木平 107-28A 和木 112-27 以 9：1、8：2、7：3、6：4、5：5、4：6、3：7、2：8、1：9 混合后 $SI>0$，因此有结垢趋势。

表 5-74　$SrSO_4$的结垢趋势表

水样混合比例	Sr^{2+}/(mg/L)	SO_4^{2-}/(mol/L)	Sr^{2+}/(mg/L)	SO_4^{2-}/(mol/L)	Q	Q/K_{sp}
9：1	—	1748.52	—	0.018	—	—
8：2	—	1750.24	—	0.018	—	—
7：3	—	1878.41	—	0.020	—	—
6：4	—	2090.88	—	0.022	—	—
5：5	—	2205	—	0.023	—	—
4：6	—	2319.12	—	0.024	—	—
3：7	—	2391.09	—	0.025	—	—
2：8	—	2519.26	—	0.026	—	—
1：9	—	2647.43	—	0.028	—	—

由表 5-74 可以看出，木平 107-28A 和木 112-27 以 9：1、8：2、7：3、6：4、5：5、4：6、3：7、2：8、1：9 混合后无 Q/K_{sp}数据，因此不能判断有无结垢趋势。

表 5-75　$CaSO_4$的结垢趋势表

水样混合比例	Ca^{2+}/(mg/L)	Ca^{2+}/(mol/L)	SO_4^{2-}/(mg/L)	SO_4^{2-}/(mol/L)	X	c/(mmol/L)	μ	t/℃	K_{sp}/10^{-4}	S/(mmol/L)	C
9：1	528.77	0.013	1748.52	0.0182	0.005	18.21	0.063	33.2	3.2	41.12	22.90
8：2	560.34	0.014	1750.24	0.0182	0.004	18.23	0.064	36.1	3.2	40.25	22.02
7：3	564.91	0.014	1878.41	0.0196	0.005	19.57	0.067	32.2	3.2	41.63	22.07
6：4	551.48	0.014	2090.88	0.0218	0.008	21.78	0.071	27.5	3.3	45.19	23.41
5：5	559.05	0.014	2205.00	0.0230	0.009	22.97	0.074	28.5	3.3	46.42	23.45
4：6	566.62	0.014	2319.12	0.0242	0.010	24.16	0.077	29.5	3.3	47.67	23.52
3：7	583.19	0.015	2391.09	0.0249	0.010	24.91	0.079	30.3	3.4	48.62	23.72
2：8	587.76	0.015	2519.26	0.0262	0.012	26.24	0.082	31.2	3.4	50.19	23.95
1：9	592.33	0.015	2647.43	0.0276	0.013	27.58	0.085	34.2	3.4	51.80	24.22

由表 5-75 可以看出，木平 107-28A 和木 112-27 以 9：1、8：2、7：3、6：4、5：5、4：6、3：7、2：8、1：9 混合后 $C>0$，因此有结垢趋势。

表 5-76 $BaSO_4$的结垢趋势表

水样混合比例	Ba^{2+}/(mg/L)	Ba^{2+}/(mol/L)	pBa	SO_4^{2-}/(mg/L)	SO_4^{2-}/(mol/L)	μ	pAlK	pH 值	t/℃	K	SI
9∶1	—	—	—	1748.5	0.0182	0.036	1.44	8.41	33.2	2.1	4.87
8∶2	—	—	—	1750.2	0.0182	0.036	1.44	8.38	36.1	2	4.94
7∶3	—	—	—	1878.4	0.0196	0.039	1.41	8.37	32.2	2.1	4.86
6∶4	—	—	—	2090.9	0.0218	0.044	1.36	8.35	27.5	2.2	4.79
5∶5	—	—	—	2205.0	0.0230	0.046	1.34	8.33	28.5	2.2	4.79
4∶6	—	—	—	2319.1	0.0242	0.048	1.32	8.33	29.5	2.1	4.91
3∶7	—	—	—	2391.1	0.0249	0.050	1.30	8.32	30.3	2.1	4.92
2∶8	—	—	—	2519.3	0.0262	0.052	1.28	8.3	31.2	2.1	4.92
1∶9	—	—	—	2647.4	0.0276	0.055	1.26	8.28	34.2	2.1	4.92

由表5-76可以看出，木平107-28A和木112-27以9∶1、8∶2、7∶3、6∶4、5∶5、4∶6、3∶7、2∶8、1∶9混合后SI>0，因此有结垢趋势。

表 5-77 侵蚀性二氧化碳法测定结垢趋势表

水样混合比例	Ca^{2+}/(mg/L)	Ca^{2+}/(mol/L)	HCO_3^-/(mg/L)	HCO_3^-/(mol/L)	CO_3^{2-}/(mg/L)	CO_3^{2-}/(mol/L)	μ	t/℃	SI
9∶1	528.8	0.013	419.7	0.0069	0.00	0.0000	0.06	33.2	9.80
8∶2	560.3	0.014	439.8	0.0072	0.00	0.0000	0.06	36.1	9.76
7∶3	564.9	0.014	415.4	0.0068	0.00	0.0000	0.06	32.2	9.74
6∶4	551.5	0.014	361.1	0.0059	0.00	0.0000	0.06	27.5	9.80
5∶5	559.1	0.014	341.6	0.0056	0.00	0.0000	0.06	28.5	9.85
4∶6	566.6	0.014	322.1	0.0053	0.00	0.0000	0.06	29.5	9.91
3∶7	583.2	0.015	317.4	0.0052	0.00	0.0000	0.06	30.3	9.91
2∶8	587.8	0.015	293.0	0.0048	0.00	0.0000	0.06	31.2	9.99
1∶9	592.3	0.015	268.5	0.0044	0.00	0.0000	0.06	34.2	10.12

由表5-77可以看出，木平107-28A和木112-27以9∶1、8∶2、7∶3、6∶4、5∶5、4∶6、3∶7、2∶8、1∶9混合后SI>0，因此有结垢趋势。

（13）环66-2A和环65-02

对环66-2A和环65-02的水样以9∶1、8∶2、7∶3、6∶4、5∶5、4∶6、3∶7、2∶8、1∶9混合后的水样进行了结垢趋势的预测，结果见表5-78~表5-82。

表 5-78　$CaCO_3$的结垢趋势表

水样混合比例	Ca^{2+}/(mg/L)	Ca^{2+}/(mol/L)	pCa	CO_3^{2-}/(mg/L)	HCO_3^-/(mg/L)	CO_3^{2-}/(mol/L)	HCO_3^-/(mol/L)	μ	pAlK	pH 值	t/℃	K	SI
9：1	1134.68	0.028	1.55	0.00	1089.5	0.0000	0.0179	0.12	1.75	8.10	33.7	2.50	2.30
8：2	1075.66	0.027	1.57	0.00	971.1	0.0000	0.0159	0.12	1.80	8.41	37.1	2.50	2.54
7：3	1016.64	0.025	1.59	0.00	852.8	0.0000	0.0140	0.11	1.85	8.38	42.1	2.50	2.43
6：4	957.62	0.024	1.62	0.00	734.4	0.0000	0.0120	0.10	1.92	8.37	33.2	2.50	2.33
5：5	898.6	0.022	1.65	0.00	616.1	0.0000	0.0101	0.09	2.00	8.35	31.2	2.50	2.21
4：6	839.58	0.021	1.68	0.00	497.8	0.0000	0.0082	0.09	2.09	8.33	36.3	2.50	2.06
3：7	780.56	0.020	1.71	0.00	379.4	0.0000	0.0062	0.08	2.21	8.33	34.5	2.40	2.01
2：8	721.54	0.018	1.74	0.00	261.1	0.0000	0.0043	0.07	2.37	8.32	32.6	2.40	1.81
1：9	662.52	0.017	1.78	0.00	142.7	0.0000	0.0023	0.07	2.63	8.30	26.8	2.40	1.49

由表 5-78 可以看出，环 66-2A 和环 65-02 以 9：1、8：2、7：3、6：4、5：5、4：6、3：7、2：8、1：9 混合后 $SI>0$，因此有结垢趋势。

表 5-79 $SrSO_4$的结垢趋势表

水样混合比例	Sr^{2+}/(mg/L)	SO_4^{2-}/(mol/L)	Sr^{2+}/(mg/L)	SO_4^{2-}/(mol/L)	Q	Q/K_{sp}
9：1	—	1403.26	—	0.015	—	—
8：2	—	1344.52	—	0.014	—	—
7：3	—	1285.78	—	0.013	—	—
6：4	—	1227.04	—	0.013	—	—
5：5	—	1168.3	—	0.012	—	—
4：6	—	1109.56	—	0.012	—	—
3：7	—	1050.82	—	0.011	—	—
2：8	—	992.08	—	0.010	—	—
1：9	—	933.34	—	0.010	—	—

由表 5-79 可以看出，环 66-2A 和环 65-02 以 9：1、8：2、7：3、6：4、5：5、4：6、3：7、2：8、1：9 混合后无 Q/K_{sp} 数据，因此不能判断有无结垢趋势。

表 5-80 $CaSO_4$的结垢趋势表

水样混合比例	Ca^{2+}/(mg/L)	Ca^{2+}/(mol/L)	SO_4^{2-}/(mg/L)	SO_4^{2-}/(mol/L)	X	c/(mmol/L)	μ	t/℃	K_{sp}/10^{-4}	S/(mmol/L)	C
9：1	1134.68	0.028	1403.26	0.0146	0.014	14.62	0.086	33.7	3.4	25.61	10.99
8：2	1075.66	0.027	1344.52	0.0140	0.013	14.01	0.082	37.1	3.4	26.18	12.17
7：3	1016.64	0.025	1285.78	0.0134	0.012	13.39	0.078	42.1	3.4	26.77	13.37
6：4	957.62	0.024	1227.04	0.0128	0.011	12.78	0.073	33.2	3.3	26.85	14.07
5：5	898.6	0.022	1168.30	0.0122	0.010	12.17	0.069	31.2	3.3	27.47	15.30
4：6	839.58	0.021	1109.56	0.0116	0.009	11.56	0.065	36.3	3.2	27.57	16.01
3：7	780.56	0.020	1050.82	0.0109	0.009	10.95	0.061	34.5	3.2	28.22	17.27
2：8	721.54	0.018	992.08	0.0103	0.008	10.33	0.057	32.6	3.1	28.34	18.01
1：9	662.52	0.017	933.34	0.0097	0.007	9.72	0.053	26.8	3.1	29.03	19.31

由表 5-80 可以看出，环 66-2A 和环 65-02 以 9：1、8：2、7：3、6：4、5：5、4：6、3：7、2：8、1：9 混合后 $C>0$，因此有结垢趋势。

表 5-81　$BaSO_4$的结垢趋势表

水样混合比例	Ba^{2+}/(mg/L)	Ba^{2+}/(mol/L)	pBa	SO_4^{2-}/(mg/L)	SO_4^{2-}/(mol/L)	μ	pAlK	pH 值	t/℃	K	SI
9：1	—	—	—	1403.3	0.0146	0.029	1.53	8.06	33.7	2.1	4.43
8：2	—	—	—	1344.5	0.0140	0.028	1.55	8.01	37.1	2	4.46
7：3	—	—	—	1285.8	0.0134	0.027	1.57	7.97	42.1	2	4.40
6：4	—	—	—	1227.0	0.0128	0.026	1.59	7.96	33.2	2.1	4.27
5：5	—	—	—	1168.3	0.0122	0.024	1.61	8.02	31.2	2.1	4.31
4：6	—	—	—	1109.6	0.0116	0.023	1.64	8.04	36.3	2	4.40
3：7	—	—	—	1050.8	0.0109	0.022	1.66	8.04	34.5	2.1	4.28
2：8	—	—	—	992.1	0.0103	0.021	1.68	8.01	32.6	2.1	4.23
1：9	—	—	—	933.3	0.0097	0.019	1.71	8.05	26.8	2.2	4.14

由表 5-81 可以看出，环 66-2A 和环 65-02 以 9：1、8：2、7：3、6：4、5：5、4：6、3：7、2：8、1：9 混合后 $SI>0$，因此有结垢趋势。

表 5-82　侵蚀性二氧化碳法测定结垢趋势表

水样混合比例	Ca^{2+}/(mg/L)	Ca^{2+}/(mol/L)	HCO_3^-/(mg/L)	HCO_3^-/(mol/L)	CO_3^{2-}/(mg/L)	CO_3^{2-}/(mol/L)	μ	t/℃	SI
9：1	1134.7	0.028	1089.5	0.0179	0.00	0.0000	0.12	33.7	8.18
8：2	1075.7	0.027	971.1	0.0159	0.00	0.0000	0.12	37.1	8.41
7：3	1016.6	0.025	852.8	0.0140	0.00	0.0000	0.11	42.1	8.68
6：4	957.6	0.024	734.4	0.0120	0.00	0.0000	0.10	33.2	8.72
5：5	898.6	0.022	616.1	0.0101	0.00	0.0000	0.09	31.2	8.91
4：6	839.6	0.021	497.8	0.0082	0.00	0.0000	0.09	36.3	9.27
3：7	780.6	0.020	379.4	0.0062	0.00	0.0000	0.08	34.5	9.55
2：8	721.5	0.018	261.1	0.0043	0.00	0.0000	0.07	32.6	9.92
1：9	662.5	0.017	142.7	0.0023	0.00	0.0000	0.07	26.8	10.43

由表 5-82 可以看出，环 66-2A 和环 65-02 以 9：1、8：2、7：3、6：4、5：5、4：6、3：7、2：8、1：9 混合后 $SI>0$，因此有结垢趋势。

（14）南 9-162 和南 10-13

对南 9-162 和南 10-13 的水样以 9：1、8：2、7：3、6：4、5：5、4：6、3：7、2：8、1：9 混合后的水样进行了结垢趋势的预测，结果见表 5-83～表 5-87。

表 5-83　$CaCO_3$的结垢趋势表

水样混合比例	Ca^{2+}/(mg/L)	Ca^{2+}/(mol/L)	pCa	CO_3^{2-}/(mg/L)	HCO_3^-/(mg/L)	CO_3^{2-}/(mol/L)	HCO_3^-/(mol/L)	μ	pAlK	pH 值	t/℃	K	SI
9：1	658. 14	0. 016	1. 78	0. 00	1281. 0	0. 0000	0. 0210	0. 08	1. 68	8. 28	28. 4	2. 50	2. 32
8：2	430. 82	0. 011	1. 97	0. 00	400. 2	0. 0000	0. 0066	0. 05	2. 18	8. 06	27. 8	2. 40	1. 51
7：3	443. 68	0. 011	1. 95	0. 00	478. 2	0. 0000	0. 0078	0. 05	2. 11	8. 01	34. 5	2. 40	1. 55
6：4	477. 9	0. 012	1. 92	0. 00	995. 5	0. 0000	0. 0163	0. 06	1. 79	7. 97	31. 7	2. 40	1. 86
5：5	469. 4	0. 012	1. 93	0. 00	634. 4	0. 0000	0. 0104	0. 05	1. 98	7. 96	32. 8	2. 40	1. 65
4：6	514. 3	0. 013	1. 89	0. 00	1371. 3	0. 0000	0. 0225	0. 06	1. 65	8. 02	22. 2	2. 40	2. 08
3：7	532. 5	0. 013	1. 88	0. 00	1559. 2	0. 0000	0. 0256	0. 07	1. 59	8. 04	29. 4	2. 40	2. 17
2：8	550. 7	0. 014	1. 86	0. 00	1747. 0	0. 0000	0. 0286	0. 07	1. 54	8. 04	34. 1	2. 40	2. 24
1：9	568. 9	0. 014	1. 85	0. 00	1934. 9	0. 0000	0. 0317	0. 07	1. 50	8. 01	36. 3	2. 40	2. 26

由表5-83可以看出，南9-162和南10-13以9∶1、8∶2、7∶3、6∶4、5∶5、4∶6、3∶7、2∶8、1∶9混合后$SI>0$，因此有结垢趋势。

表5-84 $SrSO_4$的结垢趋势表

水样混合比例	Sr^{2+}/(mg/L)	SO_4^{2-}/(mol/L)	Sr^{2+}/(mg/L)	SO_4^{2-}/(mol/L)	Q	Q/K_{sp}
9∶1	—	5315.16	—	0.055	—	—
8∶2	478.68	6041.2	0.00546	0.063	0.00034	1227.82
7∶3	476.77	6235.6	0.00544	0.065	0.00035	1262.28
6∶4	—	3573.84	—	0.037	—	—
5∶5	472.95	6624.4	0.00540	0.069	0.00037	1330.24
4∶6	—	2534.56	—	0.026	—	—
3∶7	—	2014.92	—	0.021	—	—
2∶8	—	1495.28	—	0.016	—	—
1∶9	—	975.64	—	0.010	—	—

由表5-84可以看出，南9-162和南10-13以8∶2、7∶3、5∶5混合后$Q/K_{sp}>1$，因此有结垢趋势；南9-162和南10-13以9∶1、6∶4、4∶6、3∶7、2∶8、1∶9混合后无Q/K_{sp}数据，因此不能判断有无结垢趋势。

表5-85 $CaSO_4$的结垢趋势表

水样混合比例	Ca^{2+}/(mg/L)	Ca^{2+}/(mol/L)	SO_4^{2-}/(mg/L)	SO_4^{2-}/(mol/L)	X	c/(mmol/L)	μ	t/℃	K_{sp}/10^{-4}	S/(mmol/L)	C
9∶1	658.14	0.016	5315.16	0.0554	0.039	55.37	0.144	28.4	4.0	94.72	39.35
8∶2	430.82	0.011	6041.20	0.0629	0.052	62.93	0.147	27.8	4.0	117.89	54.96
7∶3	443.68	0.011	6235.60	0.0650	0.054	64.95	0.152	34.5	4.0	120.95	56.00
6∶4	477.9	0.012	3573.84	0.0372	0.025	37.23	0.098	31.7	3.6	70.88	33.65
5∶5	469.4	0.012	6624.40	0.0690	0.057	69.00	0.161	32.8	4.5	128.54	59.54
4∶6	514.3	0.013	2534.56	0.0264	0.014	26.40	0.079	22.2	3.4	52.83	26.43
3∶7	532.5	0.013	2014.92	0.0210	0.008	20.99	0.069	29.4	3.3	44.81	23.82
2∶8	550.7	0.014	1495.28	0.0156	0.002	15.58	0.059	34.1	3.1	37.07	21.49
1∶9	568.9	0.014	975.64	0.0102	0.004	10.16	0.049	36.3	3.0	30.82	20.66

由表5-85可以看出，南9-162和南10-13以9∶1、8∶2、7∶3、6∶4、5∶5、4∶6、3∶7、2∶8、1∶9混合后$C>0$，因此有结垢趋势。

表 5-86 $BaSO_4$的结垢趋势表

水样混合比例	Ba^{2+}/(mg/L)	Ba^{2+}/(mol/L)	pBa	SO_4^{2-}/(mg/L)	SO_4^{2-}/(mol/L)	μ	pAlK	pH 值	t/℃	K	SI
9∶1	—	—	—	5315.2	0.0554	0.111	0.96	7.61	28.4	2.2	4.45
8∶2	138.7	0.001	3.00	6041.2	0.0629	0.128	0.90	7.62	27.8	2.2	1.52
7∶3	148.4	0.001	2.97	6235.6	0.0650	0.132	0.89	7.61	34.5	2.1	1.66
6∶4	—	—	—	3573.8	0.0372	0.074	1.13	7.66	31.7	2.1	4.43
5∶5	167.7	0.001	2.91	6624.4	0.0690	0.140	0.86	7.63	32.8	2.1	1.76
4∶6	—	—	—	2534.6	0.0264	0.053	1.28	7.62	22.2	2.3	4.04
3∶7	—	—	—	2014.9	0.0210	0.042	1.38	7.63	29.4	2.2	4.05
2∶8	—	—	—	1495.3	0.0156	0.031	1.51	7.68	34.1	2.1	4.07
1∶9	—	—	—	975.6	0.0102	0.020	1.69	7.64	36.3	2	3.95

由表 5-86 可以看出，南 9-162 和南 10-13 以 9∶1、8∶2、7∶3、6∶4、5∶5、4∶6、3∶7、2∶8、1∶9 混合后 $SI>0$，因此有结垢趋势。

表 5-87 侵蚀性二氧化碳法测定结垢趋势表

水样混合比例	Ca^{2+}/(mg/L)	Ca^{2+}/(mol/L)	HCO_3^-/(mg/L)	HCO_3^-/(mol/L)	CO_3^{2-}/(mg/L)	CO_3^{2-}/(mol/L)	μ	t/℃	SI
9∶1	658.1	0.016	1281.0	0.0210	0.00	0.0000	0.08	28.4	8.49
8∶2	430.8	0.011	400.2	0.0066	0.00	0.0000	0.05	27.8	9.92
7∶3	443.7	0.011	478.2	0.0078	0.00	0.0000	0.05	34.5	9.86
6∶4	477.9	0.012	995.5	0.0163	0.00	0.0000	0.06	31.7	9.07
5∶5	469.4	0.012	634.4	0.0104	0.00	0.0000	0.05	32.8	9.53
4∶6	514.3	0.013	1371.3	0.0225	0.00	0.0000	0.06	22.2	8.53
3∶7	532.5	0.013	1559.2	0.0256	0.00	0.0000	0.07	29.4	8.51
2∶8	550.7	0.014	1747.0	0.0286	0.00	0.0000	0.07	34.1	8.46
1∶9	568.9	0.014	1934.9	0.0317	0.00	0.0000	0.07	36.3	8.37

由表 5-87 可以看出，南 9-162 和南 10-13 以 9∶1、8∶2、7∶3、6∶4、5∶5、4∶6、3∶7、2∶8、1∶9 混合后 $SI>0$，因此有结垢趋势。

（15）南平一和南 10-13

对南平一和南 10-13 的水样以 9∶1、8∶2、7∶3、6∶4、5∶5、4∶6、3∶7、2∶8、1∶9 混合后的水样进行了结垢趋势的预测，结果见表 5-88~表 5-89。

表 5-88 $CaCO_3$的结垢趋势表

水样混合比例	Ca^{2+}/(mg/L)	Ca^{2+}/(mol/L)	pCa	CO_3^{2-}/(mg/L)	HCO_3^-/(mg/L)	CO_3^{2-}/(mol/L)	HCO_3^-/(mol/L)	μ	pAlK	pH 值	t/℃	K	SI
9 : 1	539. 04	0. 013	1. 87	0. 00	1134. 6	0. 0000	0. 0186	0. 06	1. 73	8. 05	31. 2	2. 40	2. 05
8 : 2	544. 38	0. 014	1. 87	0. 00	1244. 4	0. 0000	0. 0204	0. 06	1. 69	7. 61	39. 3	2. 40	1. 65
7 : 3	549. 72	0. 014	1. 86	0. 00	1354. 2	0. 0000	0. 0222	0. 07	1. 65	7. 62	31. 2	2. 40	1. 70
6 : 4	555. 06	0. 014	1. 86	0. 00	1464. 0	0. 0000	0. 0240	0. 07	1. 62	7. 61	28. 1	2. 40	1. 73
5 : 5	560. 4	0. 014	1. 85	0. 00	1573. 8	0. 0000	0. 0258	0. 07	1. 59	7. 66	32. 1	2. 40	1. 82
4 : 6	565. 74	0. 014	1. 85	0. 00	1683. 6	0. 0000	0. 0276	0. 07	1. 56	7. 63	36. 3	2. 40	1. 82
3 : 7	571. 08	0. 014	1. 85	0. 00	1793. 4	0. 0000	0. 0294	0. 07	1. 53	7. 62	37. 2	2. 40	1. 84
2 : 8	576. 42	0. 014	1. 84	0. 00	1903. 2	0. 0000	0. 0312	0. 07	1. 51	7. 63	35. 2	2. 40	1. 88
1 : 9	581. 76	0. 015	1. 84	0. 00	2013. 0	0. 0000	0. 0330	0. 07	1. 48	7. 68	35. 8	2. 40	1. 96

由表 5-88 可以看出，南 9-162 和南 10-13 以 9∶1、8∶2、7∶3、6∶4、5∶5、4∶6、3∶7、2∶8、1∶9 混合后 $SI>0$，因此有结垢趋势。

表 5-89　$SrSO_4$的结垢趋势表

水样混合比例	Sr^{2+}/(mg/L)	SO_4^{2-}/(mol/L)	Sr^{2+}/(mg/L)	SO_4^{2-}/(mol/L)	Q	Q/K_{sp}
9∶1	—	6882.36	—	0.072	—	—
8∶2	—	6168.32	—	0.064	—	—
7∶3	—	5454.28	—	0.057	—	—
6∶4	—	4740.24	—	0.049	—	—
5∶5	—	4026.2	—	0.042	—	—
4∶6	—	3312.16	—	0.035	—	—
3∶7	—	2598.12	—	0.027	—	—
2∶8	—	1884.08	—	0.020	—	—
1∶9	—	1170.04	—	0.012	—	—

由表 5-89 可以看出，南 9-162 和南 10-13 以 9∶1、8∶2、7∶3、6∶4、5∶5、4∶6、3∶7、2∶8、1∶9 混合后无 Q/K_{sp} 数据，因此不能判断有无结垢趋势。

表 5-90　$CaSO_4$的结垢趋势表

水样混合比例	Ca^{2+}/(mg/L)	Ca^{2+}/(mol/L)	SO_4^{2-}/(mg/L)	SO_4^{2-}/(mol/L)	X	c/(mmol/L)	μ	t/℃	K_{sp}/10^{-4}	S/(mmol/L)	C
9∶1	539.04	0.013	6882.36	0.0717	0.058	71.69	0.170	31.2	4.5	130.25	58.56
8∶2	544.38	0.014	6168.32	0.0643	0.051	64.25	0.156	39.3	4.2	115.80	51.54
7∶3	549.72	0.014	5454.28	0.0568	0.043	56.82	0.141	31.2	4.1	102.19	45.38
6∶4	555.06	0.014	4740.24	0.0494	0.036	49.38	0.127	28.1	4.0	88.98	39.61
5∶5	560.4	0.014	4026.20	0.0419	0.028	41.94	0.112	32.1	3.9	76.30	34.36
4∶6	565.74	0.014	3312.16	0.0345	0.020	34.50	0.097	36.3	3.6	63.42	28.92
3∶7	571.08	0.014	2598.12	0.0271	0.013	27.06	0.083	37.2	3.4	51.82	24.76
2∶8	576.42	0.014	1884.08	0.0196	0.005	19.63	0.068	35.2	3.2	41.37	21.74
1∶9	581.76	0.015	1170.04	0.0122	0.002	12.19	0.053	35.8	3.2	33.50	21.31

由表 5-90 可以看出，南 9-162 和南 10-13 以 9∶1、8∶2、7∶3、6∶4、5∶5、4∶6、3∶7、2∶8、1∶9 混合后 $C>0$，因此有结垢趋势。

表 5-91　$BaSO_4$的结垢趋势表

水样混合比例	Ba^{2+}/(mg/L)	Ba^{2+}/(mol/L)	pBa	SO_4^{2-}/(mg/L)	SO_4^{2-}/(mol/L)	μ	pAlK	pH 值	t/℃	K	SI
9：1	—	—	—	6882. 4	0. 0717	0. 143	0. 84	7. 6	31. 2	2. 1	4. 66
8：2	—	—	—	6168. 3	0. 0643	0. 129	0. 89	7. 71	39. 3	2	4. 82
7：3	—	—	—	5454. 3	0. 0568	0. 114	0. 94	7. 75	31. 2	2. 1	4. 71
6：4	—	—	—	4740. 2	0. 0494	0. 099	1. 01	7. 75	28. 1	2. 2	4. 54
5：5	—	—	—	4026. 2	0. 0419	0. 084	1. 08	7. 76	32. 1	2. 1	4. 58
4：6	—	—	—	3312. 2	0. 0345	0. 069	1. 16	7. 82	36. 3	2	4. 66
3：7	—	—	—	2598. 1	0. 0271	0. 054	1. 27	7. 76	37. 2	2	4. 49
2：8	—	—	—	1884. 1	0. 0196	0. 039	1. 41	7. 91	35. 2	2	4. 50
1：9	—	—	—	1170. 0	0. 0122	0. 024	1. 61	7. 95	35. 8	2	4. 34

由表 5-91 可以看出，南 9-162 和南 10-13 以 9：1、8：2、7：3、6：4、5：5、4：6、3：7、2：8、1：9 混合后 SI>0，因此有结垢趋势。

表 5-92　侵蚀性二氧化碳法测定结垢趋势表

水样混合比例	Ca^{2+}/(mg/L)	Ca^{2+}/(mol/L)	HCO_3^-/(mg/L)	HCO_3^-/(mol/L)	CO_3^{2-}/(mg/L)	CO_3^{2-}/(mol/L)	μ	t/℃	SI
9：1	539. 0	0. 013	1134. 6	0. 0186	0. 00	0. 0000	0. 06	31. 2	8. 84
8：2	544. 4	0. 014	1244. 4	0. 0204	0. 00	0. 0000	0. 06	39. 3	8. 89
7：3	549. 7	0. 014	1354. 2	0. 0222	0. 00	0. 0000	0. 07	31. 2	8. 65
6：4	555. 1	0. 014	1464. 0	0. 0240	0. 00	0. 0000	0. 07	28. 1	8. 51
5：5	560. 4	0. 014	1573. 8	0. 0258	0. 00	0. 0000	0. 07	32. 1	8. 51
4：6	565. 7	0. 014	1683. 6	0. 0276	0. 00	0. 0000	0. 07	36. 3	8. 51
3：7	571. 1	0. 014	1793. 4	0. 0294	0. 00	0. 0000	0. 07	37. 2	8. 46
2：8	576. 4	0. 014	1903. 2	0. 0312	0. 00	0. 0000	0. 07	35. 2	8. 35
1：9	581. 8	0. 015	2013. 0	0. 0330	0. 00	0. 0000	0. 07	35. 8	8. 30

由表 5-92 可以看出，南 9-162 和南 10-13 以 9：1、8：2、7：3、6：4、5：5、4：6、3：7、2：8、1：9 混合后 SI>0，因此有结垢趋势。

(16) 南 30-19 和 x28-25 注水井

对南 30-19 和 x28-25 注水井的水样以 9：1、8：2、7：3、6：4、5：5、4：6、3：7、2：8、1：9 混合后的水样进行了结垢趋势的预测，结果见表 5-93~表 5-97。

表 5-93 $CaCO_3$的结垢趋势表

水样混合比例	Ca^{2+}/(mg/L)	Ca^{2+}/(mol/L)	pCa	CO_3^{2-}/(mg/L)	HCO_3^-/(mg/L)	CO_3^{2-}/(mol/L)	HCO_3^-/(mol/L)	μ	pAlK	pH 值	t/℃	K	SI
9∶1	1231.83	0.031	1.51	0.00	1715.4	0.0000	0.0281	0.14	1.55	7.64	26.8	2.60	1.98
8∶2	1296.56	0.032	1.49	0.00	1674.0	0.0000	0.0274	0.14	1.56	7.60	28.7	2.60	1.95
7∶3	1456.39	0.036	1.44	0.00	1504.4	0.0000	0.0247	0.16	1.61	7.71	27.9	2.60	2.06
6∶4	763.4333	0.019	1.72	0.00	3760.9	0.0000	0.0617	0.11	1.21	7.75	34.7	2.60	2.22
5∶5	1649.25	0.041	1.38	0.00	1336.1	0.0000	0.0219	0.18	1.66	7.75	36.2	2.60	2.11
4∶6	1555.48	0.039	1.41	0.00	1508.4	0.0000	0.0247	0.17	1.61	7.76	31.3	2.60	2.14
3∶7	1620.21	0.041	1.39	0.00	1467.0	0.0000	0.0240	0.17	1.62	7.82	30.2	2.60	2.21
2∶8	1684.94	0.042	1.38	0.00	1425.6	0.0000	0.0234	0.18	1.63	7.76	25.4	2.60	2.15
1∶9	1749.67	0.044	1.36	0.00	1384.2	0.0000	0.0227	0.19	1.64	7.91	23.9	2.60	2.31

由表 5-93 可以看出，南 30-19 和 x28-25 注水井以 9：1、8：2、7：3、6：4、5：5、4：6、3：7、2：8、1：9 混合后 $SI>0$，因此有结垢趋势。

表 5-94　$SrSO_4$的结垢趋势表

水样混合比例	Sr^{2+}/(mg/L)	SO_4^{2-}/(mol/L)	Sr^{2+}/(mg/L)	SO_4^{2-}/(mol/L)	Q	Q/K_{sp}
9：1	—	—	—	—	—	—
8：2	—	—	—	—	—	—
7：3	—	—	—	—	—	—
6：4	—	2706. 693	—	0. 028	—	—
5：5	—	—	—	—	—	—
4：6	—	—	—	—	—	—
3：7	—	—	—	—	—	—
2：8	—	—	—	—	—	—
1：9	—	—	—	—	—	—

由表 5-94 可以看出，南 30-19 和 x28-25 注水井以 9：1、8：2、7：3、6：4、5：5、4：6、3：7、2：8、1：9 混合后无 Q/K_{sp}数据，因此不能判断有无结垢趋势。

表 5-95　$CaSO_4$的结垢趋势表

水样混合比例	Ca^{2+}/(mg/L)	Ca^{2+}/(mol/L)	SO_4^{2-}/(mg/L)	SO_4^{2-}/(mol/L)	X	c/(mmol/L)	μ	t/℃	K_{sp}/10^{-4}	S/(mmol/L)	C
9：1	1231. 83	0. 031	0. 00	0. 0000	0. 031	0. 00	0. 062	26. 8	3. 2	16. 41	16. 41
8：2	1296. 56	0. 032	0. 00	0. 0000	0. 032	0. 00	0. 065	28. 7	3. 2	15. 86	15. 86
7：3	1456. 39	0. 036	0. 00	0. 0000	0. 036	0. 00	0. 073	27. 9	3. 3	15. 03	15. 03
6：4	763. 4333	0. 019	2706. 69	0. 0282	0. 009	28. 19	0. 095	34. 7	3. 6	48. 13	19. 94
5：5	1649. 25	0. 041	0. 00	0. 0000	0. 041	0. 00	0. 082	36. 2	3. 4	14. 09	14. 09
4：6	1555. 48	0. 039	0. 00	0. 0000	0. 039	0. 00	0. 078	31. 3	3. 4	14. 71	14. 71
3：7	1620. 21	0. 041	0. 00	0. 0000	0. 041	0. 00	0. 081	30. 2	3. 4	14. 27	14. 27
2：8	1684. 94	0. 042	0. 00	0. 0000	0. 042	0. 00	0. 084	25. 4	3. 4	13. 86	13. 86
1：9	1749. 67	0. 044	0. 00	0. 0000	0. 044	0. 00	0. 087	23. 9	3. 4	13. 47	13. 47

由表 5-95 可以看出，南 30-19 和 x28-25 注水井以 9：1、8：2、7：3、6：4、5：5、4：6、3：7、2：8、1：9 混合后 $C>0$，因此有结垢趋势。

表 5-96 $BaSO_4$的结垢趋势表

水样混合比例	Ba^{2+}/(mg/L)	Ba^{2+}/(mol/L)	pBa	SO_4^{2-}/(mg/L)	SO_4^{2-}/(mol/L)	μ	pAlK	pH 值	t/℃	K	SI
9：1	—	—	—	—	—	—	—	8	26.8	2.2	5.80
8：2	—	—	—	—	—	—	—	7.98	28.7	2.2	5.78
7：3	—	—	—	—	—	—	—	7.81	27.9	2.2	5.61
6：4	—	—	—	2706.7	0.0282	0.056	1.25	7.81	34.7	2.1	4.46
5：5	—	—	—	—	—	—	—	7.79	36.2	2	5.79
4：6	—	—	—	—	—	—	—	7.75	31.3	2.1	5.65
3：7	—	—	—	—	—	—	—	7.71	30.2	2.1	5.61
2：8	—	—	—	—	—	—	—	7.7	25.4	2.2	5.50
1：9	—	—	—	—	—	—	—	7.67	23.9	2.3	5.37

由表 5-96 可以看出，南 30-19 和 x28-25 注水井以 9：1、8：2、7：3、6：4、5：5、4：6、3：7、2：8、1：9 混合后 $SI>0$，因此有结垢趋势。

表 5-97 侵蚀性二氧化碳法测定结垢趋势表

水样混合比例	Ca^{2+}/(mg/L)	Ca^{2+}/(mol/L)	HCO_3^-/(mg/L)	HCO_3^-/(mol/L)	CO_3^{2-}/(mg/L)	CO_3^{2-}/(mol/L)	μ	t/℃	SI
9：1	1231.8	0.031	1715.4	0.0281	0.00	0.0000	0.14	26.8	7.53
8：2	1296.6	0.032	1674.0	0.0274	0.00	0.0000	0.14	28.7	7.53
7：3	1456.4	0.036	1504.4	0.0247	0.00	0.0000	0.16	27.9	7.47
6：4	763.4	0.019	3760.9	0.0617	0.00	0.0000	0.11	34.7	7.39
5：5	1649.3	0.041	1336.1	0.0219	0.00	0.0000	0.18	36.2	7.57
4：6	1555.5	0.039	1508.4	0.0247	0.00	0.0000	0.17	31.3	7.45
3：7	1620.2	0.041	1467.0	0.0240	0.00	0.0000	0.17	30.2	7.40
2：8	1684.9	0.042	1425.6	0.0234	0.00	0.0000	0.18	25.4	7.29
1：9	1749.7	0.044	1384.2	0.0227	0.00	0.0000	0.19	23.9	7.24

由表 5-97 可以看出，南 30-19 和 x28-25 注水井以 9：1、8：2、7：3、6：4、5：5、4：6、3：7、2：8、1：9 混合后 $SI>0$，因此有结垢趋势。

（17）南 32-111 和 x28-25 注水井

对南 32-111 和 x28-25 注水井的水样以 9：1、8：2、7：3、6：4、5：5、4：6、3：7、2：8、1：9 混合后的水样进行了结垢趋势的预测，结果见表 5-98～表 5-102。

表 5-98　$CaCO_3$的结垢趋势表

水样混合比例	Ca^{2+}/(mg/L)	Ca^{2+}/(mol/L)	pCa	CO_3^{2-}/(mg/L)	HCO_3^-/(mg/L)	CO_3^{2-}/(mol/L)	HCO_3^-/(mol/L)	μ	pAlK	pH 值	t/℃	K	SI
9∶1	2099.7	0.052	1.28	0.00	958.1	0.0000	0.0157	0.22	1.80	7.95	43.3	2.80	2.07
8∶2	2068	0.052	1.29	0.00	1000.8	0.0000	0.0164	0.22	1.78	8.00	43.5	2.80	2.13
7∶3	2036.3	0.051	1.29	0.00	1043.6	0.0000	0.0171	0.21	1.77	7.98	33.9	2.80	2.12
6∶4	818.0333	0.020	1.69	0.00	4324.5	0.0000	0.0709	0.12	1.15	7.81	37.5	2.80	2.17
5∶5	1972.9	0.049	1.31	0.00	1129.1	0.0000	0.0185	0.21	1.73	7.81	33.4	2.80	1.97
4∶6	1941.2	0.049	1.31	0.00	1171.8	0.0000	0.0192	0.20	1.72	7.79	23.7	2.80	1.96
3∶7	1909.5	0.048	1.32	0.00	1214.6	0.0000	0.0199	0.20	1.70	7.75	19.3	2.80	1.93
2∶8	1877.8	0.047	1.33	0.00	1257.3	0.0000	0.0206	0.20	1.69	7.71	24.3	2.80	1.90
1∶9	1846.1	0.046	1.34	0.00	1300.1	0.0000	0.0213	0.20	1.67	7.70	28.4	2.80	1.89

由表 5-98 可以看出，南 32-111 和 x28-25 注水井以 9∶1、8∶2、7∶3、6∶4、5∶5、4∶6、3∶7、2∶8、1∶9 混合后 $SI>0$，因此有结垢趋势。

表 5-99　$SrSO_4$的结垢趋势表

水样混合比例	Sr^{2+}/(mg/L)	SO_4^{2-}/(mol/L)	Sr^{2+}/(mg/L)	SO_4^{2-}/(mol/L)	Q	Q/K_{sp}
9∶1	—	3029.96	—	0.032	—	—
8∶2	—	3032.62	—	0.032	—	—
7∶3	—	3035.28	—	0.032	—	—
6∶4	—	4265.613	—	0.044	—	—
5∶5	—	3040.6	—	0.032	—	—
4∶6	—	3043.26	—	0.032	—	—
3∶7	—	3045.92	—	0.032	—	—
2∶8	—	3048.58	—	0.032	—	—
1∶9	—	3051.24	—	0.032	—	—

由表 5-99 可以看出，南 32-111 和 x28-25 注水井以 9∶1、8∶2、7∶3、6∶4、5∶5、4∶6、3∶7、2∶8、1∶9 混合后无 Q/K_{sp} 数据，因此不能判断有无结垢趋势。

表 5-100　$CaSO_4$的结垢趋势表

水样混合比例	Ca^{2+}/(mg/L)	Ca^{2+}/(mol/L)	SO_4^{2-}/(mg/L)	SO_4^{2-}/(mol/L)	X	c/(mmol/L)	μ	t/℃	K_{sp}/10^{-4}	S/(mmol/L)	C
9∶1	2099.7	0.052	3029.96	0.0316	0.021	31.56	0.168	43.3	4.1	24.66	-6.91
8∶2	2068	0.052	3032.62	0.0316	0.020	31.59	0.167	43.5	4.1	25.11	-6.48
7∶3	2036.3	0.051	3035.28	0.0316	0.019	31.62	0.165	33.9	4.1	25.57	-6.05
6∶4	818.0333	0.020	4265.61	0.0444	0.024	44.43	0.130	37.5	4.1	71.05	26.61
5∶5	1972.9	0.049	3040.60	0.0317	0.018	31.67	0.162	33.4	4.1	26.53	-5.15
4∶6	1941.2	0.049	3043.26	0.0317	0.017	31.70	0.160	23.7	4.1	27.03	-4.68
3∶7	1909.5	0.048	3045.92	0.0317	0.016	31.73	0.159	19.3	4.1	27.54	-4.19
2∶8	1877.8	0.047	3048.58	0.0318	0.015	31.76	0.157	24.3	4.1	28.06	-3.69
1∶9	1846.1	0.046	3051.24	0.0318	0.014	31.78	0.156	28.4	4.1	28.60	-3.18

由表 5-100 可以看出，南 32-111 和 x28-25 注水井以 9∶1、8∶2、7∶3、5∶5、4∶6、3∶7、2∶8、1∶9 混合后 $C<0$，因此无结垢趋势。南 32-111 和 x28-25 注水井以 6∶4 混合后 $C>0$，因此有结垢趋势。

表 5-101 $BaSO_4$的结垢趋势表

水样混合比例	Ba^{2+}/(mg/L)	Ba^{2+}/(mol/L)	pBa	SO_4^{2-}/(mg/L)	SO_4^{2-}/(mol/L)	μ	pAlK	pH 值	t/℃	K	SI
9:1	—	—	—	3030.0	0.0316	0.063	1.20	7.95	43.3	2	4.75
8:2	—	—	—	3032.6	0.0316	0.063	1.20	7.96	43.5	2	4.76
7:3	—	—	—	3035.3	0.0316	0.063	1.20	7.99	33.9	2.1	4.69
6:4	—	—	—	4265.6	0.0444	0.089	1.05	7.96	37.5	2	4.91
5:5	—	—	—	3040.6	0.0317	0.063	1.20	7.95	33.4	2.1	4.65
4:6	—	—	—	3043.3	0.0317	0.063	1.20	8.01	23.7	2.2	4.61
3:7	—	—	—	3045.9	0.0317	0.063	1.20	7.95	19.3	2.3	4.45
2:8	—	—	—	3048.6	0.0318	0.064	1.20	7.98	24.3	2.2	4.58
1:9	—	—	—	3051.2	0.0318	0.064	1.20	7.99	28.4	2.1	4.69

由表 5-101 可以看出，南 32-111 和 x28-25 注水井以 9:1、8:2、7:3、6:4、5:5、4:6、3:7、2:8、1:9 混合后 $SI>0$，因此有结垢趋势。

表 5-102 侵蚀性二氧化碳法测定结垢趋势表

水样混合比例	Ca^{2+}/(mg/L)	Ca^{2+}/(mol/L)	HCO_3^-/(mg/L)	HCO_3^-/(mol/L)	CO_3^{2-}/(mg/L)	CO_3^{2-}/(mol/L)	μ	t/℃	SI
9:1	2099.7	0.052	958.1	0.0157	0.00	0.0000	0.22	43.3	7.67
8:2	2068.0	0.052	1000.8	0.0164	0.00	0.0000	0.22	43.5	7.66
7:3	2036.3	0.051	1043.6	0.0171	0.00	0.0000	0.21	33.9	7.46
6:4	818.0	0.020	4324.5	0.0709	0.00	0.0000	0.12	37.5	7.22
5:5	1972.9	0.049	1129.1	0.0185	0.00	0.0000	0.21	33.4	7.43
4:6	1941.2	0.049	1171.8	0.0192	0.00	0.0000	0.20	23.7	7.24
3:7	1909.5	0.048	1214.6	0.0199	0.00	0.0000	0.20	19.3	7.15
2:8	1877.8	0.047	1257.3	0.0206	0.00	0.0000	0.20	24.3	7.23
1:9	1846.1	0.046	1300.1	0.0213	0.00	0.0000	0.20	28.4	7.30

由表 5-102 可以看出，南 32-111 和 x28-25 注水井以 9:1、8:2、7:3、6:4、5:5、4:6、3:7、2:8、1:9 混合后 $SI>0$，因此有结垢趋势。

(18) 镇 32-9 和马岭 1 号水源井

对镇 32-9 和马岭 1 号水源井的水样以 9:1、8:2、7:3、6:4、5:5、4:6、3:7、2:8、1:9 混合后的水样进行了结垢趋势的预测，结果见表 5-103~表 5-107。

表 5-103 $CaCO_3$的结垢趋势表

水样混合比例	Ca^{2+}/(mg/L)	Ca^{2+}/(mol/L)	pCa	CO_3^{2-}/(mg/L)	HCO_3^-/(mg/L)	CO_3^{2-}/(mol/L)	HCO_3^-/(mol/L)	μ	pAlK	pH 值	t/℃	K	SI
9∶1	741. 39	0. 019	1. 73	0. 00	580. 7	0. 0000	0. 0095	0. 08	2. 02	7. 67	34. 2	2. 40	1. 52
8∶2	833. 48	0. 021	1. 68	0. 00	551. 4	0. 0000	0. 0090	0. 09	2. 04	7. 95	33. 2	2. 40	1. 83
7∶3	925. 57	0. 023	1. 64	0. 00	522. 2	0. 0000	0. 0086	0. 10	2. 07	7. 96	35. 7	2. 40	1. 86
6∶4	1017. 66	0. 025	1. 59	0. 00	492. 9	0. 0000	0. 0081	0. 11	2. 09	7. 99	31. 2	2. 40	1. 90
5∶5	1109. 75	0. 028	1. 56	0. 00	463. 6	0. 0000	0. 0076	0. 11	2. 12	7. 96	34. 0	2. 40	1. 88
4∶6	1201. 84	0. 030	1. 52	0. 00	434. 3	0. 0000	0. 0071	0. 12	2. 15	7. 95	31. 5	2. 40	1. 88
3∶7	1293. 93	0. 032	1. 49	0. 00	405. 0	0. 0000	0. 0066	0. 13	2. 18	8. 01	29. 9	2. 40	1. 94
2∶8	1386. 02	0. 035	1. 46	0. 00	375. 8	0. 0000	0. 0062	0. 14	2. 21	7. 95	22. 4	2. 50	1. 78
1∶9	1478. 11	0. 037	1. 43	0. 00	346. 5	0. 0000	0. 0057	0. 15	2. 25	7. 98	28. 0	2. 50	1. 80

由表 5-103 可以看出，镇 32-9 和马岭 1 号水源井以 9：1、8：2、7：3、6：4、5：5、4：6、3：7、2：8、1：9 混合后 *SI*>0，因此有结垢趋势。

表 5-104　$SrSO_4$的结垢趋势表

水样混合比例	Sr^{2+}/(mg/L)	SO_4^{2-}/(mol/L)	Sr^{2+}/(mg/L)	SO_4^{2-}/(mol/L)	Q	Q/K_{sp}
9：1	—	1463.64	—	0.015	—	—
8：2	—	1583.08	—	0.016	—	—
7：3	—	1702.52	—	0.018	—	—
6：4	—	1821.96	—	0.019	—	—
5：5	—	1941.4	—	0.020	—	—
4：6	—	2060.84	—	0.021	—	—
3：7	—	2180.28	—	0.023	—	—
2：8	—	2299.72	—	0.024	—	—
1：9	—	2419.16	—	0.025	—	—

由表 5-104 可以看出，镇 32-9 和马岭 1 号水源井以 9：1、8：2、7：3、6：4、5：5、4：6、3：7、2：8、1：9 混合后无 Q/K_{sp} 数据，因此不能判断有无结垢趋势。

表 5-105　$CaSO_4$的结垢趋势表

水样混合比例	Ca^{2+}/(mg/L)	Ca^{2+}/(mol/L)	SO_4^{2-}/(mg/L)	SO_4^{2-}/(mol/L)	X	c/(mmol/L)	μ	t/℃	K_{sp}/10^{-4}	S/(mmol/L)	C
9：1	741.39	0.019	1463.64	0.0152	0.003	15.25	0.068	34.2	3.3	33.19	17.95
8：2	833.48	0.021	1583.08	0.0165	0.004	16.49	0.075	33.2	3.4	32.79	16.30
7：3	925.57	0.023	1702.52	0.0177	0.005	17.73	0.082	35.7	3.5	32.40	14.67
6：4	1017.66	0.025	1821.96	0.0190	0.006	18.98	0.089	31.2	3.6	32.03	13.05
5：5	1109.75	0.028	1941.40	0.0202	0.008	20.22	0.096	34	3.7	31.68	11.46
4：6	1201.84	0.030	2060.84	0.0215	0.009	21.47	0.103	31.5	3.7	30.84	9.37
3：7	1293.93	0.032	2180.28	0.0227	0.010	22.71	0.110	29.9	3.7	30.02	7.31
2：8	1386.02	0.035	2299.72	0.0240	0.011	23.96	0.117	22.4	3.7	29.23	5.28
1：9	1478.11	0.037	2419.16	0.0252	0.012	25.20	0.124	28	3.7	28.47	3.27

由表 5-105 可以看出，镇 32-9 和马岭 1 号水源井以 9：1、8：2、7：3、6：4、5：5、4：6、3：7、2：8、1：9 混合后 *C*>0，因此有结垢趋势。

表 5-106 $BaSO_4$的结垢趋势表

水样混合比例	Ba^{2+}/(mg/L)	Ba^{2+}/(mol/L)	pBa	SO_4^{2-}/(mg/L)	SO_4^{2-}/(mol/L)	μ	pAlK	pH 值	t/℃	K	SI
9 : 1	—	—	—	1463. 6	0. 0152	0. 030	1. 52	8. 01	34. 2	2. 1	4. 39
8 : 2	—	—	—	1583. 1	0. 0165	0. 033	1. 48	7. 91	33. 2	2. 1	4. 33
7 : 3	—	—	—	1702. 5	0. 0177	0. 035	1. 45	7. 84	35. 7	2	4. 39
6 : 4	—	—	—	1822. 0	0. 0190	0. 038	1. 42	7. 81	31. 2	2. 1	4. 29
5 : 5	—	—	—	1941. 4	0. 0202	0. 040	1. 39	7. 84	34	2. 1	4. 35
4 : 6	—	—	—	2060. 8	0. 0215	0. 043	1. 37	7. 77	31. 5	2. 1	4. 30
3 : 7	—	—	—	2180. 3	0. 0227	0. 045	1. 34	7. 65	29. 9	2. 1	4. 21
2 : 8	—	—	—	2299. 7	0. 0240	0. 048	1. 32	7. 63	22. 4	2. 3	4. 01
1 : 9	—	—	—	2419. 2	0. 0252	0. 050	1. 30	7. 41	28	2. 2	3. 91

由表 5-106 可以看出，镇 32-9 和马岭 1 号水源井以 9 : 1、8 : 2、7 : 3、6 : 4、5 : 5、4 : 6、3 : 7、2 : 8、1 : 9 混合后 $SI>0$，因此有结垢趋势。

表 5-107 侵蚀性二氧化碳法测定结垢趋势表

水样混合比例	Ca^{2+}/(mg/L)	Ca^{2+}/(mol/L)	HCO_3^-/(mg/L)	HCO_3^-/(mol/L)	CO_3^{2-}/(mg/L)	CO_3^{2-}/(mol/L)	μ	t/℃	SI
9 : 1	741. 4	0. 019	580. 7	0. 0095	0. 00	0. 0000	0. 08	34. 2	9. 21
8 : 2	833. 5	0. 021	551. 4	0. 0090	0. 00	0. 0000	0. 09	33. 2	9. 12
7 : 3	925. 6	0. 023	522. 2	0. 0086	0. 00	0. 0000	0. 10	35. 7	9. 11
6 : 4	1017. 7	0. 025	492. 9	0. 0081	0. 00	0. 0000	0. 11	31. 2	8. 97
5 : 5	1109. 8	0. 028	463. 6	0. 0076	0. 00	0. 0000	0. 11	34	8. 98
4 : 6	1201. 8	0. 030	434. 3	0. 0071	0. 00	0. 0000	0. 12	31. 5	8. 90
3 : 7	1293. 9	0. 032	405. 0	0. 0066	0. 00	0. 0000	0. 13	29. 9	8. 85
2 : 8	1386. 0	0. 035	375. 8	0. 0062	0. 00	0. 0000	0. 14	22. 4	8. 69
1 : 9	1478. 1	0. 037	346. 5	0. 0057	0. 00	0. 0000	0. 15	28	8. 78

由表 5-107 可以看出，镇 32-9 和马岭 1 号水源井以 9 : 1、8 : 2、7 : 3、6 : 4、5 : 5、4 : 6、3 : 7、2 : 8、1 : 9 混合后 $SI>0$，因此有结垢趋势。

(19) 木 103-3 和岭四转污水回注

对木 103-3 和岭四转污水回注的水样以 9 : 1、8 : 2、7 : 3、6 : 4、5 : 5、4 : 6、3 : 7、2 : 8、1 : 9 混合后的水样进行了结垢趋势的预测，结果见表 5-108~表 5-112。

表 5-108 $CaCO_3$的结垢趋势表

水样混合比例	Ca^{2+}/(mg/L)	Ca^{2+}/(mol/L)	pCa	CO_3^{2-}/(mg/L)	HCO_3^-/(mg/L)	CO_3^{2-}/(mol/L)	HCO_3^-/(mol/L)	μ	pAlK	pH 值	t/℃	K	SI
9∶1	293.52	0.007	2.13	0.00	112.2	0.0000	0.0018	0.03	2.74	7.99	37.2	2.20	0.92
8∶2	279.94	0.007	2.15	0.00	126.9	0.0000	0.0021	0.03	2.68	8.01	33.7	2.20	0.97
7∶3	266.36	0.007	2.18	0.00	141.5	0.0000	0.0023	0.03	2.63	7.91	36.9	2.20	0.90
6∶4	2859.46	0.071	1.15	0.00	92.7	0.0000	0.0015	0.29	2.82	7.84	27.6	2.90	0.98
5∶5	239.2	0.006	2.22	0.00	170.8	0.0000	0.0028	0.03	2.55	7.81	28.4	2.20	0.83
4∶6	225.62	0.006	2.25	0.00	185.4	0.0000	0.0030	0.02	2.52	7.84	27.4	2.20	0.87
3∶7	212.04	0.005	2.28	0.00	200.1	0.0000	0.0033	0.02	2.48	7.77	38.9	2.20	0.81
2∶8	198.46	0.005	2.30	0.00	214.7	0.0000	0.0035	0.02	2.45	7.65	41.3	2.20	0.69
1∶9	184.88	0.005	2.34	0.00	229.4	0.0000	0.0038	0.02	2.42	7.63	39.2	2.20	0.67

由表 5-108 可以看出，木 103-3 和岭四转污水回注以 9∶1、8∶2、7∶3、6∶4、5∶5、4∶6、3∶7、2∶8、1∶9 混合后 $SI>0$，因此有结垢趋势。

表 5-109　$SrSO_4$的结垢趋势表

水样混合比例	Sr^{2+}/(mg/L)	SO_4^{2-}/(mol/L)	Sr^{2+}/(mg/L)	SO_4^{2-}/(mol/L)	Q	Q/K_{sp}
9∶1	—	1396.62	—	0.015	—	—
8∶2	—	1449.34	—	0.015	—	—
7∶3	—	1502.06	—	0.016	—	—
6∶4	—	4210.76	—	0.044	—	—
5∶5	—	1607.5	—	0.017	—	—
4∶6	—	1660.22	—	0.017	—	—
3∶7	—	1712.94	—	0.018	—	—
2∶8	—	1765.66	—	0.018	—	—
1∶9	—	1818.38	—	0.019	—	—

由表 5-109 可以看出，木 103-3 和岭四转污水回注以 9∶1、8∶2、7∶3、6∶4、5∶5、4∶6、3∶7、2∶8、1∶9 混合后无 Q/K_{sp}数据，因此不能判断有无结垢趋势。

表 5-110　$CaSO_4$的结垢趋势表

水样混合比例	Ca^{2+}/(mg/L)	Ca^{2+}/(mol/L)	SO_4^{2-}/(mg/L)	SO_4^{2-}/(mol/L)	X	c/(mmol/L)	μ	t/℃	K_{sp}/10^{-4}	S/(mmol/L)	C
9∶1	293.52	0.007	1396.62	0.0145	0.007	14.55	0.044	37.2	3.0	42.59	28.05
8∶2	279.94	0.007	1449.34	0.0151	0.008	15.10	0.044	33.7	3.0	43.67	28.58
7∶3	266.36	0.007	1502.06	0.0156	0.009	15.65	0.045	36.9	3.0	44.78	29.13
6∶4	2859.46	0.071	4210.76	0.0439	0.028	43.86	0.231	27.6	3.0	16.68	-27.18
5∶5	239.2	0.006	1607.50	0.0167	0.011	16.74	0.045	28.4	3.0	47.04	30.30
4∶6	225.62	0.006	1660.22	0.0173	0.012	17.29	0.046	27.4	3.0	48.20	30.91
3∶7	212.04	0.005	1712.94	0.0178	0.013	17.84	0.046	38.9	3.0	49.38	31.54
2∶8	198.46	0.005	1765.66	0.0184	0.013	18.39	0.047	41.3	3.0	50.58	32.19
1∶9	184.88	0.005	1818.38	0.0189	0.014	18.94	0.047	39.2	3.0	51.80	32.86

由表 5-110 可以看出，木 103-3 和岭四转污水回注以 6∶4 混合后 $C<0$，因此无结垢趋势；木 103-3 和岭四转污水回注以 9∶1、8∶2、7∶3、5∶5、4∶6、3∶7、2∶8、1∶9 混合后 $C>0$，因此有结垢趋势。

表 5-111 $BaSO_4$的结垢趋势表

水样混合比例	Ba^{2+}/(mg/L)	Ba^{2+}/(mol/L)	pBa	SO_4^{2-}/(mg/L)	SO_4^{2-}/(mol/L)	μ	pAlK	pH 值	t/℃	K	SI
9∶1	—	—	—	1396.6	0.0145	0.029	1.54	8.21	37.2	2	4.67
8∶2	—	—	—	1449.3	0.0151	0.030	1.52	8.15	33.7	2.1	4.53
7∶3	—	—	—	1502.1	0.0156	0.031	1.50	8.03	36.9	2	4.53
6∶4	—	—	—	4210.8	0.0439	0.088	1.06	7.94	27.6	2.2	4.68
5∶5	—	—	—	1607.5	0.0167	0.033	1.48	7.88	28.4	2.2	4.20
4∶6	—	—	—	1660.2	0.0173	0.035	1.46	7.78	27.4	2.2	4.12
3∶7	—	—	—	1712.9	0.0178	0.036	1.45	7.63	38.9	2	4.18
2∶8	—	—	—	1765.7	0.0184	0.037	1.43	7.59	41.3	2	4.16
1∶9	—	—	—	1818.4	0.0189	0.038	1.42	7.51	39.2	2	4.09

由表 5-111 可以看出，木 103-3 和岭四转污水回注以 9∶1、8∶2、7∶3、6∶4、5∶5、4∶6、3∶7、2∶8、1∶9 混合后 $SI>0$，因此有结垢趋势。

表 5-112 侵蚀性二氧化碳法测定结垢趋势表

水样混合比例	Ca^{2+}/(mg/L)	Ca^{2+}/(mol/L)	HCO_3^-/(mg/L)	HCO_3^-/(mol/L)	CO_3^{2-}/(mg/L)	CO_3^{2-}/(mol/L)	μ	t/℃	SI
9∶1	293.5	0.007	112.2	0.0018	0.00	0.0000	0.03	37.2	11.53
8∶2	279.9	0.007	126.9	0.0021	0.00	0.0000	0.03	33.7	11.39
7∶3	266.4	0.007	141.5	0.0023	0.00	0.0000	0.03	36.9	11.39
6∶4	2859.5	0.071	92.7	0.0015	0.00	0.0000	0.29	27.6	8.94
5∶5	239.2	0.006	170.8	0.0028	0.00	0.0000	0.03	28.4	11.15
4∶6	225.6	0.006	185.4	0.0030	0.00	0.0000	0.02	27.4	11.10
3∶7	212.0	0.005	200.1	0.0033	0.00	0.0000	0.02	38.9	11.29
2∶8	198.5	0.005	214.7	0.0035	0.00	0.0000	0.02	41.3	11.32
1∶9	184.9	0.005	229.4	0.0038	0.00	0.0000	0.02	39.2	11.27

由表 5-112 可以看出，木 103-3 和岭四转污水回注以 9∶1、8∶2、7∶3、6∶4、5∶5、4∶6、3∶7、2∶8、1∶9 混合后 $SI>0$，因此有结垢趋势。

(20) 环 113-98 和环 222-69

对环 113-98 和环 222-69 的水样以 9∶1、8∶2、7∶3、6∶4、5∶5、4∶6、3∶7、2∶8、1∶9 混合后的水样进行了结垢趋势的预测，结果见表 5-113～表 5-117。

表 5-113 $CaCO_3$的结垢趋势表

水样混合比例	Ca^{2+}/(mg/L)	Ca^{2+}/(mol/L)	pCa	CO_3^{2-}/(mg/L)	HCO_3^-/(mg/L)	CO_3^{2-}/(mol/L)	HCO_3^-/(mol/L)	μ	pAlK	pH值	t/℃	K	SI
9∶1	911.36	0.023	1.64	0.00	229.4	0.0000	0.0038	0.09	2.42	7.41	28.4	2.40	0.94
8∶2	852.72	0.021	1.67	0.00	214.7	0.0000	0.0035	0.09	2.45	8.21	27.4	2.40	1.69
7∶3	794.08	0.020	1.70	0.00	200.1	0.0000	0.0033	0.08	2.48	8.15	21.9	2.40	1.56
6∶4	735.44	0.018	1.74	0.00	185.4	0.0000	0.0030	0.08	2.52	8.03	30.0	2.40	1.38
5∶5	676.8	0.017	1.77	0.00	170.8	0.0000	0.0028	0.07	2.55	7.94	32.1	2.30	1.32
4∶6	618.16	0.015	1.81	0.00	156.2	0.0000	0.0026	0.06	2.59	7.88	35.4	2.30	1.18
3∶7	559.52	0.014	1.85	0.00	141.5	0.0000	0.0023	0.06	2.63	7.78	29.1	2.30	0.99
2∶8	500.88	0.013	1.90	0.00	126.9	0.0000	0.0021	0.05	2.68	7.63	34.3	2.30	0.75
1∶9	442.24	0.011	1.96	0.00	112.2	0.0000	0.0018	0.05	2.74	7.59	35.2	2.30	0.60

由表 5-113 可以看出，环 113-98 和环 222-69 以 9：1、8：2、7：3、6：4、5：5、4：6、3：7、2：8、1：9 混合后 $SI>0$，因此有结垢趋势。

表 5-114　$SrSO_4$的结垢趋势表

水样混合比例	Sr^{2+}/(mg/L)	SO_4^{2-}/(mol/L)	Sr^{2+}/(mg/L)	SO_4^{2-}/(mol/L)	Q	Q/K_{sp}
9：1	—	1570.84	—	0.016	—	—
8：2	—	1574.88	—	0.016	—	—
7：3	—	1578.92	—	0.016	—	—
6：4	—	1582.96	—	0.016	—	—
5：5	—	1587	—	0.017	—	—
4：6	—	1591.04	—	0.017	—	—
3：7	—	1595.08	—	0.017	—	—
2：8	—	1599.12	—	0.017	—	—
1：9	—	1603.16	—	0.017	—	—

由表 5-114 可以看出，环 113-98 和环 222-69 以 9：1、8：2、7：3、6：4、5：5、4：6、3：7、2：8、1：9 混合后无 Q/K_{sp} 数据，因此不能判断有无结垢趋势。

表 5-115　$CaSO_4$的结垢趋势表

水样混合比例	Ca^{2+}/(mg/L)	Ca^{2+}/(mol/L)	SO_4^{2-}/(mg/L)	SO_4^{2-}/(mol/L)	X	c/(mmol/L)	μ	t/℃	K_{sp}/10^{-4}	S/(mmol/L)	C
9：1	911.36	0.023	1570.84	0.0164	0.006	16.36	0.078	28.4	3.3	30.47	14.11
8：2	852.72	0.021	1574.88	0.0164	0.005	16.41	0.075	27.4	3.3	31.75	15.34
7：3	794.08	0.020	1578.92	0.0164	0.003	16.45	0.073	21.9	3.2	32.53	16.09
6：4	735.44	0.018	1582.96	0.0165	0.002	16.49	0.070	30	3.2	33.93	17.44
5：5	676.8	0.017	1587.00	0.0165	0.000	16.53	0.067	32.1	3.1	34.83	18.30
4：6	618.16	0.015	1591.04	0.0166	0.001	16.57	0.064	35.4	3.1	36.35	19.78
3：7	559.52	0.014	1595.08	0.0166	0.003	16.62	0.061	29.1	3.1	37.94	21.32
2：8	500.88	0.013	1599.12	0.0167	0.004	16.66	0.058	34.3	3.1	39.59	22.93
1：9	442.24	0.011	1603.16	0.0167	0.006	16.70	0.056	35.2	3.1	41.31	24.61

由表 5-115 可以看出，环 113-98 和环 222-69 以 9：1、8：2、7：3、6：4、5：5、4：6、3：7、2：8、1：9 混合后 $C>0$，因此有结垢趋势。

表 5-116 $BaSO_4$的结垢趋势表

水样混合比例	Ba^{2+}/(mg/L)	Ba^{2+}/(mol/L)	pBa	SO_4^{2-}/(mg/L)	SO_4^{2-}/(mol/L)	μ	pAlK	pH 值	t/℃	K	SI
9：1	—	—	—	1570.8	0.0164	0.033	1.49	8.04	28.4	2.1	4.45
8：2	—	—	—	1574.9	0.0164	0.033	1.48	7.93	27.4	2.2	4.25
7：3	—	—	—	1578.9	0.0164	0.033	1.48	7.84	21.9	2.3	4.06
6：4	—	—	—	1583.0	0.0165	0.033	1.48	7.78	30	2.1	4.20
5：5	—	—	—	1587.0	0.0165	0.033	1.48	7.59	32.1	2.1	4.01
4：6	—	—	—	1591.0	0.0166	0.033	1.48	7.55	35.4	2	4.07
3：7	—	—	—	1595.1	0.0166	0.033	1.48	7.48	29.1	2.2	3.80
2：8	—	—	—	1599.1	0.0167	0.033	1.48	7.5	34.3	2.1	3.92
1：9	—	—	—	1603.2	0.0167	0.033	1.48	7.48	35.2	2	4.00

由表 5-116 可以看出，环 113-98 和环 222-69 以 9：1、8：2、7：3、6：4、5：5、4：6、3：7、2：8、1：9 混合后 SI>0，因此有结垢趋势。

表 5-117 侵蚀性二氧化碳法测定结垢趋势表

水样混合比例	Ca^{2+}/(mg/L)	Ca^{2+}/(mol/L)	HCO_3^-/(mg/L)	HCO_3^-/(mol/L)	CO_3^{2-}/(mg/L)	CO_3^{2-}/(mol/L)	μ	t/℃	SI
9：1	911.4	0.023	229.4	0.0038	0.00	0.0000	0.09	28.4	9.72
8：2	852.7	0.021	214.7	0.0035	0.00	0.0000	0.09	27.4	9.83
7：3	794.1	0.020	200.1	0.0033	0.00	0.0000	0.08	21.9	9.87
6：4	735.4	0.018	185.4	0.0030	0.00	0.0000	0.08	30	10.16
5：5	676.8	0.017	170.8	0.0028	0.00	0.0000	0.07	32.1	10.35
4：6	618.2	0.015	156.2	0.0026	0.00	0.0000	0.06	35.4	10.58
3：7	559.5	0.014	141.5	0.0023	0.00	0.0000	0.06	29.1	10.64
2：8	500.9	0.013	126.9	0.0021	0.00	0.0000	0.05	34.3	10.93
1：9	442.2	0.011	112.2	0.0018	0.00	0.0000	0.05	35.2	11.16

由表 5-117 可以看出，环 113-98 和环 222-69 以 9：1、8：2、7：3、6：4、5：5、4：6、3：7、2：8、1：9 混合后 SI>0，因此有结垢趋势。

（21）环 113-98 和环 93-5

对环 113-98 和环 93-5 的水样以 9：1、8：2、7：3、6：4、5：5、4：6、3：7、2：8、1：9 混合后的水样进行了结垢趋势的预测，结果见表 5-118~表 5-122。

表 5-118 $CaCO_3$的结垢趋势表

水样混合比例	Ca^{2+}/(mg/L)	Ca^{2+}/(mol/L)	pCa	CO_3^{2-}/(mg/L)	HCO_3^-/(mg/L)	CO_3^{2-}/(mol/L)	HCO_3^-/(mol/L)	μ	pAlK	pH 值	t/℃	K	SI
9 : 1	888. 63	0. 022	1. 65	0. 00	278. 2	0. 0000	0. 0046	0. 09	2. 34	7. 51	39. 4	2. 40	1. 12
8 : 2	807. 26	0. 020	1. 70	0. 00	312. 3	0. 0000	0. 0051	0. 08	2. 29	8. 04	34. 2	2. 40	1. 65
7 : 3	725. 89	0. 018	1. 74	0. 00	346. 5	0. 0000	0. 0057	0. 08	2. 25	7. 93	35. 6	2. 40	1. 54
6 : 4	644. 52	0. 016	1. 79	0. 00	380. 6	0. 0000	0. 0062	0. 07	2. 20	7. 84	38. 4	2. 30	1. 54
5 : 5	563. 15	0. 014	1. 85	0. 00	414. 8	0. 0000	0. 0068	0. 06	2. 17	7. 78	32. 3	2. 30	1. 46
4 : 6	481. 78	0. 012	1. 92	0. 00	449. 0	0. 0000	0. 0074	0. 05	2. 13	7. 59	31. 2	2. 30	1. 24
3 : 7	400. 41	0. 010	2. 00	0. 00	483. 1	0. 0000	0. 0079	0. 04	2. 10	7. 55	33. 5	2. 20	1. 25
2 : 8	319. 04	0. 008	2. 10	0. 00	517. 3	0. 0000	0. 0085	0. 04	2. 07	7. 48	33. 1	2. 20	1. 11
1 : 9	237. 67	0. 006	2. 23	0. 00	551. 4	0. 0000	0. 0090	0. 03	2. 04	7. 50	35. 5	2. 20	1. 03

由表5-118可以看出，环113-98和环93-5以9：1、8：2、7：3、6：4、5：5、4：6、3：7、2：8、1：9混合后*SI*>0，因此有结垢趋势。

表5-119 $SrSO_4$的结垢趋势表

水样混合比例	Sr^{2+}/(mg/L)	SO_4^{2-}/(mol/L)	Sr^{2+}/(mg/L)	SO_4^{2-}/(mol/L)	Q	Q/K_{sp}
9：1	—	1569.72	—	0.016	—	—
8：2	—	1572.64	—	0.016	—	—
7：3	—	1575.56	—	0.016	—	—
6：4	—	1578.48	—	0.016	—	—
5：5	—	1581.4	—	0.016	—	—
4：6	—	1584.32	—	0.017	—	—
3：7	—	1587.24	—	0.017	—	—
2：8	—	1590.16	—	0.017	—	—
1：9	—	1593.08	—	0.017	—	—

由表5-119可以看出，环113-98和环93-5以9：1、8：2、7：3、6：4、5：5、4：6、3：7、2：8、1：9混合后无Q/K_{sp}数据，因此不能判断有无结垢趋势。

表5-120 $CaSO_4$的结垢趋势表

水样混合比例	Ca^{2+}/(mg/L)	Ca^{2+}/(mol/L)	SO_4^{2-}/(mg/L)	SO_4^{2-}/(mol/L)	X	c/(mmol/L)	μ	t/℃	K_{sp}/10^{-4}	S/(mmol/L)	C
9：1	888.63	0.022	1.65	0.00	278.2	0.0000	0.0046	0.09	2.34	7.51	39.4
8：2	807.26	0.020	1.70	0.00	312.3	0.0000	0.0051	0.08	2.29	8.04	34.2
7：3	725.89	0.018	1.74	0.00	346.5	0.0000	0.0057	0.08	2.25	7.93	35.6
6：4	644.52	0.016	1.79	0.00	380.6	0.0000	0.0062	0.07	2.20	7.84	38.4
5：5	563.15	0.014	1.85	0.00	414.8	0.0000	0.0068	0.06	2.17	7.78	32.3
4：6	481.78	0.012	1.92	0.00	449.0	0.0000	0.0074	0.05	2.13	7.59	31.2
3：7	400.41	0.010	2.00	0.00	483.1	0.0000	0.0079	0.04	2.10	7.55	33.5
2：8	319.04	0.008	2.10	0.00	517.3	0.0000	0.0085	0.04	2.07	7.48	33.1
1：9	237.67	0.006	2.23	0.00	551.4	0.0000	0.0090	0.03	2.04	7.50	35.5

由表5-120可以看出，环113-98和环93-5以9：1、8：2、7：3、6：4、5：5、4：6、3：7、2：8、1：9混合后*C*>0，因此有结垢趋势。

表 5-121 $BaSO_4$的结垢趋势表

水样混合比例	Ba^{2+}/(mg/L)	Ba^{2+}/(mol/L)	pBa	SO_4^{2-}/(mg/L)	SO_4^{2-}/(mol/L)	μ	pAlK	pH 值	t/℃	K	SI
9：1	—	—	—	1569.7	0.0164	0.033	1.49	8.05	39.4	2	4.56
8：2	—	—	—	1572.6	0.0164	0.033	1.48	7.93	34.2	2.1	4.35
7：3	—	—	—	1575.6	0.0164	0.033	1.48	7.86	35.6	2	4.38
6：4	—	—	—	1578.5	0.0164	0.033	1.48	7.75	38.4	2	4.27
5：5	—	—	—	1581.4	0.0165	0.033	1.48	7.58	32.3	2.1	4.00
4：6	—	—	—	1584.3	0.0165	0.033	1.48	7.55	31.2	2.1	3.97
3：7	—	—	—	1587.2	0.0165	0.033	1.48	7.41	33.5	2.1	3.83
2：8	—	—	—	1590.2	0.0166	0.033	1.48	7.39	33.1	2.1	3.81
1：9	—	—	—	1593.1	0.0166	0.033	1.48	7.31	35.5	2	3.83

由表 5-121 可以看出，环 113-98 和环 93-5 以 9：1、8：2、7：3、6：4、5：5、4：6、3：7、2：8、1：9 混合后 $SI>0$，因此有结垢趋势。

表 5-122 侵蚀性二氧化碳法测定结垢趋势表

水样混合比例	Ca^{2+}/(mg/L)	Ca^{2+}/(mol/L)	HCO_3^-/(mg/L)	HCO_3^-/(mol/L)	CO_3^{2-}/(mg/L)	CO_3^{2-}/(mol/L)	μ	t/℃	SI
9：1	888.6	0.022	278.2	0.0046	0.00	0.0000	0.09	39.4	9.78
8：2	807.3	0.020	312.3	0.0051	0.00	0.0000	0.08	34.2	9.68
7：3	725.9	0.018	346.5	0.0057	0.00	0.0000	0.08	35.6	9.72
6：4	644.5	0.016	380.6	0.0062	0.00	0.0000	0.07	38.4	9.81
5：5	563.2	0.014	414.8	0.0068	0.00	0.0000	0.06	32.3	9.74
4：6	481.8	0.012	449.0	0.0074	0.00	0.0000	0.05	31.2	9.79
3：7	400.4	0.010	483.1	0.0079	0.00	0.0000	0.04	33.5	9.92
2：8	319.0	0.008	517.3	0.0085	0.00	0.0000	0.04	33.1	10.03
1：9	237.7	0.006	551.4	0.0090	0.00	0.0000	0.03	35.5	10.23

由表 5-122 可以看出，环 113-98 和环 93-5 以 9：1、8：2、7：3、6：4、5：5、4：6、3：7、2：8、1：9 混合后 $SI>0$，因此有结垢趋势。

(22) 环 113-98 和 82-S9 水源井

对环 113-98 和 82-S9 水源井的水样以 9：1、8：2、7：3、6：4、5：5、4：6、3：7、2：8、1：9 混合后的水样进行了结垢趋势的预测，结果见表 5-123～表 5-127。

表 5-123 $CaCO_3$的结垢趋势表

水样混合比例	Ca^{2+}/(mg/L)	Ca^{2+}/(mol/L)	pCa	CO_3^{2-}/(mg/L)	HCO_3^-/(mg/L)	CO_3^{2-}/(mol/L)	HCO_3^-/(mol/L)	μ	pAlk	pH值	t/℃	K	SI
9∶1	884.31	0.022	1.66	0.00	241.6	0.0000	0.0040	0.09	2.40	7.48	31.4	2.40	1.02
8∶2	798.62	0.020	1.70	0.00	239.1	0.0000	0.0039	0.08	2.41	8.05	30.3	2.40	1.54
7∶3	712.93	0.018	1.75	0.00	236.7	0.0000	0.0039	0.07	2.41	7.93	27.6	2.40	1.37
6∶4	627.24	0.016	1.80	0.00	234.2	0.0000	0.0038	0.06	2.42	7.86	19.9	2.30	1.34
5∶5	541.55	0.014	1.87	0.00	231.8	0.0000	0.0038	0.06	2.42	7.75	42.2	2.30	1.16
4∶6	455.86	0.011	1.94	0.00	229.4	0.0000	0.0038	0.05	2.42	7.58	33.5	2.30	0.91
3∶7	370.17	0.009	2.03	0.00	226.9	0.0000	0.0037	0.04	2.43	7.55	35.6	2.20	0.89
2∶8	284.48	0.007	2.15	0.00	224.5	0.0000	0.0037	0.03	2.43	7.41	34.7	2.20	0.63
1∶9	198.79	0.005	2.30	0.00	222.0	0.0000	0.0036	0.02	2.44	7.39	32.4	2.20	0.45

由表 5-123 可以看出，环 113-98 和 82-S9 水源井以 9：1、8：2、7：3、6：4、5：5、4：6、3：7、2：8、1：9 混合后 $SI>0$，因此有结垢趋势。

表 5-124　$SrSO_4$的结垢趋势表

水样混合比例	Sr^{2+}/(mg/L)	SO_4^{2-}/(mol/L)	Sr^{2+}/(mg/L)	SO_4^{2-}/(mol/L)	Q	Q/K_{sp}
9：1	—	1635.2	—	0.017	—	—
8：2	—	1703.6	—	0.018	—	—
7：3	—	1772	—	0.018	—	—
6：4	—	1840.4	—	0.019	—	—
5：5	—	1908.8	—	0.020	—	—
4：6	—	1977.2	—	0.021	—	—
3：7	—	2045.6	—	0.021	—	—
2：8	—	2114	—	0.022	—	—
1：9	—	2182.4	—	0.023	—	—

由表 5-124 可以看出，环 113-98 和 82-S9 水源井以 9：1、8：2、7：3、6：4、5：5、4：6、3：7、2：8、1：9 混合后无 Q/K_{sp}数据，因此不能判断有无结垢趋势。

表 5-125　$CaSO_4$的结垢趋势表

水样混合比例	Ca^{2+}/(mg/L)	Ca^{2+}/(mol/L)	SO_4^{2-}/(mg/L)	SO_4^{2-}/(mol/L)	X	c/(mmol/L)	μ	t/℃	K_{sp}/10^{-4}	S/(mmol/L)	C
9：1	884.31	0.022	1635.20	0.0170	0.005	17.03	0.078	31.4	3.3	31.61	14.58
8：2	798.62	0.020	1703.60	0.0177	0.002	17.75	0.075	30.3	3.3	34.18	16.43
7：3	712.93	0.018	1772.00	0.0185	0.001	18.46	0.073	27.6	3.3	36.97	18.51
6：4	627.24	0.016	1840.40	0.0192	0.003	19.17	0.070	19.9	3.3	39.99	20.82
5：5	541.55	0.014	1908.80	0.0199	0.006	19.88	0.067	42.2	3.2	42.68	22.80
4：6	455.86	0.011	1977.20	0.0206	0.009	20.60	0.064	33.5	3.1	45.59	25.00
3：7	370.17	0.009	2045.60	0.0213	0.012	21.31	0.061	35.6	3.1	49.27	27.97
2：8	284.48	0.007	2114.00	0.0220	0.015	22.02	0.058	34.7	3.1	53.15	31.13
1：9	198.79	0.005	2182.40	0.0227	0.018	22.73	0.055	32.4	3.1	57.20	34.47

由表 5-125 可以看出，环 113-98 和 82-S9 水源井以 9：1、8：2、7：3、6：4、5：5、4：6、3：7、2：8、1：9 混合后 $C>0$，因此有结垢趋势。

表 5-126 $BaSO_4$的结垢趋势表

水样混合比例	Ba^{2+}/(mg/L)	Ba^{2+}/(mol/L)	pBa	SO_4^{2-}/(mg/L)	SO_4^{2-}/(mol/L)	μ	pAlK	pH 值	t/℃	K	SI
9∶1	—	—	—	1535.8	0.0167	0.032	1.45	6.3	31.6	2.1	2.90
8∶2	—	—	—	1635.2	0.0170	0.034	1.47	6.5	31.4	2.1	2.93
7∶3	—	—	—	1703.6	0.0177	0.035	1.45	6.61	30.3	2.1	3.06
6∶4	—	—	—	1772.0	0.0185	0.037	1.43	6.65	27.6	2.2	3.02
5∶5	—	—	—	1840.4	0.0192	0.038	1.42	6.78	19.9	2.3	3.06
4∶6	—	—	—	1908.8	0.0199	0.040	1.40	6.83	42.2	2	3.43
3∶7	—	—	—	1977.2	0.0206	0.041	1.39	6.85	33.5	2.1	3.36
2∶8	—	—	—	2045.6	0.0213	0.043	1.37	6.84	35.6	2	3.47
1∶9	—	—	—	2114.0	0.0220	0.044	1.36	7.06	34.7	2.1	3.60
	—	—	—	2182.4	0.0227	0.045	1.34	7.12	32.4	2.1	3.68

由表 5-126 可以看出，环 113-98 和 82-S9 水源井以 9∶1、8∶2、7∶3、6∶4、5∶5、4∶6、3∶7、2∶8、1∶9 混合后 $SI>0$，因此有结垢趋势。

表 5-127 侵蚀性二氧化碳法测定结垢趋势表

水样混合比例	Ca^{2+}/(mg/L)	Ca^{2+}/(mol/L)	HCO_3^-/(mg/L)	HCO_3^-/(mol/L)	CO_3^{2-}/(mg/L)	CO_3^{2-}/(mol/L)	μ	t/℃	SI
9∶1	884.3	0.022	241.6	0.0040	0.00	0.0000	0.09	31.4	9.76
8∶2	798.6	0.020	239.1	0.0039	0.00	0.0000	0.08	30.3	9.86
7∶3	712.9	0.018	236.7	0.0039	0.00	0.0000	0.07	27.6	9.93
6∶4	627.2	0.016	234.2	0.0038	0.00	0.0000	0.06	19.9	9.93
5∶5	541.6	0.014	231.8	0.0038	0.00	0.0000	0.06	42.2	10.48
4∶6	455.9	0.011	229.4	0.0038	0.00	0.0000	0.05	33.5	10.48
3∶7	370.2	0.009	226.9	0.0037	0.00	0.0000	0.04	35.6	10.70
2∶8	284.5	0.007	224.5	0.0037	0.00	0.0000	0.03	34.7	10.90
1∶9	198.8	0.005	222.0	0.0036	0.00	0.0000	0.02	32.4	11.12

由表 5-127 可以看出，环 113-98 和 82-S9 水源井以 9∶1、8∶2、7∶3、6∶4、5∶5、4∶6、3∶7、2∶8、1∶9 混合后 $SI>0$，因此有结垢趋势。

(23) 环 222-69 和环 93-5

对环 222-69 和环 93-5 的水样以 9∶1、8∶2、7∶3、6∶4、5∶5、4∶6、3∶7、2∶8、1∶9 混合后的水样进行了结垢趋势的预测，结果见表 5-128~表 5-132。

表 5-128 $CaCO_3$的结垢趋势表

水样混合比例	Ca^{2+}/(mg/L)	Ca^{2+}/(mol/L)	pCa	CO_3^{2-}/(mg/L)	HCO_3^-/(mg/L)	CO_3^{2-}/(mol/L)	HCO_3^-/(mol/L)	μ	pAlK	pH 值	t/℃	K	SI
9∶1	360.87	0.009	2.04	0.00	146.4	0.0000	0.0024	0.04	2.62	7.31	39.6	2.20	0.45
8∶2	338.14	0.008	2.07	0.00	195.2	0.0000	0.0032	0.04	2.49	6.50	35.9	2.20	-0.27
7∶3	315.41	0.008	2.10	0.00	244.0	0.0000	0.0040	0.03	2.40	6.61	36.4	2.20	-0.09
6∶4	292.68	0.007	2.14	0.00	292.8	0.0000	0.0048	0.03	2.32	6.65	34.5	2.20	-0.00
5∶5	269.95	0.007	2.17	0.00	341.6	0.0000	0.0056	0.03	2.25	6.78	33.4	2.20	0.16
4∶6	247.22	0.006	2.21	0.00	390.4	0.0000	0.0064	0.03	2.19	6.83	32.7	2.20	0.23
3∶7	224.49	0.006	2.25	0.00	439.2	0.0000	0.0072	0.03	2.14	6.85	33.9	2.20	0.26
2∶8	201.76	0.005	2.30	0.00	488.0	0.0000	0.0080	0.02	2.10	6.84	30.0	2.20	0.25
1∶9	179.03	0.004	2.35	0.00	536.8	0.0000	0.0088	0.02	2.06	7.06	41.9	2.20	0.46

由表 5-128 可以看出，环 222-69 和环 93-5 以 8∶2、7∶3、6∶4 混合后$SI<0$，因此在这三种比例混合下无结垢趋势；环 222-69 和环 93-5 以 9∶1、5∶5、4∶6、3∶7、2∶8、1∶9 混合后 $SI>0$，因此有结垢趋势。

表 5-129 $SrSO_4$的结垢趋势表

水样混合比例	Sr^{2+}/(mg/L)	SO_4^{2-}/(mol/L)	Sr^{2+}/(mg/L)	SO_4^{2-}/(mol/L)	Q	Q/K_{sp}
9∶1	—	1606. 08	—	0. 017	—	—
8∶2	—	1604. 96	—	0. 017	—	—
7∶3	—	1603. 84	—	0. 017	—	—
6∶4	—	1602. 72	—	0. 017	—	—
5∶5	—	1601. 6	—	0. 017	—	—
4∶6	—	1600. 48	—	0. 017	—	—
3∶7	—	1599. 36	—	0. 017	—	—
2∶8	—	1598. 24	—	0. 017	—	—
1∶9	—	1597. 12	—	0. 017	—	—

由表 5-129 可以看出，环 222-69 和环 93-5 以 9∶1、8∶2、7∶3、6∶4、5∶5、4∶6、3∶7、2∶8、1∶9 混合后无 Q/K_{sp} 数据，因此不能判断有无结垢趋势。

表 5-130 $CaSO_4$的结垢趋势表

水样混合比例	Ca^{2+}/(mg/L)	Ca^{2+}/(mol/L)	SO_4^{2-}/(mg/L)	SO_4^{2-}/(mol/L)	X	c/(mmol/L)	μ	t/℃	K_{sp}/10^{-4}	S/(mmol/L)	C
9∶1	360. 87	0. 009	1606. 08	0. 0167	0. 008	16. 73	0. 052	39. 6	3. 0	43. 20	26. 47
8∶2	338. 14	0. 008	1604. 96	0. 0167	0. 008	16. 72	0. 050	35. 9	3. 0	43. 88	27. 16
7∶3	315. 41	0. 008	1603. 84	0. 0167	0. 009	16. 71	0. 049	36. 4	3. 0	44. 57	27. 86
6∶4	292. 68	0. 007	1602. 72	0. 0167	0. 009	16. 70	0. 048	34. 5	3. 0	45. 27	28. 57
5∶5	269. 95	0. 007	1601. 60	0. 0167	0. 010	16. 68	0. 047	33. 4	3. 0	45. 97	29. 29
4∶6	247. 22	0. 006	1600. 48	0. 0167	0. 010	16. 67	0. 046	32. 7	3. 0	46. 69	30. 01
3∶7	224. 49	0. 006	1599. 36	0. 0167	0. 011	16. 66	0. 045	33. 9	3. 0	47. 41	30. 75
2∶8	201. 76	0. 005	1598. 24	0. 0166	0. 012	16. 65	0. 043	30	3. 0	48. 14	31. 49
1∶9	179. 03	0. 004	1597. 12	0. 0166	0. 012	16. 64	0. 042	41. 9	3. 0	48. 87	32. 24

由表 5-130 可以看出，环 222-69 和环 93-5 以 9∶1、8∶2、7∶3、6∶4、5∶5、4∶6、3∶7、2∶8、1∶9 混合后 $C>0$，因此有结垢趋势。

表 5-131　$BaSO_4$的结垢趋势表

水样混合比例	Ba^{2+}/(mg/L)	Ba^{2+}/(mol/L)	pBa	SO_4^{2-}/(mg/L)	SO_4^{2-}/(mol/L)	μ	pAlK	pH 值	t/℃	K	SI
9∶1	—	—	—	1606.1	0.0167	0.033	1.48	7.59	39.6	2	4.11
8∶2	—	—	—	1605.0	0.0167	0.033	1.48	7.55	35.9	2	4.07
7∶3	—	—	—	1603.8	0.0167	0.033	1.48	7.47	36.4	2	3.99
6∶4	—	—	—	1602.7	0.0167	0.033	1.48	7.49	34.5	2.1	3.91
5∶5	—	—	—	1601.6	0.0167	0.033	1.48	7.29	33.4	2.1	3.71
4∶6	—	—	—	1600.5	0.0167	0.033	1.48	7.21	32.7	2.1	3.63
3∶7	—	—	—	1599.4	0.0167	0.033	1.48	7.15	33.9	2.1	3.57
2∶8	—	—	—	1598.2	0.0166	0.033	1.48	7.1	30	2.1	3.52
1∶9	—	—	—	1597.1	0.0166	0.033	1.48	7.06	41.9	2	3.58

由表 5-131 可以看出，环 222-69 和环 93-5 以 9∶1、8∶2、7∶3、6∶4、5∶5、4∶6、3∶7、2∶8、1∶9 混合后 $SI>0$，因此有结垢趋势。

表 5-132　侵蚀性二氧化碳法测定结垢趋势表

水样混合比例	Ca^{2+}/(mg/L)	Ca^{2+}/(mol/L)	HCO_3^-/(mg/L)	HCO_3^-/(mol/L)	CO_3^{2-}/(mg/L)	CO_3^{2-}/(mol/L)	μ	t/℃	SI
9∶1	360.9	0.009	146.4	0.0024	0.00	0.0000	0.04	39.6	11.18
8∶2	338.1	0.008	195.2	0.0032	0.00	0.0000	0.04	35.9	10.91
7∶3	315.4	0.008	244.0	0.0040	0.00	0.0000	0.03	36.4	10.77
6∶4	292.7	0.007	292.8	0.0048	0.00	0.0000	0.03	34.5	10.63
5∶5	270.0	0.007	341.6	0.0056	0.00	0.0000	0.03	33.4	10.54
4∶6	247.2	0.006	390.4	0.0064	0.00	0.0000	0.03	32.7	10.47
3∶7	224.5	0.006	439.2	0.0072	0.00	0.0000	0.03	33.9	10.45
2∶8	201.8	0.005	488.0	0.0080	0.00	0.0000	0.02	30	10.36
1∶9	179.0	0.004	536.8	0.0088	0.00	0.0000	0.02	41.9	10.57

由表 5-132 可以看出，环 222-69 和环 93-5 以 9∶1、8∶2、7∶3、6∶4、5∶5、4∶6、3∶7、2∶8、1∶9 混合后 $SI>0$，因此有结垢趋势。

（24）环 93-5 和 82-S9 水源井

对环 93-5 和 82-S9 水源井的水样以 9∶1、8∶2、7∶3、6∶4、5∶5、4∶6、3∶7、2∶8、1∶9 混合后的水样进行了结垢趋势的预测，结果见表 5-133～表 5-137。

表 5-133 $CaCO_3$的结垢趋势表

水样混合比例	Ca^{2+}/(mg/L)	Ca^{2+}/(mol/L)	pCa	CO_3^{2-}/(mg/L)	HCO_3^-/(mg/L)	CO_3^{2-}/(mol/L)	HCO_3^-/(mol/L)	μ	pAlK	pH 值	t/℃	K	SI
9 : 1	151. 98	0. 004	2. 42	0. 00	549. 0	0. 0000	0. 0090	0. 02	2. 05	7. 12	36. 4	2. 20	0. 45
8 : 2	147. 66	0. 004	2. 43	0. 00	512. 4	0. 0000	0. 0084	0. 02	2. 08	7. 59	35. 4	2. 20	0. 88
7 : 3	143. 34	0. 004	2. 45	0. 00	475. 8	0. 0000	0. 0078	0. 02	2. 11	7. 55	33. 2	2. 20	0. 80
6 : 4	139. 02	0. 003	2. 46	0. 00	439. 2	0. 0000	0. 0072	0. 02	2. 14	7. 47	36. 1	2. 20	0. 67
5 : 5	134. 7	0. 003	2. 47	0. 00	402. 6	0. 0000	0. 0066	0. 02	2. 18	7. 49	32. 2	2. 20	0. 64
4 : 6	130. 38	0. 003	2. 49	0. 00	366. 0	0. 0000	0. 0060	0. 02	2. 22	7. 29	27. 5	2. 20	0. 38
3 : 7	126. 06	0. 003	2. 50	0. 00	329. 4	0. 0000	0. 0054	0. 02	2. 27	7. 21	28. 5	2. 20	0. 24
2 : 8	121. 74	0. 003	2. 52	0. 00	292. 8	0. 0000	0. 0048	0. 01	2. 32	7. 15	30. 0	2. 20	0. 11
1 : 9	117. 42	0. 003	2. 53	0. 00	256. 2	0. 0000	0. 0042	0. 01	2. 38	7. 10	32. 1	2. 20	-0. 01

由表5-133可以看出，环93-5和82-S9水源井以1：9混合后$SI<0$，因此在该比例下无结垢趋势；环93-5和82-S9水源井以9：1、8：2、7：3、6：4、5：5、4：6、3：7、2：8混合后$SI>0$，因此有结垢趋势。

表5-134　$SrSO_4$的结垢趋势表

水样混合比例	Sr^{2+}/(mg/L)	SO_4^{2-}/(mol/L)	Sr^{2+}/(mg/L)	SO_4^{2-}/(mol/L)	Q	Q/K_{sp}
9：1	—	1661.48	—	0.017	—	—
8：2	—	1726.96	—	0.018	—	—
7：3	—	1792.44	—	0.019	—	—
6：4	—	1857.92	—	0.019	—	—
5：5	—	1923.4	—	0.020	—	—
4：6	—	1988.88	—	0.021	—	—
3：7	—	2054.36	—	0.021	—	—
2：8	—	2119.84	—	0.022	—	—
1：9	—	2185.32	—	0.023	—	—

由表5-134可以看出，环93-5和82-S9水源井以9：1、8：2、7：3、6：4、5：5、4：6、3：7、2：8、1：9混合后无Q/K_{sp}数据，因此不能判断有无结垢趋势。

表5-135　$CaSO_4$的结垢趋势表

水样混合比例	Ca^{2+}/(mg/L)	Ca^{2+}/(mol/L)	SO_4^{2-}/(mg/L)	SO_4^{2-}/(mol/L)	X	c/(mmol/L)	μ	t/℃	K_{sp}/10^{-4}	S/(mmol/L)	C
9：1	151.98	0.004	1661.48	0.0173	0.014	17.31	0.042	36.4	3.0	50.69	33.38
8：2	147.66	0.004	1726.96	0.0180	0.014	17.99	0.043	35.4	3.0	51.77	33.78
7：3	143.34	0.004	1792.44	0.0187	0.015	18.67	0.045	33.2	3.0	52.87	34.20
6：4	139.02	0.003	1857.92	0.0194	0.016	19.35	0.046	36.1	3.0	53.98	34.63
5：5	134.7	0.003	1923.40	0.0200	0.017	20.04	0.047	32.2	3.0	55.11	35.07
4：6	130.38	0.003	1988.88	0.0207	0.017	20.72	0.048	27.5	3.0	56.25	35.53
3：7	126.06	0.003	2054.36	0.0214	0.018	21.40	0.049	28.5	3.0	57.40	36.00
2：8	121.74	0.003	2119.84	0.0221	0.019	22.08	0.050	30	3.0	58.57	36.48
1：9	117.42	0.003	2185.32	0.0228	0.020	22.76	0.051	32.1	3.0	59.74	36.98

由表5-135可以看出，环93-5和82-S9水源井以9：1、8：2、7：3、6：4、5：5、4：6、3：7、2：8、1：9混合后$C>0$，因此有结垢趋势。

表 5-136 $BaSO_4$的结垢趋势表

水样混合比例	Ba^{2+}/(mg/L)	Ba^{2+}/(mol/L)	pBa	SO_4^{2-}/(mg/L)	SO_4^{2-}/(mol/L)	μ	pAlK	pH 值	t/℃	K	SI
9:1	—	—	—	1661.5	0.0173	0.035	1.46	7.01	36.4	2	3.55
8:2	—	—	—	1727.0	0.0180	0.036	1.44	6.98	35.4	2	3.54
7:3	—	—	—	1792.4	0.0187	0.037	1.43	6.85	33.2	2.1	3.32
6:4	—	—	—	1857.9	0.0194	0.039	1.41	6.88	36.1	2	3.47
5:5	—	—	—	1923.4	0.0200	0.040	1.40	6.39	32.2	2.1	2.89
4:6	—	—	—	1988.9	0.0207	0.041	1.38	6.2	27.5	2.1	2.72
3:7	—	—	—	2054.4	0.0214	0.043	1.37	6.3	28.5	2.1	2.83
2:8	—	—	—	2119.8	0.0221	0.044	1.35	6.59	30	2.1	3.14
1:9	—	—	—	2185.3	0.0228	0.046	1.34	6.78	32.1	2.1	3.34

由表5-136可以看出，环93-5和82-S9水源井以9:1、8:2、7:3、6:4、5:5、4:6、3:7、2:8、1:9混合后$SI>0$，因此有结垢趋势。

表 5-137 侵蚀性二氧化碳法测定结垢趋势表

水样混合比例	Ca^{2+}/(mg/L)	Ca^{2+}/(mol/L)	HCO_3^-/(mg/L)	HCO_3^-/(mol/L)	CO_3^{2-}/(mg/L)	CO_3^{2-}/(mol/L)	μ	t/℃	SI
9:1	152.0	0.004	549.0	0.0090	0.00	0.0000	0.02	36.4	10.55
8:2	147.7	0.004	512.4	0.0084	0.00	0.0000	0.02	35.4	10.62
7:3	143.3	0.004	475.8	0.0078	0.00	0.0000	0.02	33.2	10.66
6:4	139.0	0.003	439.2	0.0072	0.00	0.0000	0.02	36.1	10.81
5:5	134.7	0.003	402.6	0.0066	0.00	0.0000	0.02	32.2	10.84
4:6	130.4	0.003	366.0	0.0060	0.00	0.0000	0.02	27.5	10.86
3:7	126.1	0.003	329.4	0.0054	0.00	0.0000	0.02	28.5	11.00
2:8	121.7	0.003	292.8	0.0048	0.00	0.0000	0.01	30	11.15
1:9	117.4	0.003	256.2	0.0042	0.00	0.0000	0.01	32.1	11.33

由表5-137可以看出，环93-5和82-S9水源井以9:1、8:2、7:3、6:4、5:5、4:6、3:7、2:8、1:9混合后$SI>0$，因此有结垢趋势。

第6章　水样配伍性分析

配伍性实验主要是研究油气田回注过程中的结垢现象，在回注过程中，垢主要沉积在回注设备及管线系统中，特别是在泵口、阀门、管道连接处等位置，结垢会更为严重。回注管道结垢量较大，会导致回注流量减少，回注压力增大，使回注工作难以正常进行。在结垢严重的情况下，更是会导致回注管线破裂，回注设备损坏，从而造成严重的经济损失和环境保护问题。除回注设备和管线外，油田回注水注入地层也容易产生结垢问题。若回注水和地层水的配伍性较差，两种水混合后就容易在地层中因离子反应出现结垢现象，结垢晶体微粒会堵塞储层孔道，使回注地层渗透率下降。这样不仅造成了回注压力升高，注入量的减少，也会影响到地层结构，对生态环境产生不可弥补的损害。长期以来，多数油田仅关注回注水注入指标的要求，对配伍性关注较少。为了能合理评价回注水与地层水之间的配伍性，就要综合考虑回注时的水质情况和热力学条件进行配伍性实验。

在回注作业中，由于回注水中含有大量的成垢离子，而回注地层的地层水中也含有较多的成垢离子，当两种水混合之后，在一定的温度和压力之下，很容易发生结垢现象。所以在处理后作业废液回注时，有必要通过室内实验研究处理后作业废液和地层水的配伍性。

6.1　配伍性实验方法

按照设计的方案，将两种不同的处理后水样分别按照2：8、4：6、6：4、8：2的不同体积比配制成100mL实验水样，用保鲜膜进行密封，密封后在60℃的恒温培养箱中放置3天。3天后取出水样，立即测量水中离子含量，并计算失钙率，根据失钙率情况选择回注时的最佳方案及配水比例。图2-22为部分水样的配伍性实验照片，从图2-22可以看出，有些水样配伍后产生明显的沉淀，而有些水则配伍后没有明显变化，证明配伍性较好。

6.2 各油区块配伍性评价

6.2.1 城壕区水质配伍性分析

(1) 采出水层位及外观

本次调查分析在城壕区所取水样的具体情况见表 6-1。

表 6-1 城壕区配伍性分析水样信息

作业区	区块	井号	层位	pH 值	水样颜色
城壕	西 259 区	西 262-2	长 3	7.85	无色透明
	城 55 区	城 8-29	延 7	7.82	黄绿色
	悦 22 区	华 10-29	延 9	7.88	无色透明
	城 77 区	城 29-13	延 9	7.76	无色透明
		城平 77-1	延 9	7.86	无色透明
	午 120 区	午 118-01	长 3	7.10	无色透明
		午 117-1	长 3	7.11	无色透明
	城 81 区	城 145-28	延 8	7.58	无色透明
	山 156 区	山平 4-4	长 6	7.69	无色透明
	里 151 区	里 149-07	延 6	8.34	无色透明

(2) 水质结垢配伍性分析

将同一作业区同一区块不同地层间的采出水以及同一井的注入水和采出水以 9∶1、8∶2、7∶3、6∶4、5∶5、4∶6、3∶7、2∶8、1∶9 的比例混合，观察在各个比例下的现象，评价其配伍性。现象如图 6-1 ~ 图 6-10 所示，结果见表 6-2。

图 6-1 悦一转注采站和华 10-29(延 9)水样混合

由图 6-1 可以看出，悦一转注采站和华 10-29 水样混合的配伍性好，没有产生沉淀或生成络合物。

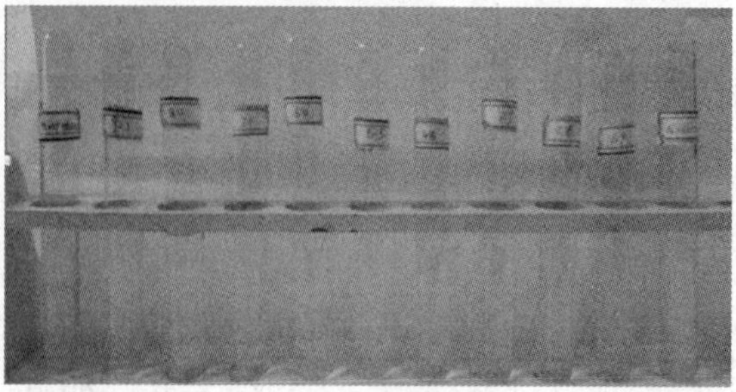

图 6-2　西 259 综合站和西 262-2(长 3)水样混合

由图 6-2 可以看出，西 259 综合站和西 262-2 水样混合的配伍性好，没有产生沉淀或生成络合物。

图 6-3　午 120 临时输油站和午 118-01(长 3)水样混合

由图 6-3 可以看出，午 120 临时输油站和午 118-01 水样混合的配伍性好，没有产生沉淀或生成络合物。

图 6-4　城 77 增压点和城平 77-1(延 9)水样混合

由图 6-4 可以看出，城 77 增压点和城平 77-1 水样混合的配伍性好，没有产生沉淀或生成络合物。

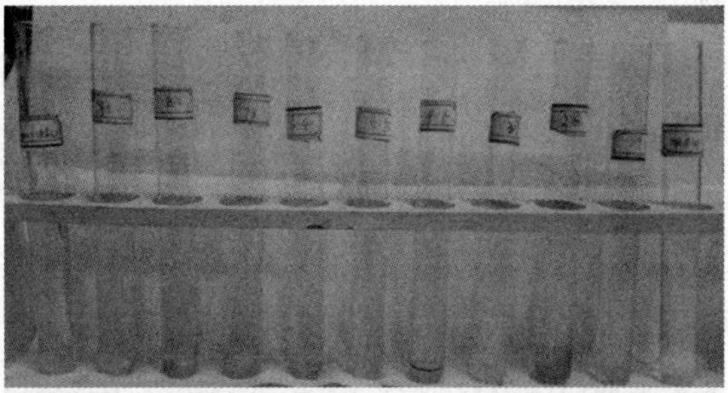

图 6-5 城 55 注采站和城 8-29(延 7)水样混合

由图 6-5 可以看出，城 55 注采站和城 8-29 水样混合后的配伍性不好，产生了白色络合物。其中，城 55 注采站和城 8-29 水样 2：8 混合后产生的络合物明显，配伍性最不好。

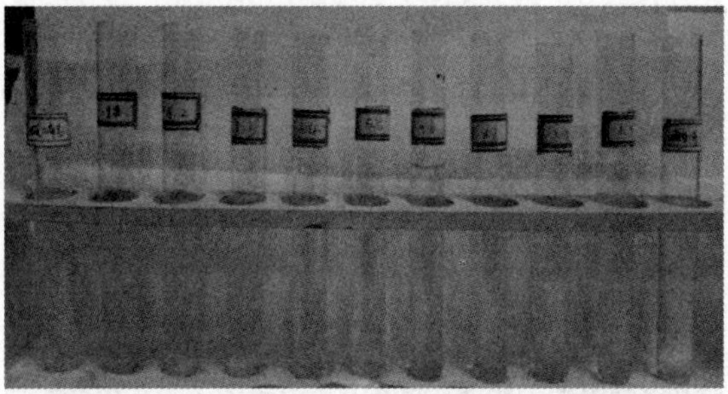

图 6-6 城二转和山平 4-4(长 6)水样混合

由图 6-6 可以看出，城二转和山平 4-4 水样混合的配伍性好，没有产生沉淀或生成络合物。

图 6-7 城 77 增压点和城 29-13(延 9)水样混合

由图 6-7 可以看出，城 77 增压点和城 29-13 水样混合的配伍性好，没有产生沉淀或生成络合物。

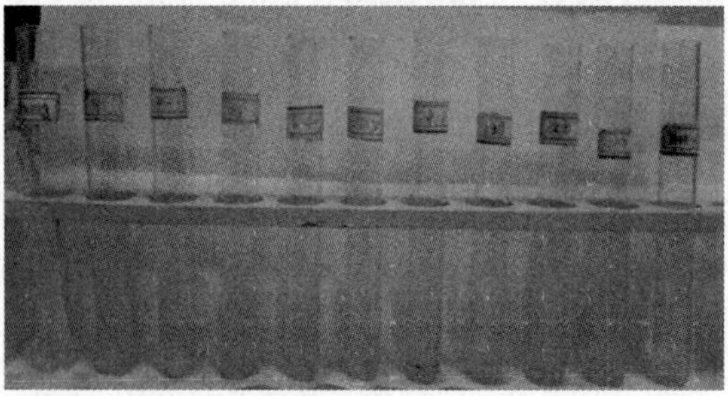

图 6-8　里 151 注采站和里 149-07(延 6)水样混合

由图 6-8 可以看出，里 151 注采站和里 149-07 水样混合的配伍性好，没有产生沉淀或生成络合物。

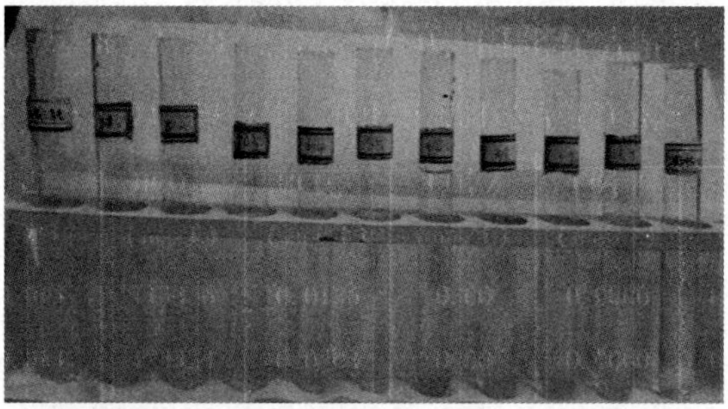

图 6-9　城三转和城 145-28(延 8)水样混合

由图 6-9 可以看出，城三转和城 145-28 水样混合的配伍性好，没有产生沉淀或生成络合物。

图 6-10　午 120 临时输油站和午 117-01(长 3)水样混合

由图 6-10 可以看出，午 120 临时输油站和午 117-01 水样混合后的配伍性不好，混合后产生了白色络合物。其中午 120 临时输油站和午 117-01 水样 1∶9 混合后产生的络合物明显，配伍性最不好。

表 6-2 配伍性实验结果

作业区	区块	水样		实验温度 40℃	
城壕	西 259 区	西 262-2(长 3)	西 259 综合站	无色透明	配伍
	城 55 区	城 8-29(延 7)	城 55 注采站	黑色沉淀	不配伍
	悦 22 区	华 10-29(延 9)	悦一转注采站	无色透明	配伍
	城 77 区	城 29-13(延 9)	城 77 增压点	无色透明	配伍
		城平 77-1(延 9)		无色透明	配伍
	午 120 区	午 118-01(长 3)	午 120 临时输油点	无色透明	配伍
		午 117-1(长 3)		红褐色沉淀	不配伍
	城 81 区	城 145-28(延 8)	城三转	无色透明	配伍
	山 156 区	山平 4-4(长 6)	城二转	无色透明	配伍
	里 151 区	里 149-07(延 6)	里 151 注采站	白色沉淀	不配伍

6.2.2 南梁区配伍性评价

（1）采出水层位及外观

本次调查分析在南梁区所取水样的具体情况见表 6-3。

表 6-3 城壕区配伍性分析水样信息

作业区	区块	井号	层位	pH 值	水样颜色
南梁	南梁西	山 5-24	长 4+5	7.94	无色透明
		山 7-24		7.96	浅黄色
	梁 102	华 67-1	延 7	8.01	浅绿色
	华 39	山 67-015	长 4+5	7.22	无色透明
		山 63-012		8.14	无色透明
	午 86	午 86	延 9	7.28	无色透明
		午 87-02		7.49	无色透明
	午 225	午 225-01	延 9	3.36	无色透明

（2）水质结垢配伍性分析

将同一作业区同一区块不同地层间的采出水以及同一井的注入水和采出水以 9∶1、8∶2、7∶3、6∶4、5∶5、4∶6、3∶7、2∶8、1∶9 的比例混合，观察在各个比例下的现象，评价其配伍性。现象如图 6-11~图 6-14 所示，结果见表 6-4。

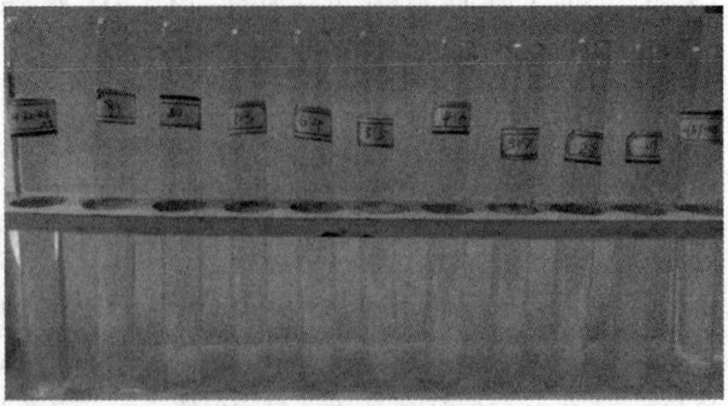

图 6-11　山 62-015 和山 67-015(长 4+5)水样混合

由图 6-11 可以看出，山 62-015 和山 67-015 水样混合的配伍性好，没有产生沉淀或生成络合物。

图 6-12　午 86-02 和午 87-02(延 9)水样混合

由图 6-12 可以看出，午 86-02 和午 87-02 水样混合的配伍性好，没有产生沉淀或生成络合物。

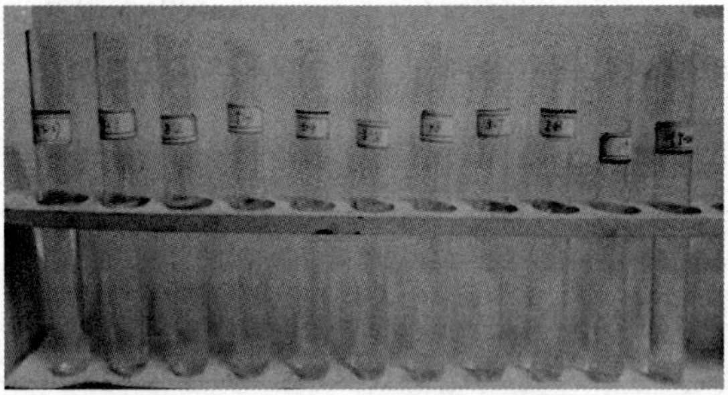

图 6-13　山 5-24(长 4+5)和山 7-24(长 4+5)水样混合

由图 6-13 可以看出，山 5-24 和山 7-24 水样混合的配伍性好，没有产生沉淀或生成络合物。

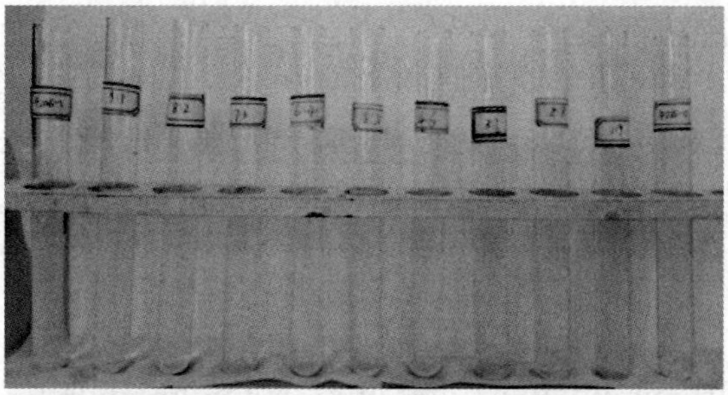

图 6-14 午 206-1 和午 225-01(延 9)水样混合

由图 6-14 可以看出，午 206-1 和午 225-01 水样混合的配伍性好，没有产生沉淀或生成络合物。

表 6-4 配伍性实验结果表

作业区	区块	水样		实验温度 40℃	
南梁区	南梁西	山 5-24(长 4+5)	山 7-24(长 4+5)	无色透明	配伍
	华 39	山 67-015(长 4+5)	62-015	无色透明	配伍
		午 87-02(延 9)	午 86-2	无色透明	配伍
	午 225	午 225-01(延 9)	午 206-1	红褐色沉淀	不配伍

6.2.3 华池区配伍性评价

(1) 采出水层位及外观

本次调查分析在华池区所取水样的具体情况见表 6-5。

表 6-5 华池区配伍性分析水样信息

作业区	区块	井号	层位	pH 值	水样颜色
华池	华 152	剖 17-10	延 8	8.11	无色透明
		剖 13-9	长 1	8.08	无色透明
		华 1-4	延 9	8.32	无色透明
	华 49	华 42-13	延 8	8.33	绿色
		华 40-11	长 1	7.90	无色透明
	悦 29	城 96	长 7	7.27	无色透明
		城 98-4A	延 10	7.76	黄色
	白 255	关 46-192	延 9	7.46	无色透明
	白 523	白 524-01A	延 9	8.59	无色透明
	华 192	剖 46-131	长 3	7.66	无色透明
	华 201	华 201-30	延 8	7.47	无色透明

（2）水质结垢配伍性分析

将同一作业区同一区块不同地层间的采出水以及同一井的注入水和采出水以9∶1、8∶2、7∶3、6∶4、5∶5、4∶6、3∶7、2∶8、1∶9的比例混合，观察在各个比例下的现象，评价其配伍性。现象如图6-15~图6-25所示，结果见表6-6。

图6-15　剖13-9(长1)和华1-4(延9)水样混合

由图6-15可以看出，剖13-9和华1-4水样混合的配伍性好，没有产生沉淀或生成络合物。

图6-16　华3-S1和剖13-9(长1)水样混合

由图6-16可以看出，华3-S1和剖13-9水样混合的配伍性好，没有产生沉淀或生成络合物。

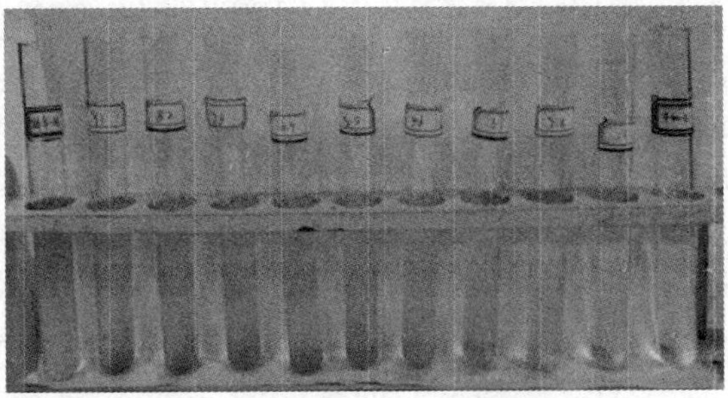

图6-17　新华一转污水回注和华40-11(长1)水样混合

由图 6-17 可以看出，新华一转污水回注和华 40-11 水样混合的配伍性不好，水样混合生成络合物。其中新华一转污水回注和华 40-11 水样 9：1 混合生成的络合物明显，配伍性最不好。

图 6-18 新华一转污水回注和华 42-13(延 8)水样混合

由图 6-18 可以看出，新华一转污水回注和华 42-13 水样混合的配伍性好，没有产生沉淀或生成络合物。

图 6-19 华 40-11(长 1)水样和华 42-13(延 8)水样混合

由图 6-19 可以看出，华 40-11 水样和华 42-13 水样混合的配伍性好，没有产生沉淀或生成络合物。

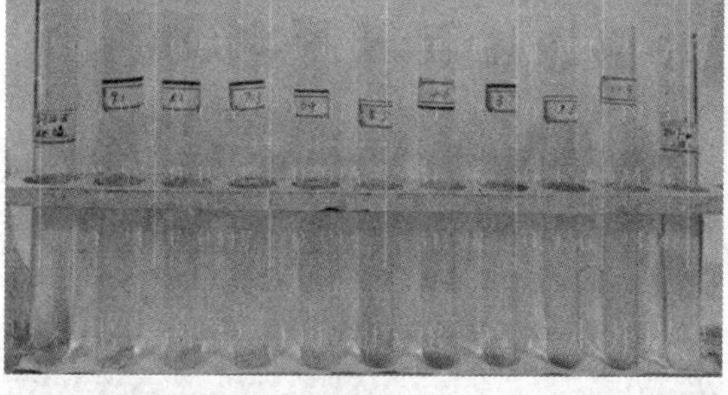

图 6-20 剖 18-8 注水橇和剖 17-10(延 8)水样混合

由图 6-20 可以看出，剖 18-8 注水橇和剖 17-10 水样混合的配伍性不好，水样混合生成络合物。其中剖 18-8 注水橇和剖 17-10 水样 5：5 和 4：6 混合生成的络合物较明显，配伍性最不好。

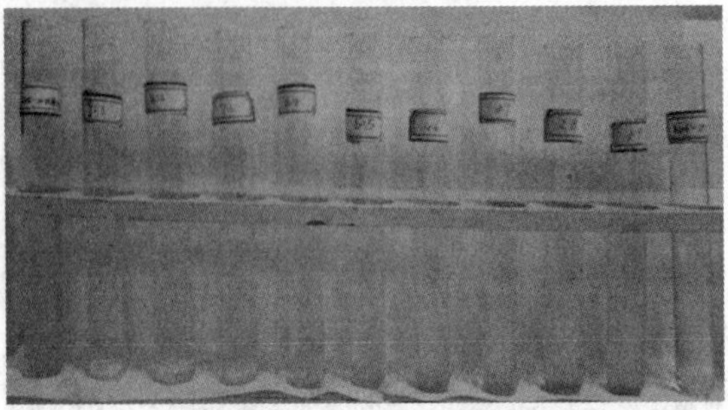

图 6-21　白 455-S4 水源井和关 46-192(延 9)水样混合

由图 6-21 可以看出，白 455-S4 水源井和关 46-192 水样混合的配伍性不好，水样混合生成沉淀。其中白 455-S4 水源井和关 46-192 水样 2：8、3：7 和 4：6 混合生成的络合物较明显，配伍性最不好。

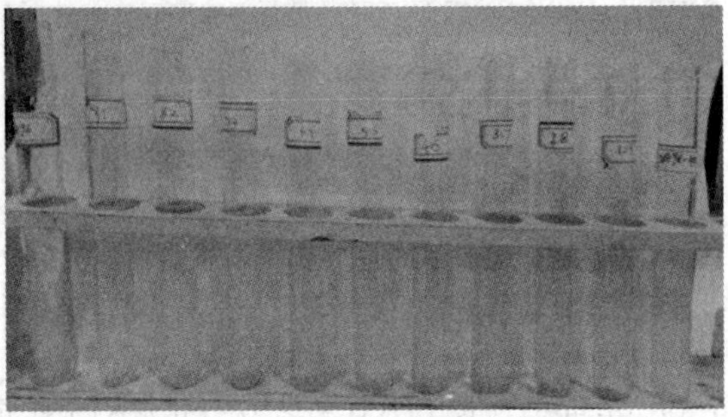

图 6-22　城 96(长 7)水样和城 98-4A(延 10)水样混合

由图 6-22 可以看出，城 96 水样和城 98-4A 水样混合的配伍性不好，混合后生成沉淀。其中城 96 水样和城 98-4A 水样 5：5 和 4：6 混合生成的络合物较明显，配伍性最不好。

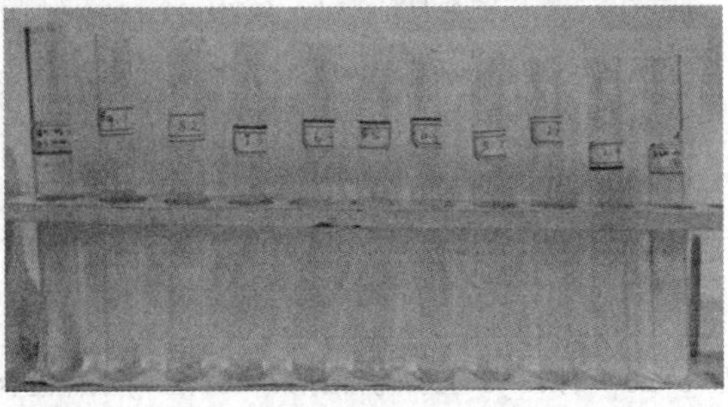

图 6-23　华一增污水回注和白 524-01A(延 9)水样混合

由图 6-23 可以看出，华一增污水回注和白 524-01A 水样混合的配伍性好，没有产生沉淀或生成络合物。

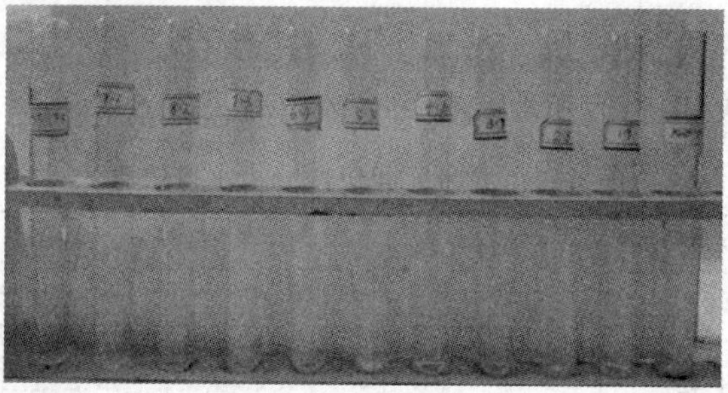

图 6-24 白 445-S1 水源井和陈 313-294(长 8)水样混合

由图 6-24 可以看出，白 445-S1 水源井和陈 313-294 水样混合的配伍性好，没有产生沉淀或生成络合物。

图 6-25 华 12 转注入水和华 201-30(延 8)水样混合

由图 6-25 可以看出，华 12 转注入水和华 201-30 水样混合配伍性好，没有产生沉淀或生成络合物。

表 6-6 配伍性实验结果表

作业区	区块	水样		实验温度 40℃	
华池	华 152	剖 17-10(延 8)	剖 18-8 注水橇	白色沉淀	不配伍
		剖 13-9(长 1)	华 1-4(延 9)	无色透明	配伍
		剖 13-9(长 1)	华 3-S1	无色透明	配伍
	华 49	华 40-11(长 1)	华 42-13(延 8)	无色透明	配伍
		华 42-13(延 8)	新华一转污水回注	灰色沉淀	不配伍
		华 40-11(长 1)		灰色沉淀	不配伍
	悦 29	城 96(长 7)	城 98-4A(延 10)	红褐色沉淀	不配伍
	白 255	关 46-192(延 9)	白 255-s4 水源井	红褐色沉淀	不配伍
	白 455	陈 313-294(长 8)	白 455-s1 水源井	无色透明	配伍
	白 523	白 524-01A(延 9)	华一增污水回注	无色透明	配伍
	华 201	华 201-30(延 8)	华 12 转水源井	无色透明	配伍

6.2.4 温台区配伍性评价

(1)采出水层位及外观

本次调查分析在温台区所取水样的具体情况见表6-7。

表6-7 温台区配伍性分析水样信息

作业区	区块	井号	层位	pH值	水样颜色
温台	里167区	里167-5	延10	8.50	无色透明
	环42	木平107-28A	长7	8.21	红棕色
		木平109-28	长8	8.41	无色透明
	环56	里206	延10	7.70	浅黄色
		环519-72	长8	7.78	无色透明
		环507-68		8.32	无色透明
	环67	环66-2A	延8	7.98	红棕色
	环82	木平81-32	长8	6.91	无色透明

(2)水质结垢配伍性分析

将同一作业区同一区块不同地层间的采出水以及同一井的注入水和采出水以9：1、8：2、7：3、6：4、5：5、4：6、3：7、2：8、1：9的比例混合，观察在各个比例下的现象，评价其配伍性。现象如图6-26~图6-37所示，结果见表6-8。

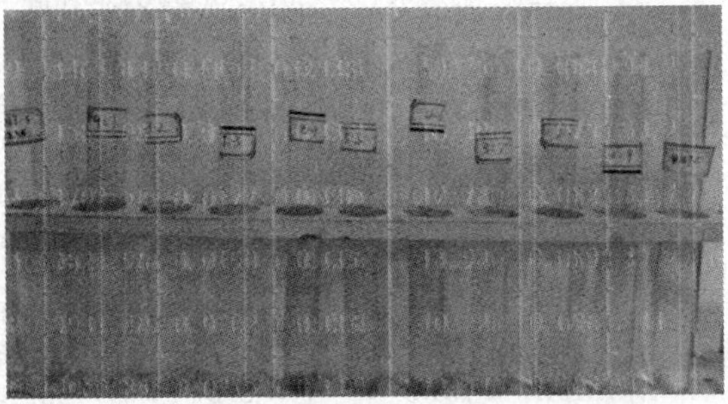

图6-26 里166-01和里167-05(延10)水样混合

由图6-26可以看出，里166-01和里167-05水样混合的配伍性不好，里166-01和里167-05水样混合生成沉淀。其中里166-01和里167-05水样6：4和4：6混合生成的络合物较明显，配伍性最不好。

图 6-27 环 519-72 和里 206(延 10)水样混合

由图 6-27 可以看出，环 519-72 和里 206 水样混合配伍性好，没有产生沉淀或生成络合物。

图 6-28 环 507-68(长 8)和里 206(延 10)水样混合

由图 6-28 可以看出，环 507-68 和里 206 水样混合配伍性好，没有产生沉淀或生成络合物。

图 6-29 环 507-68(长 8)和环 519-72(长 8)水样混合

由图 6-29 可以看出，环 507-68 和环 519-72 水样混合配伍性好，没有产生沉淀或生成络合物。

图 6-30　木 80-35 注入水和木平 81-32(长 8)水样混合

由图 6-30 可以看出，木 80-35 注入水和木平 81-32 水样混合配伍性好，没有产生沉淀或生成络合物。

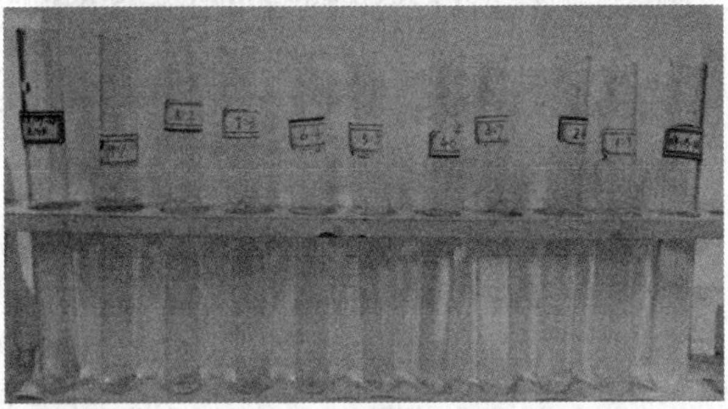

图 6-31　岭 18 增注入水和木平 109-28(长 8)水样混合

由图 6-31 可以看出，岭 18 增注入水和木平 109-28 水样混合配伍性好，没有产生沉淀或生成络合物。

图 6-32　木平 109-28(长 8)水样和木平 107-28A(长 7)水样混合

由图 6-32 可以看出，木平 109-28 水样和木平 107-28A 水样混合的配伍性不好，水样混合后生成沉淀。其中木平 109-28 水样和木平 107-28A 水样 8：2 混合生成的络合物较明显，配伍性最不好。

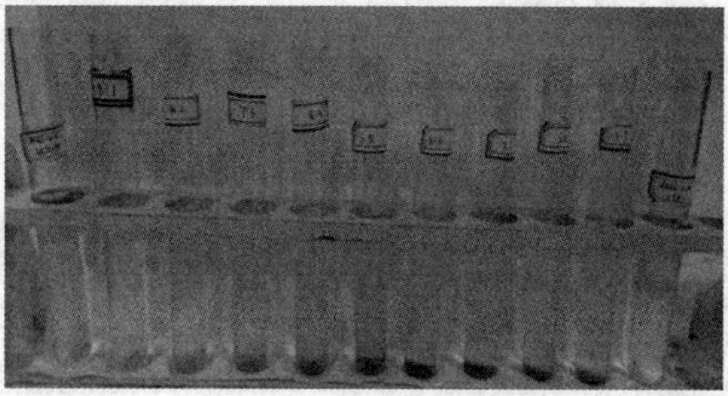

图 6-33　环 60-02 注入水和环 66-2A（延 8）水样混合

由图 6-33 可以看出，环 60-02 注入水和环 66-2A 水样混合的配伍性不好，水样混合后生成沉淀。其中环 60-02 注入水和环 66-2A 水样 4：6 和 3：7 混合生成的络合物较明显，配伍性最不好。

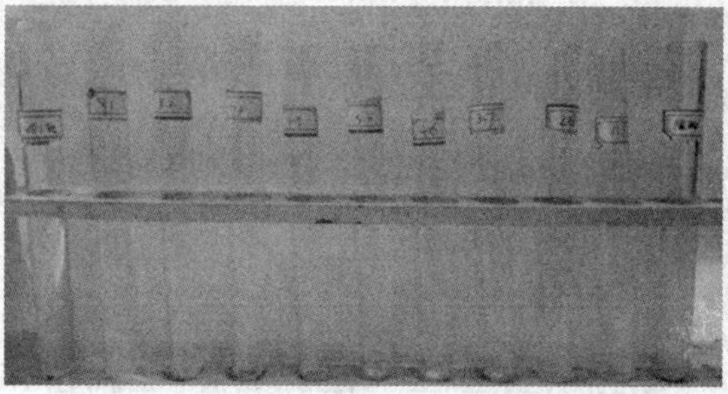

图 6-34　岭一转和里 206（延 10）水样混合

由图 6-34 可以看出，岭一转和里 206 水样混合配伍性好，没有产生沉淀或生成络合物。

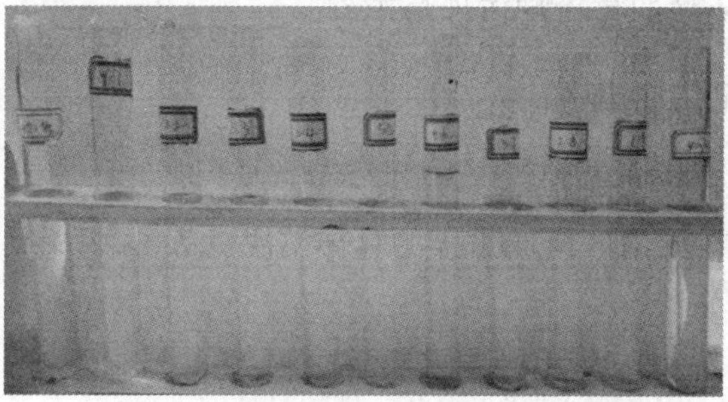

图 6-35　岭一转和环 507-68（长 8）水样混合

由图 6-35 可以看出，岭一转和环 507-68 水样混合配伍性好，没有产生沉淀或生成络合物。

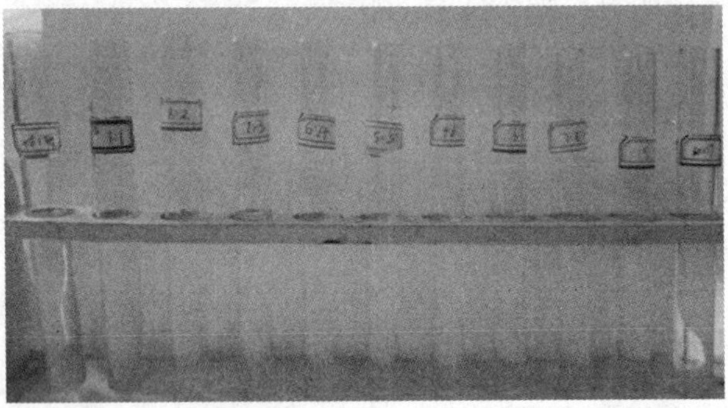

图 6-36　岭一转和环 519-72(长 8)水样混合

由图 6-36 可以看出，岭一转和环 519 水样混合配伍性好，没有产生沉淀或生成络合物。

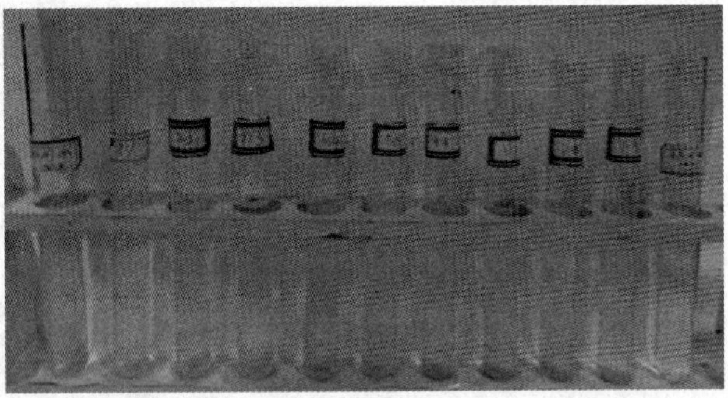

图 6-37　岭 18 转注入水和木平 107-28A(长 7)水样混合

由图 6-37 可以看出，岭 18 转注入水和木平 107-28A 水样混合的配伍性不好，水样混合后生成沉淀。其中岭 18 转注入水和木平 107-28A 水样 4：6 和 3：7 混合生成的络合物较明显，配伍性最不好。

6.2.5　岭南区配伍性评价

(1) 采出水层位及外观

本次调查分析在岭南区所取水样的具体情况见表 6-9。

表 6-8 配伍性实验结果表

作业区	区块	水样		实验温度 40℃	
温台	里 167 区	里 167-5(延 10)	里 166-01	灰色沉淀	不配伍
	环 42	木平 107-28A(长 7)	木 112-27	红褐色沉淀	不配伍
		木平 109-28(长 8)		无色透明	配伍
		木平 107-28A(长 7)	木平 109-28(长 8)	红褐色沉淀	不配伍
	环 56	里 206(延 10)	岭一转污水回注	无色透明	配伍
		环 519-72(长 8)		无色透明	配伍
		环 507-68(长 8)		无色透明	配伍
		里 206(延 10)	环 519-72(长 8)	无色透明	配伍
		里 206(延 10)	环 507-6(长 8)	无色透明	配伍
		环 507-68(长 8)	环 519-72(长 8)	无色透明	配伍
	环 67	环 66-2A(延 8)	环 65-02	红褐色沉淀	不配伍
	环 82	木平 81-32(长 8)	木 80-33	无色透明	配伍

表 6-9 岭南区配伍性分析水样信息

作业区	区块	井号	层位	pH 值	水样颜色
岭南	南一	南 9-162	Y6	8.09	无色透明
		南平一	直 5	7.59	无色透明
		南 10-13	直 3(2)	7.68	浅绿色
	南二	南 30-19	Y9	7.63	无色透明
		南侧 32-17	Y9	8.04	黄色
		南 32-111	Y4+5	7.93	无色透明
		南 27-232	Y9、10	7.79	无色透明
	镇 246	蔡 14-4	Y10	7.29	无色透明
		镇 32-9		7.14	无色透明
		蔡 246	C8	8.40	浅黄色

（2）水质结垢配伍性分析

将同一作业区同一区块不同地层间的采出水以及同一井的注入水和采出水以 9∶1、8∶2、7∶3、6∶4、5∶5、4∶6、3∶7、2∶8、1∶9 的比例混合，观察在各个比例下的现象，评价其配伍性。现象如图 6-38～图 6-51 所示，结果见表 6-10。

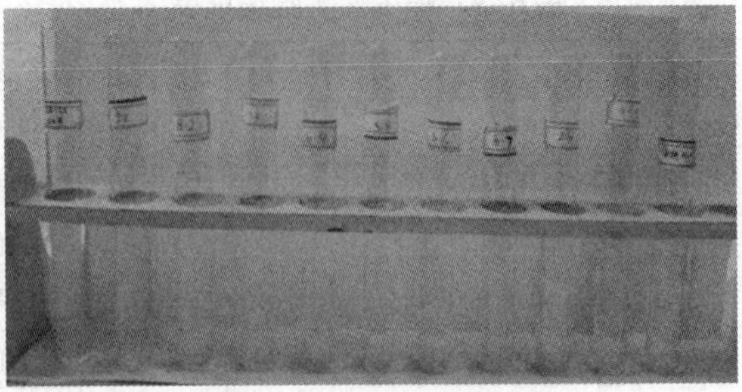

图 6-38　X28-25 污水回注和南侧 32-17(Y9)水样混合

由图 6-38 可以看出，X28-25 污水回注和南侧 32-17 水样混合配伍性好，没有产生沉淀或生成络合物。

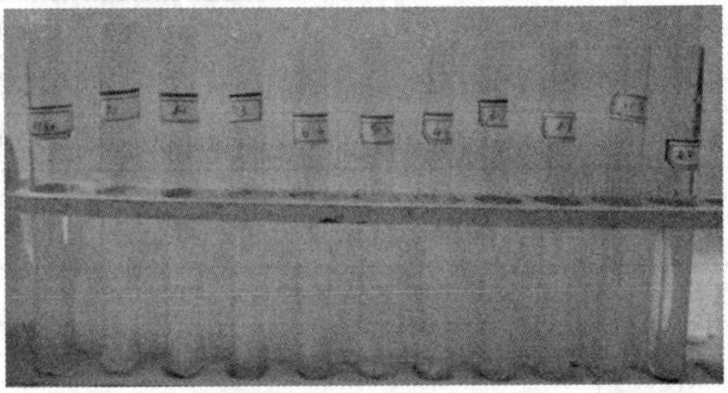

图 6-39　南 102 站污水回注和南平一(直 5)水样混合

由图 6-39 可以看出，南 102 站污水回注和南平一水样混合配伍性好，没有产生沉淀或生成络合物。

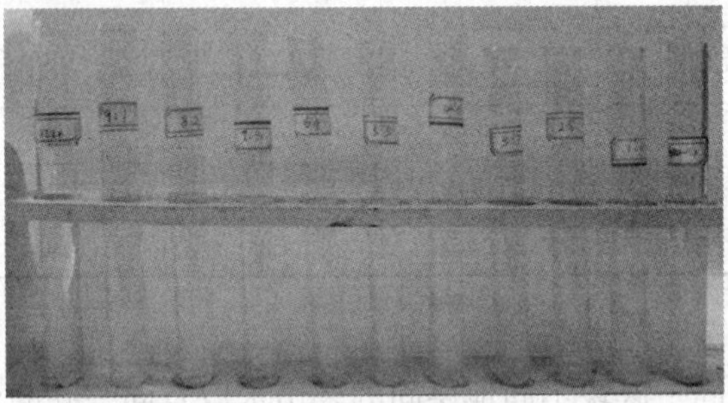

图 6-40　南 102 站污水回注和南 10-13(直 3(2))水样混合

由图 6-40 可以看出，南 102 站污水回注和南 10-13 水样混合配伍性好，没有产生沉淀或生成络合物。

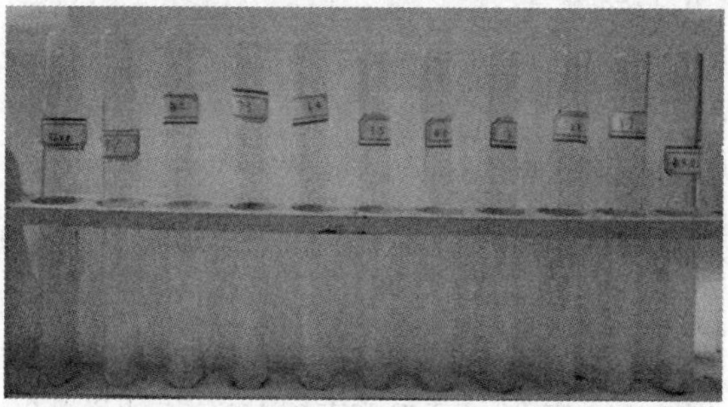

图 6-41 南 102 站污水回注和南 9-162(Y6)水样混合

由图 6-41 可以看出，南 102 站污水回注和南 9-162 水样混合配伍性好，没有产生沉淀或生成络合物。

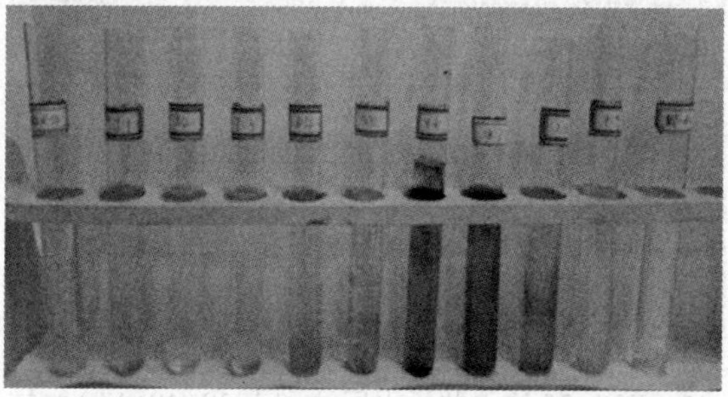

图 6-42 南 10-13[直 3(2)]和南 9-162(Y6)水样混合

由图 6-42 可以看出，南 10-13 和南 9-162 水样混合的配伍性不好，水样混合后生成沉淀。其中南 10-13 和南 9-162 水样 4∶6 和 3∶7 混合生成的络合物较明显，配伍性最不好。

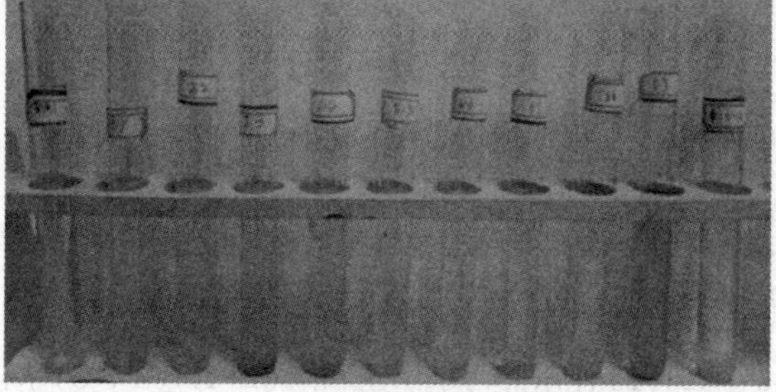

图 6-43 南平一(直 5)和南 10-13[直 3(2)]水样混合

由图 6-43 可以看出，南平一和南 10-13 水样混合的配伍性不好，水样混合后生成沉淀。其中南平一和南 10-13 水样 1∶9 混合生成的络合物较明显，配伍性最不好。

图 6-44　南平一(直 5)和南 9-162(Y6)水样混合

由图 6-44 可以看出，南平一和南 9-162 水样混合配伍性好，没有产生沉淀或生成络合物。

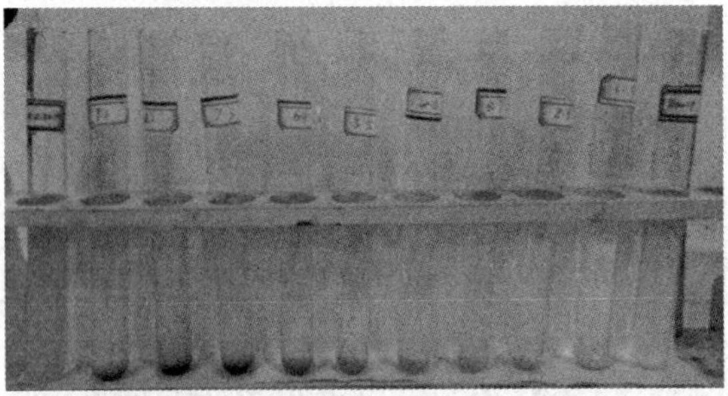

图 6-45　X28-25 注水井污水回注和南 30-19(Y9)水样混合

由图 6-45 可以看出，X28-25 注水井污水回注和南 30-19 水样混合的配伍性不好，水样混合后生成沉淀。其中 X28-25 注水井污水回注和南 30-19 水样 8∶2 和 7∶3 混合生成的络合物较明显，配伍性最不好。

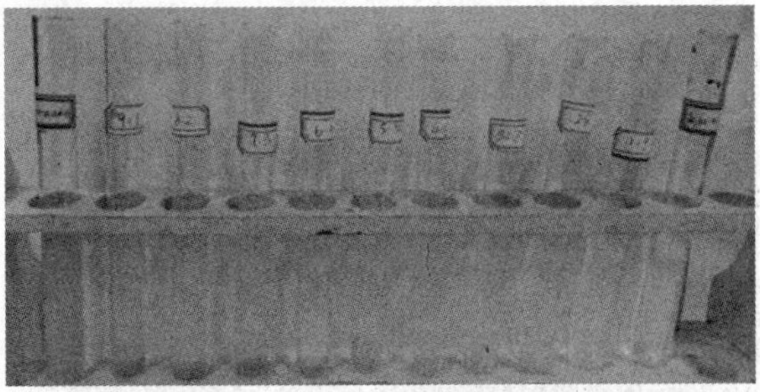

图 6-46　X28-25 注水井污水回注和南 32-111(Y4+5)水样混合

由图 6-46 可以看出，X28-25 注水井污水回注和南 32-111 水样混合的配伍性不好，水样混合后生成沉淀。其中 X28-25 注水井污水回注和南 32-111 水样 8∶2和 9∶1 混合生成的络合物较明显，配伍性最不好。

图 6-47　X28-25 注水井污水回注和南 27-232(Y10)水样混合

由图 6-47 可以看出，X28-25 注水井污水回注和南 27-232 水样混合配伍性好，没有产生沉淀或生成络合物。

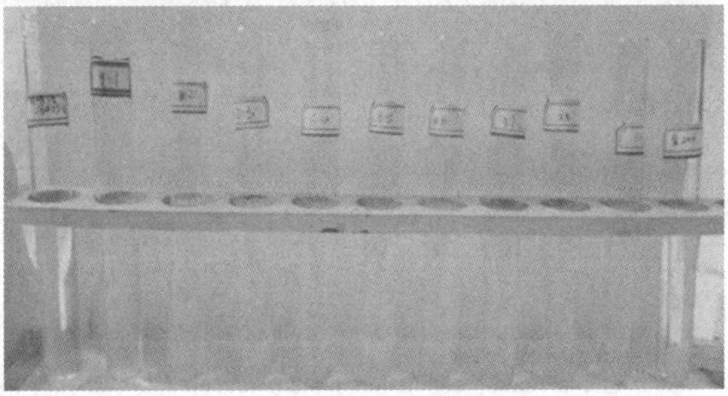

图 6-48　马岭一号水源井和蔡 246(C8)水样混合

由图 6-48 可以看出，马岭一号水源井和蔡 246 水样混合配伍性好，没有产生沉淀或生成络合物。

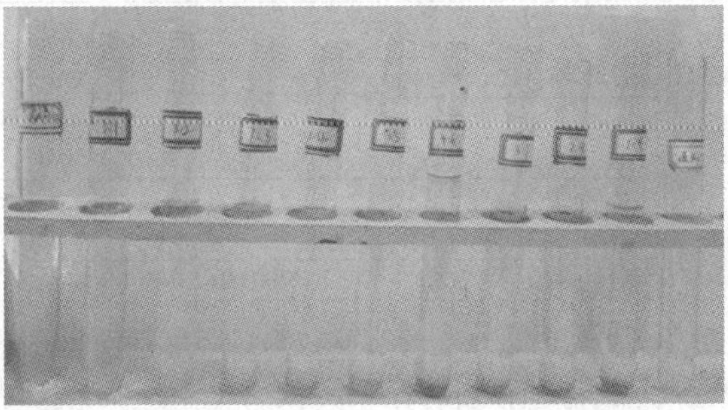

图 6-49　马岭一号水源井和镇 32-9(Y10)水样混合

由图 6-49 可以看出，马岭一号水源井和镇 3-29 水样混合的配伍性不好，水样混合后生成沉淀。其中马岭一号水源井和镇 3-29 水样 1∶9 混合生成的络合物较明显，配伍性最不好。

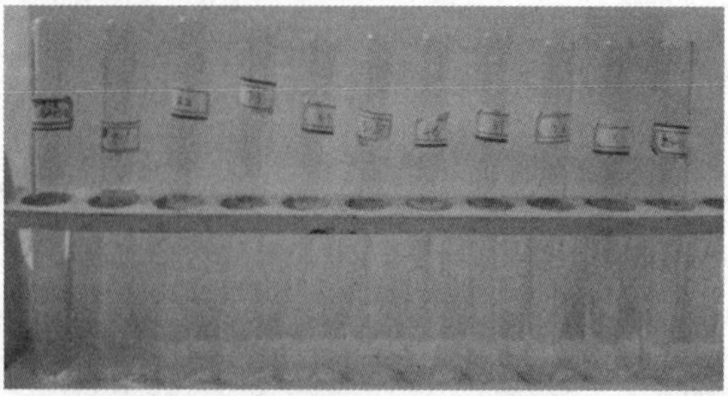

图 6-50　马岭一号水源井和蔡 14-4(Y10)水样混合

由图 6-50 可以看出，马岭一号水源井和蔡 14-4 水样混合配伍性好，没有产生沉淀或生成络合物。

图 6-51　南 32-111(Y4+5)和南 27-232(Y4+5)水样混合

由图 6-51 可以看出，南 32-111 和南 27-232 水样混合配伍性好，没有产生沉淀或生成络合物。

表 6-10　配伍性实验结果表

作业区	区块	水样		实验温度 40℃	
岭南	南一	南 9-162(Y6)	南 102 综合站污水回注	无色透明	配伍
		南平一(直 5)		无色透明	配伍
		南 10-13[直 3(2)]		无色透明	配伍
		南平一(直 5)	南 9-162(Y6)	无色透明	配伍
		南 10-13[直 3(2)]	南平一(直 5)	黑色沉淀	不配伍
		南 10-13[直 3(2)]	南 9-162(Y6)	黑色沉淀	不配伍
	南二	南 30-19(Y9)	x28-25 注水井	黑色沉淀	不配伍
		南侧 32-17(Y4+5)		无色透明	配伍
		南 32-111(Y4+5)		灰色沉淀	不配伍
		南 27-232(Y4+5)		无色透明	配伍
		南 32-111(Y4+5)	南 27-232(Y4+5)	无色透明	配伍
	镇 246	蔡 14-4(Y10)	马岭 1 号水源井	无色透明	配伍
		镇 32-9(Y10)		红褐色沉淀	不配伍
		蔡 246(C8)		无色透明	配伍

6.2.6 岭北区配伍性评价

（1）采出水层位及外观

本次调查分析在岭北区所取水样的具体情况见表6-11。

表6-11 岭北区配伍性分析水样信息

作业区	区块	井号	层位	pH值	水样颜色
岭北	上里塬	里23-9	Y9	7.12	无色透明
	里91	里91-06	Y10	8.28	无色透明
	里173	里15-81	Y9	7.26	红棕色
	北三	木H9-1	Y6	7.80	无色透明

（2）水质结垢配伍性分析

将同一作业区同一区块不同地层间的采出水以及同一井的注入水和采出水以9：1、8：2、7：3、6：4、5：5、4：6、3：7、2：8、1：9的比例混合，观察在各个比例下的现象，评价其配伍性。现象如图6-52~图6-55所示，结果见表6-12。

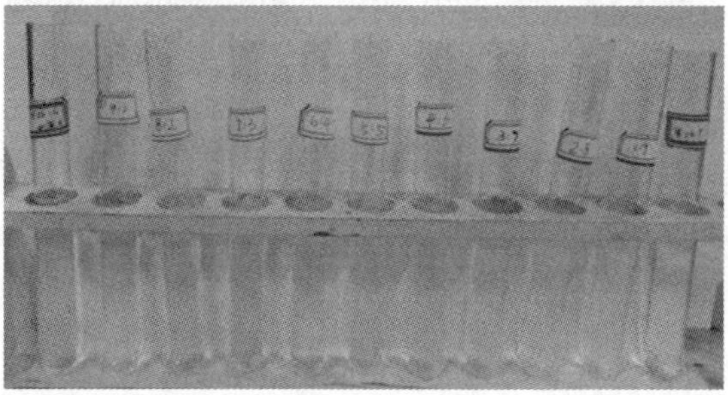

图6-52 里56-S1水源井和里23-9(Y9)水样混合

由图6-52可以看出，里56-S1水源井和里23-9水样混合配伍性好，没有产生沉淀或生成络合物。

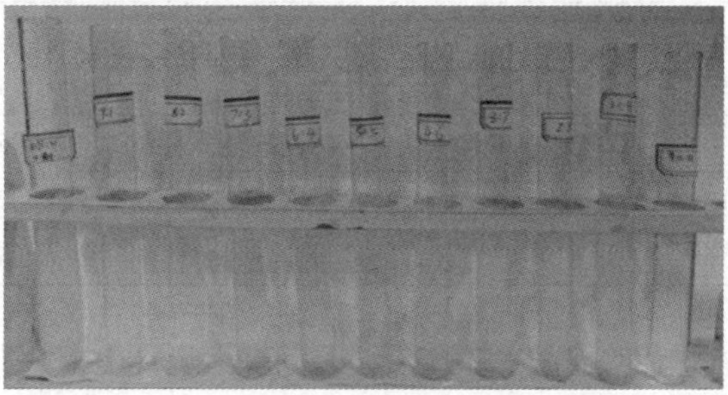

图6-53 里173-S1水源井和里15-81(Y9)水样混合

由图 6-53 可以看出，里 173-S1 水源井和里 15-81 水样混合的配伍性不好，里 173-S1 水源井和里 15-81 水样混合生成沉淀。其中里 173-S1 水源井和里 15-81 水样 1∶9 和 2∶8 混合生成的络合物较明显，配伍性最不好。

图 6-54　二元驱试验站注聚前水样和木 H9-1(Y6)水样混合

由图 6-54 可以看出，二元驱试验站注聚前水样和木 H9-1 水样混合配伍性好，没有产生沉淀或生成络合物。

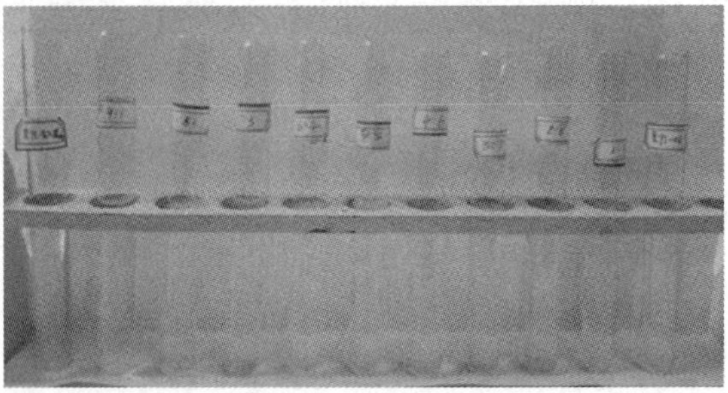

图 6-55　里 91 注水橇和里 91-06(Y10)水样混合

由图 6-55 可以看出，里 91 注水橇和里 91-06 水样混合配伍性好，没有产生沉淀或生成络合物。

表 6-12　配伍性实验结果表

作业区	区块	水样		实验温度 40℃	
岭北	上里塬	里 23-9(Y9)	里 56-s1 水源井	无色透明	配伍
	里 91	里 91-06(Y10)	里 91 注水橇	无色透明	配伍
	里 173	里 15-81(Y9)	里 112-s2 水源井	无色透明	配伍
	北三	木 H9-1(Y6)	里 173-s1 水源井	无色透明	配伍

6.2.7 樊家川配伍性评价

(1) 采出水层位及外观

本次调查分析在樊家川所取水样的具体情况见表 6-13。

表 6-13 樊家川配伍性分析水样信息

作业区	区块	井号	层位	pH 值	水样颜色
樊家川	木 30	木平 97-5	C8	7.22	无色透明
		木 103-3		7.13	无色透明
		里 248	Y9	7.70	无色透明
	木 34	木 28-05	Y10	8.20	无色透明
		木 34-1		7.77	无色透明
		木 31-03		5.75	无色透明
	环 65	环 65	Y9	7.87	无色透明
		樊 11-10		7.96	无色透明
	环 82	环 200-54	C8	7.87	无色透明
		环 205-56		7.85	无色透明
		环 201-54		8.20	无色透明
		樊 7-12	Y9	8.02	浅黄色
	环 91	环 113-98	C3	6.42	红棕色
		环 222-69	C8	7.60	无色透明
		环 93-5	Y9	6.90	红棕色
		环 98-4		7.15	无色透明

(2) 水质结垢配伍性分析

将同一作业区同一区块不同地层间的采出水以及同一井的注入水和采出水以 9∶1、8∶2、7∶3、6∶4、5∶5、4∶6、3∶7、2∶8、1∶9 的比例混合，观察在各个比例下的现象，评价其配伍性。现象如图 6-56~图 6-69 所示，结果见表 6-14。

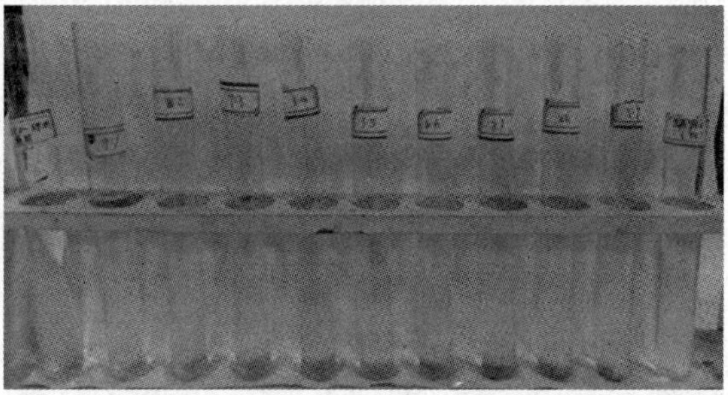

图 6-56 岭五转注入水和环 93-5(Y9)水样混合

由图 6-56 可以看出，岭五转注入水和环 93-5 水样混合的配伍性不好，岭五转注入水和环 93-5 水样混合生成沉淀。其中岭五转注入水和环 93-5 水样 4∶6 和 3∶7 混合生成的络合物较明显，配伍性最不好。

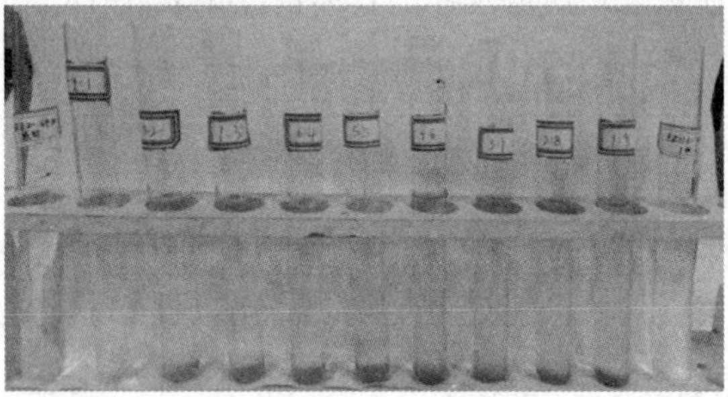

图 6-57 岭五转注入水和环 113-98(C3)水样混合

由图 6-57 可以看出，岭五转注入水和环 113-98 水样混合的配伍性不好，水样混合后生成沉淀。其中，岭五转注入水和环 113-98 水样 5∶5 混合生成的络合物较明显，配伍性最不好。

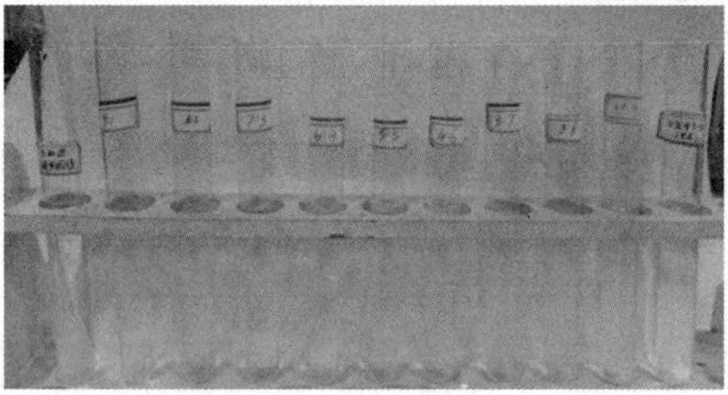

图 6-58 岭四转注入水和木平 97-5(C8)水样混合

由图 6-58 可以看出，岭四转注入水和木平 97-5 水样混合配伍性好，没有产生沉淀或生成络合物。

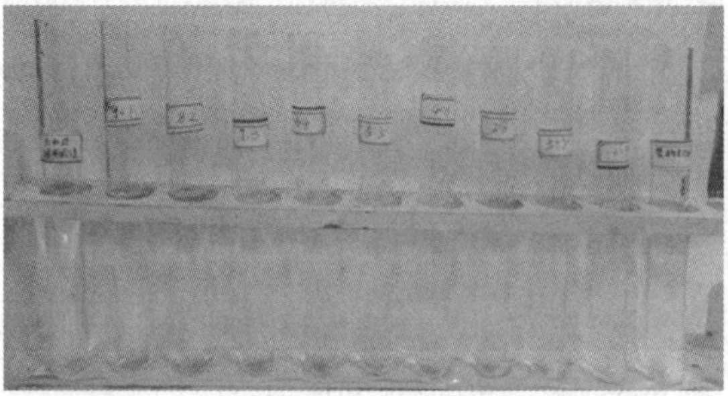

图 6-59 岭三转注入水和里 248(Y9)水样混合

由图 6-59 可以看出，岭三转注入水和里 248 水样混合配伍性好，没有产生沉淀或生成络合物。

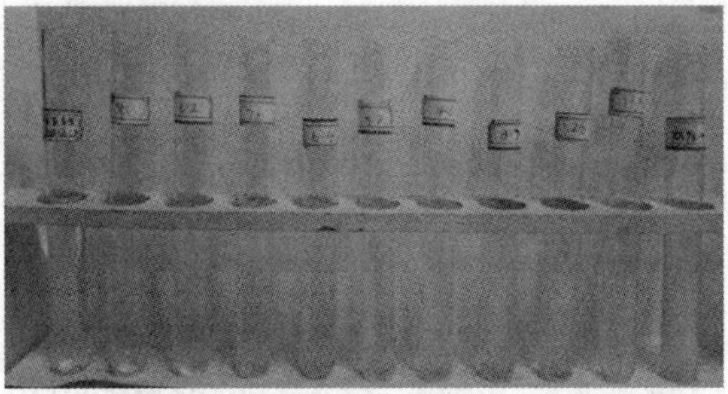

图 6-60 岭五转污水回注和环 98-4(Y9)水样混合

由图 6-60 可以看出，岭五转污水回注和环 98-4 水样混合配伍性好，没有产生沉淀或生成络合物。

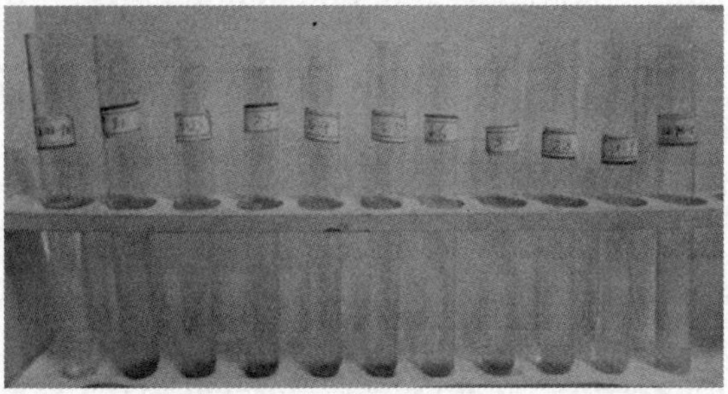

图 6-61 环 113-98(C3)和环 93-5(Y9)水样混合

由图 6-61 可以看出，环 113-98 和环 93-5 水样混合的配伍性不好，水样混合后生成沉淀。其中，环 113-98 和环 93-5 水样 9∶1 混合生成的络合物较明显，配伍性最不好。

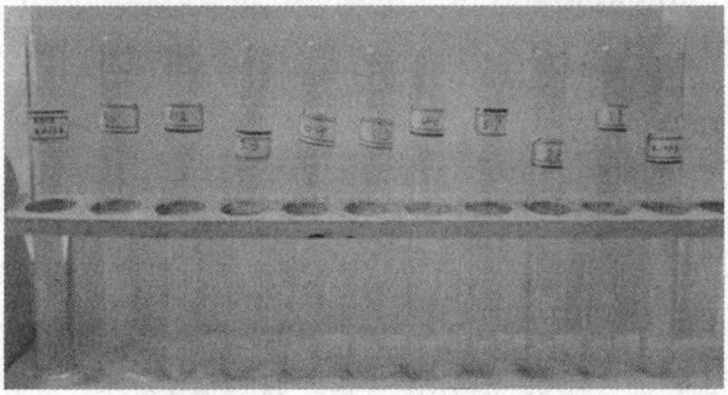

图 6-62 岭四转污水回注和木 103-3(C8)水样混合

由图 6-62 可以看出，岭四转污水回注和木 103-3 水样混合配伍性好，没有产生沉淀或生成络合物。

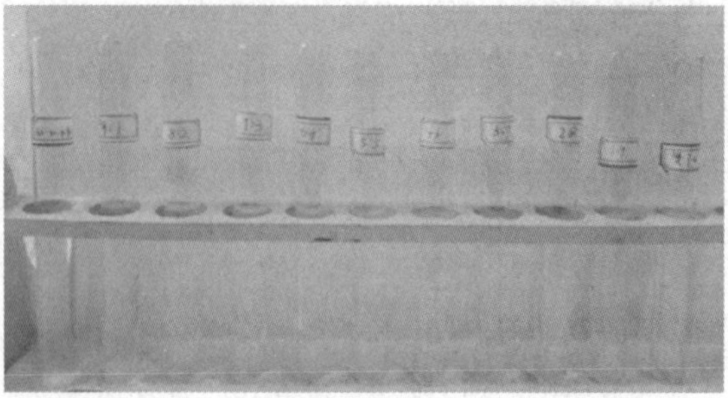

图 6-63　82-S10 水源井和樊 7-12(Y9)水样混合

由图 6-63 可以看出，82-S10 水源井和樊 7-12 水样混合配伍性好，没有产生沉淀或生成络合物。

图 6-64　82-S9 水源井和环 205-56(C8)水样混合

由图 6-64 可以看出，82-S9 水源井和环 205-56 水样混合的配伍性好，没有产生沉淀或生成络合物。

图 6-65　环 65-S1 水源井和樊 11-10(Y9)水样混合

由图 6-65 可以看出，环 65-S1 水源井和樊 11-10 水样混合的配伍性好，没有产生沉淀或生成络合物。

图 6-66 岭三转污水回注和木 28-05(Y10)水样混合

由图 6-66 可以看出，岭三转污水回注和木 28-05 水样混合的配伍性好，没有产生沉淀或生成络合物。

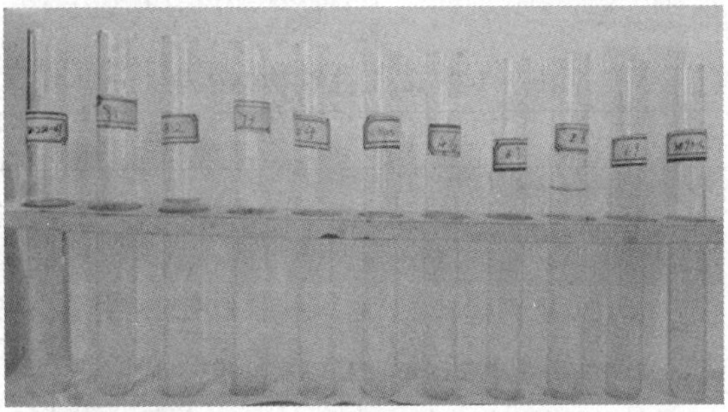

图 6-67 环 222-69(C8)和环 93-5(Y9)水样混合

由图 6-67 可以看出，环 222-69 和环 93-5 水样混合的配伍性不好，水样混合后生成沉淀。其中，环 222-69 和环 93-5 水样 2∶8 混合生成的络合物较明显，配伍性最不好。

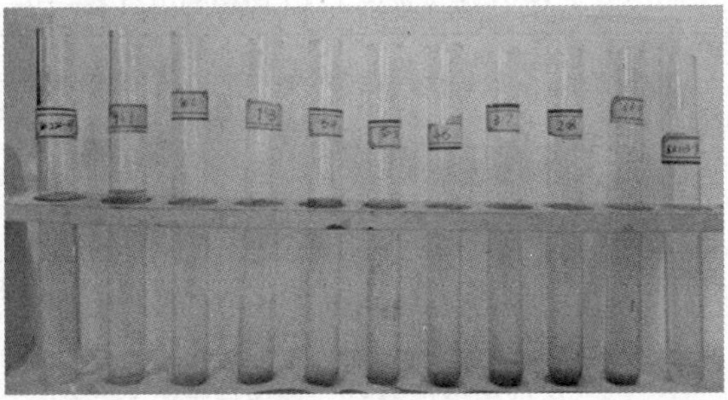

图 6-68 环 222-69(C8)和环 113-98(C3)水样混合

由图 6-68 可以看出，环 222-69 和环 113-98 水样混合的配伍性不好，水样混合后生成沉淀。其中，环 222-69 和环 113-98 水样 2∶8 混合生成的络合物较明显，配伍性最不好。

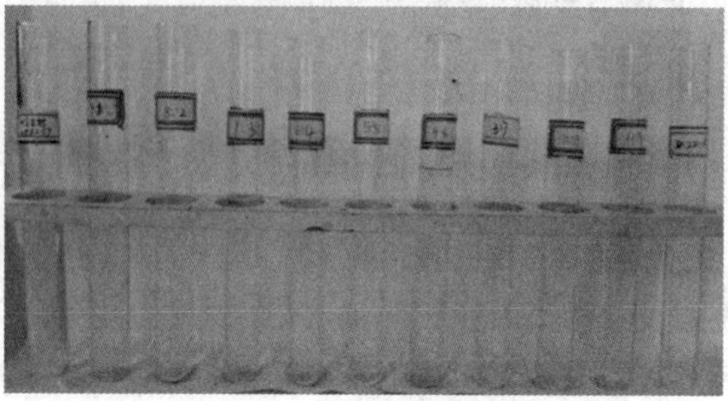

图 6-69　岭五转 82-S9 和环 222-69(C3)水样混合

由图 6-69 可以看出，岭五转 82-S9 和环 222-69 水样混合的配伍性好，没有产生沉淀或生成络合物。

表 6-14　配伍性实验结果表

作业区	区块	水样		实验温度 40℃	
樊家川	木 30	木平 97-5(C8)	岭四转污水回注	无色透明	配伍
		木 103-3(C8)		红褐色沉淀	不配伍
		里 248(Y9)	岭三转污水回注	无色透明	配伍
	木 34	木 28-05(Y10)	岭三转污水回注	无色透明	配伍
	环 65	环 65(Y9)	环 65-S1 水源井	无色透明	配伍
		樊 11-10(Y9)		无色透明	配伍
	环 82	环 200-54(C8)	岭五转 82-S9 水源井	无色透明	配伍
		环 205-56(C8)		无色透明	配伍
		环 201-54(C8)		无色透明	配伍
		Ç 樊 7-12(Y9)	岭五转/201-54 橇	无色透明	配伍
	环 91	环 113-98(C3)	82-S9 水源井	红褐色沉淀	不配伍
		环 222-69(C8)		无色透明	配伍
		环 93-5(Y9)		红褐色沉淀	不配伍
		环 113-98(C3)	环 222-69(C8)	红褐色沉淀	不配伍
		环 222-69(C8)	环 93-5(Y9)	红褐色沉淀	不配伍
		环 93-5(Y9)	环 113-98(C3)	红褐色沉淀	不配伍
		环 98-4(Y9)	岭五转污水回注	无色透明	配伍

6.2.8 西峰区配伍性评价

（1）采出水层位及外观

本次调查分析在西峰区所取水样的具体情况见表 6-15。

表 6-15 西峰区配伍性分析水样信息

作业区	区块	井号	层位	pH 值	水样颜色
西峰	白马中、西 90、西 41	一区混合	长 8	7.55	无色透明
	白马中	三区混合	长 8	7.99	无色透明
	白马南	白马南混合	长 8	7.43	无色透明
	董志	董志混合	长 8	8.06	无色透明

（2）水质结垢配伍性分析

将同一作业区同一区块不同地层间的采出水以及同一井的注入水和采出水以 9∶1、8∶2、7∶3、6∶4、5∶5、4∶6、3∶7、2∶8、1∶9 的比例混合，观察在各个比例下的现象，评价其配伍性。现象如图 6-70~图 6-73 所示，结果见表 6-16。

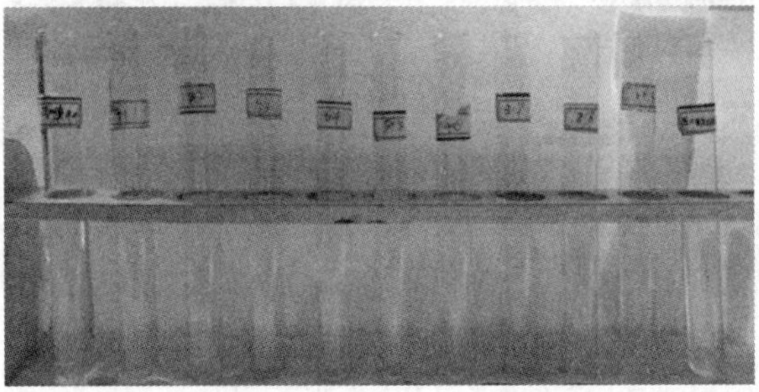

图 6-70 西峰井水和白马南混合(长 8)水样混合

由图 6-70 可以看出，西峰井水和白马南混合水样混合的配伍性好，没有产生沉淀或生成络合物。

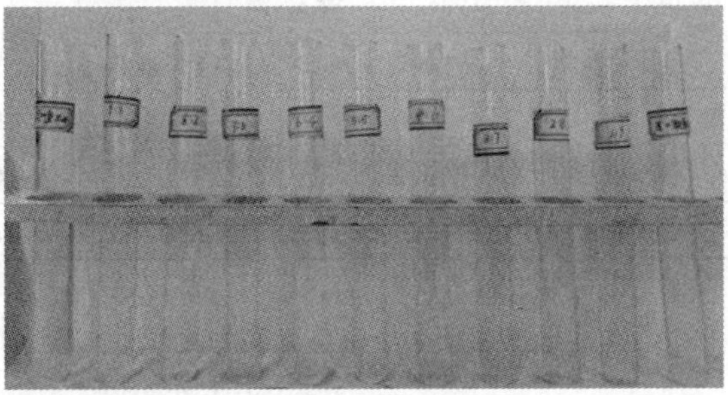

图 6-71 西峰井水和西二联董志(长 8)水样混合

由图 6-71 可以看出，西峰井水和西二联董志水样混合的配伍性好，没有产生沉淀或生成络合物。

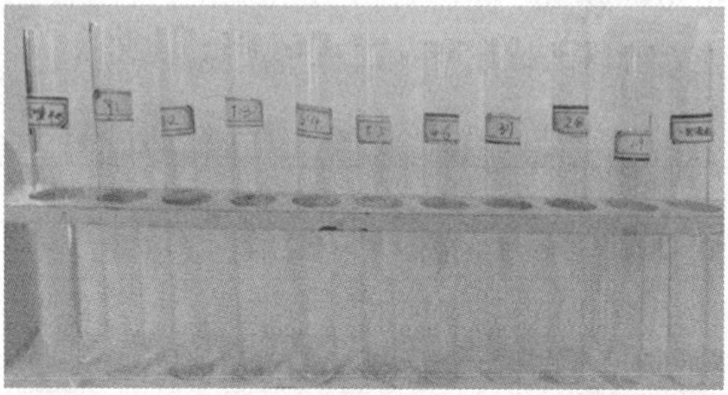

图 6-72　西峰井水和一区混合水(长 8)水样混合

由图 6-72 可以看出，西峰井水和一区混合水水样混合的配伍性好，没有产生沉淀或生成络合物。

图 6-73　西峰井水和三区混合水(长 8)水样混合

由图 6-73 可以看出，西峰井水和三区混合水水样混合的配伍性好，没有产生沉淀或生成络合物。

表 6-16　配伍性结果实验表

作业区	区块	水样		实验温度 40℃	
西峰	白马中、西 90、西 41	一区混合(长 8)	西峰井水	无色透明	配伍
	白马中	三区混合(长 8)		无色透明	配伍
	白马南	白马南混合(长 8)		无色透明	配伍
	董志	董志混合(长 8)		无色透明	配伍

第 7 章　防腐防垢工艺措施及建议

目前油田油管常见的腐蚀主要是原油中溶解的 CO_2、H_2S、Cl^-、少量溶解氧和细菌等腐蚀性物质引起的，这些物质直接和金属作用，引起化学腐蚀和电化学腐蚀。其中 H_2S、CO_2、O_2是腐蚀剂，水是载体，Cl^-是催化剂。化学腐蚀的危害性不大，而造成钢管表面出现凸穴，以至穿孔的主要原因来自电化学腐蚀。腐蚀的控制方法根据腐蚀机理的不同和所处环境条件的不同，采用相应的防腐蚀措施。目前国内外的防腐技术主要有阴极保护技术、化学药剂保护技术、镀膜保护技术、选择耐腐蚀材料、添加缓蚀剂、应用玻璃钢管和渗铝钢等。

7.1　防腐防垢技术

7.1.1　阴极保护技术

阴极保护的原理是给电解质中金属补充大量的电子，使被保护金属表面都成为阴极，金属原子不容易失去电子而变成离子进入溶液，以达到抑制腐蚀的目的。可分为牺牲阳极阴极保护和外加电流阴极保护。

（1）牺牲阳极阴极保护

牺牲阳极阴极保护是将被保护金属和一种电位更负的金属或合金（即牺牲阳极）相连，使被保护体阴极极化以降低腐蚀速率的方法。目前在沈 625 块注减氧空气中使用了阳极保护技术，但效果不太好，还需进一步改进。

（2）外加电流阴极保护

外加电流阴极保护是将被保护金属与外加电源负极相连，辅助阳极接到电源正极，由外部电源提供保护电流，以降低腐蚀速率的方法。其方式有：恒电位、恒电流等。目前普遍采用的是镁锌镁铝阴极保护，但就防腐效果来看，在同等条件下，N80 材质腐蚀程度比 L80 材质严重。

（3）油井套管阴极保护原理

油井套管阴极保护，是在油井较密集或油井相对集中的区域，平均每 2~4 口油井打一口阳极深井，作为阴极保护系统的阳极。通过恒电位仪施加强制电流，为套管提供均匀、足量的阴极保护电流，然后通过井口附近的汇流点流回恒电位仪的阴极，构成闭合回路，使油井套管充分阴极极化，从而避免或减轻油井套管的腐蚀。

深井阳极阴极保护与其他阴极保护方法相比具有以下优点：

① 输出可调：深井阳极阴极保护采用恒电位仪作为外加电流阴极保护的输出电源，具有恒电流和恒电位的功能，解决了牺牲阳极输出电位不足和输出电流电位无法调节的问题。

② 辐射范围广：由于深井阳极位于地下水丰富的深层土壤中，可以有效降低阳极体的接地电阻，这样可以使阳极体的有效辐射范围大大提高，使深埋在地底几公里的套管都能达到很好的保护效果，在减少阳极地床的数量的同时降低成本。适用于空间狭小、土壤电阻率高的地方。

③ 电流分布均匀：深井阳极体与油井套管之间保持一定的距离，从而使套管表面的阴极保护电流分布更加均匀，对其他埋地金属构筑物的干扰也相对较小。

7.1.2 化学药剂保护技术

针对氯离子腐蚀性严重、穿透力强、腐蚀控制较难的特点，氯离子的去除一直以来都是一个技术难题，目前尚无成熟的处理技术，围绕这一难题做了如下研究：

① 沉淀：由于氯离子能与绝大多数金属离子形成可溶性盐类，因此普通沉淀技术难以从水中去除氯离子。虽然银离子能与氯离子形成难溶的氯化银沉淀，但银离子难以回收，并且大规模应用过于昂贵。也可以采用亚铜离子和氯离子形成氯化亚铜沉淀，以实现氯离子分离，但亚铜离子极易被氧化，条件控制困难，而且处理成本也很高。

② 膜分离：膜分离技术是给水除盐的常用技术之一，主要包括电渗析和反渗透。目前它越来越多地被应用于废水除盐(脱氯)领域。膜分离技术可有效地从废水中脱除氯离子，本身是一种优良的脱氯技术。但对于大多数含氯废水来说，其废水含氯量通常较高，往往超过了膜分离技术的应用界限，并且这些废水中也往往含有大量有机物和其他杂质，这些杂质会对膜组件造成不可逆的污染，从而限制了膜分离技术的应用。

③ 蒸发：由于普通技术难以实现氯离子从水中的分离，因此可以采用蒸发技术，使含氯废水通过蒸发得以浓缩，使含氯的盐类结晶，以完成氯离子与水的分离。目前常采用的方法主要包括多效蒸发、膜蒸馏和分子蒸馏等技术，虽然其处理效果较好，但由于氯离子含量较高，其设备的耐腐蚀性要求极高，通常需要

采用特种合金，甚至金属钛进行加工，因此设备造价极高。同时由于水的比热较高，因此蒸发单位水量所消耗的能量也是巨大的，因此蒸发技术运行成本很高，通常在每吨水几十到数百元不等，很多企业难以接受。

上述方法都有其各自适用的范围，但对于低浓度氯离子(500~5000mg/L)，可以采用药剂法，即专门的氯离子去除剂进行去除，在不增加或增加极少处理设施的条件下，通过简单工艺和设施即可实现氯离子去除。与沉淀法、膜法和蒸发工艺相比具有投资和运行成本低、操作管理简单的巨大优势。

7.1.3 镀膜保护技术

通过相应的工艺处理，在金属表面形成抑制腐蚀的覆盖层，可直接将金属与腐蚀介质分离开来。主要分为金属涂层和非金属涂层两大类，大多数金属涂层采用电镀或热镀的方法实现，非金属涂层大多是隔离性涂层。目前针对油管防腐所采用的涂镀层技术主要是管内涂层，主要有金属涂层、有机材料涂层、化学镀层等。

(1) 金属涂层

根据电化学防护原理，只有当金属涂层的电极电位比油管基体的电极电位负时，才能起到阴极保护作用，即牺牲阳极(涂层)，保护阴极(油管)。当油井的油管处于电介质中时，将产生电化学腐蚀，即油管中的杂质成为阴极，铁为阳极。铁释放电子，以水化离子($n H_2O$)的形式溶解于水中，因而铁很快被腐蚀。如果钢铁表面覆盖有锌、铝等合金涂层，则情况就发生了变化。因锌、铝合金涂层相对钢铁电位更负，在构成腐蚀电池时成为阳极，钢铁为阴极，这样阳极区(锌、铝合金)释放电子而溶解于水，产生腐蚀。阴极区(油、套管的基体)则在表面吸收电子与氧发生还原反应，受到保护。

(2) 有机材料涂层

对于油管的内腐蚀，可在其内表面涂覆有机材料防腐层。常用的涂料有环氧型、改性环氧型、酚醛环氧型树脂或尼龙等。要求涂层厚薄均匀，且整个涂覆表面100%无针孔。目前，油管防腐涂料大多数为环氧粉末。环氧粉末防腐主要有以下特点：熔融性好，针孔少，涂膜光滑；施工容易，可用静电喷涂、流化床浸涂等；管壁不易结垢，同时还降低了注水能耗。

(3) 化学镀层

化学镀层有结合力强、硬度高、耐磨性能好、耐蚀性能优良等优点，在油管防腐中有一定的应用。目前化学镀油管有两种主要类型：①镍磷合金镀管：由于非晶态镍磷(Ni-P)合金镀层具有优异的耐盐水、H_2S 和 C_2O 腐蚀性及良好的耐磨性能，近年来，大庆、胜利、江汉和中原等油田都应用了Ni-P合金化学镀层油管，取得了一定的防腐效果，降低了生产成本。Ni-P 合金化学镀层对油管钢材是一种封闭性保护层(即阴极保护层)，只有在镀层绝对完好的情况下(即无针孔时)才起到保护作用。②双层镀管：所谓双层镀就是利用两种镀层在电位方面的差异，通过优化组合而得到的在较薄厚度情况下就具有优异耐蚀性的镀层。不同磷含量的 Ni-P 镀层组成双层镀层可以有效地防止油管腐蚀。Ni-P 镀层的防腐能力主要是由于高磷 Ni-P 镀层底层为阴极，低磷 Ni-P 镀层外层为阳极，双层镀层本身构成腐蚀电池(电位差大于 125mV)。阳极面积大，电流密度小，腐蚀速度缓慢，且表现为横向腐蚀。因此基体点蚀被抑制，从而有效地防止了基体局部腐蚀的发生。

对管材进行涂覆层保护，防腐效果好，对油气井生产影响相对较小，工艺较简单，而且成本一般不会很高，但容易出现点蚀，如果出现漏镀现象，则会发生更为严重的局部腐蚀。如果能改善其工艺，并解决其漏镀等问题，这种防护方法有望在石油天然气工业中广泛应用。

7.1.4 选择耐腐蚀材料

目前在油气田应用的抗二氧化碳腐蚀钢材，多数都含有 Cr。通常使用的抗二氧化碳腐蚀钢材有 1Cr，9Cr，13Cr 等耐蚀合金钢，其中 13Cr 马氏体不锈钢的使用量最大。根据试验得知 N80 材质在同等条件下腐蚀程度比 L80-13Cr 材质腐蚀严重得多，但 L80-13Cr($9\times10^7\sim10\times10^7$ 元/t)材质管材成本却是 N80($4\times10^7\sim5\times10^7$ 元/t)材质的 2 倍多。L80-13Cr 为马氏体不锈钢，是在潮湿 CO_2 环境下使用的油井管的代表产品，是采用美国石油学会(API)标准的产品，L80-13Cr 已被列入 API Spec5CT《套管和油管规范》，因为其优良的耐 CO_2 腐蚀性，成本相对较高，是很有前途的油田用耐腐蚀材料。

在含硫油气井中使用的油井管，法国主要采用铬-钼-铝系和铬-钼-钒系；日本的 NKK 采用铬-钼系，新日铁采用铬-钼-铌系，川崎制铁采用铬-钼-铌-铜-硼系。为满足国内油田的特殊要求，宝钢集团宝钢分公司钢管厂的高抗硫油管 BG-65S 和 BG-80SS 已应用于生产实践。

7.1.5 添加缓蚀剂

缓蚀剂，又称腐蚀抑制剂，是一种以适当的浓度和形式存在于环境(介质)中时，可以防止或减缓腐蚀的化学物质或几种化学物质的混合物。合理地选择、使用缓蚀剂，能够有效地防止金属及其合金在环境介质中发生腐蚀。由于使用缓蚀剂防腐效果好，经济效益高，因此它的应用很广泛。

缓蚀剂的应用具有较高的选择性，介质不同可选择不同的缓蚀剂，同一介质当操作条件有变化时(温度、浓度等)，所使用的缓蚀剂也会完全改变(如60℃酸化时使用SD-817酸化缓蚀剂，而90℃时使用SD-818酸化缓蚀剂)。因此，缓蚀剂使用前必须按实际使用条件进行评测试验。

使用缓蚀剂有以下优点：①缓蚀剂的缓蚀效应不受设备形状的影响；②不改变腐蚀环境，可获得很好的效果；③设备投资很少，可达到防腐蚀的目的；④腐蚀环境变化(如介质HCl、HBF_4、EDTA、柠檬酸)可以通过改变缓蚀剂的种类或浓度来保持防腐蚀效果；⑤同一种缓蚀剂有时可同时防止多种金属在不同环境中的腐蚀(IS-129B、SD-815可用于酸化，也可用于注水缓蚀)。

工业用缓蚀剂要求其缓蚀效率高、价格合理、原料易得，要求其具有以下性能：①化学性能稳定，有较长的使用寿命；②缓蚀效果快；③不影响材料的物理、机械性能；④低毒或无毒。

注入缓蚀剂进行防护，主要存在以下几个主要问题：①缓蚀剂的有效浓度较低，有效保护期短。②初期投入较少，但累计投资成本高。③适应性差。由于实际腐蚀环境的复杂，在一个油田适用的防腐药剂，在另一个油田就未必具有良好的防护效果。④投加缓蚀剂需要的加药装置过多，管理难度大。

7.1.6 玻璃钢管的应用

石油工业中目前应用最多的复合材料是玻璃纤维增强塑料，即玻璃钢。玻璃钢因具有轻质、高强、耐腐蚀，几乎不被油、水、盐等介质侵蚀的特点，从20世纪50年代应用于油气设备内衬起，到目前为止，已成功应用于油管、套管、集输管、回注管、出油管及管线等。美国Texas的PaggiEstale高出水率的井中使用了玻璃钢油管，与J55钢管相比，虽然管子本身价格高出一倍，但减少了使用钢制油管井底必须装配化学注入装置的麻烦，大大节省了设备安装费、维修费和化学药品消耗费等开支。据报道，美国石油工业用玻璃钢管的生产企业年产油井管约400×10^4m，主要用于含CO_2或H_2S的天然气井的油管、含腐蚀性介质自喷油井的油管、含腐蚀性介质无杆采油井的油管等。

注水井采用玻璃钢内衬油管比普通涂层油管防腐效果更好，使用寿命长，可以减少更换管柱的费用，并且对于因腐蚀造成油管壁厚损失小于50 %的旧油管可以修复再利用。美国Nort h-condemn油田有500多口井应用玻璃钢内衬油管，占注水井总数的80 %，已用了12年，没有1口井损坏。美国把玻璃钢内衬油管作为涂层油管的替代产品，在注水井防腐中，担当起主力的角色。

7.1.7 渗铝钢的应用

渗铝钢表面形成的 Al_2O_3 保护膜薄而致密，由于这种保护膜的阻挡作用，使得铝原子穿过 Al_2O_3 膜到表面与氧反应的扩散速度和氧原子向内迁移的速度都十分缓慢。因此，这层保护膜保持着较薄的状态，并具有良好的附着力和机械性能。另外，当氧化膜受到破坏时，渗铝层中的铝原子会立即向表面迁移形成新的保护膜，使破损的部位得到修复。正因为以上特点，渗铝钢具有良好的耐腐蚀性能。通过研究碳钢 Q235 渗铝后的耐蚀性能，发现在硫化氢盐水中，渗铝钢耐蚀性能提高 90 倍，耐海水腐蚀性能提高 6 倍。对某炼油厂部分设备抗 H_2S 腐蚀的挂片试验结果表明，碳钢 Q235 渗铝后有较高的耐蚀性。

渗铝钢是一种物美价廉的材料，价格是碳钢的 2 倍，是 1Cr18Ni9Ti 的 1/4 倍，因此选用渗铝钢作为油管材料，具有明显的经济效益。一般说来，凡是需要利用铝的抗腐蚀性能，而应用又受到其机械性能限制的场合，均可以考虑采用渗铝钢。在工业发达国家如美、日、德、英等国，已将热镀铝钢广泛应用于石油、化工、冶金、机械、轻工、交通、建筑、电力、通信、航空、太阳能等各个领域。

目前国内的渗铝钢管材主要应用于石化工业中，例如，大连化学工业公司化肥厂，某热交换器内装 38mm×3.5mm、长 6000mm 的无缝钢管 3115 根，全部为渗铝管，传热面积为 $2000m^2$，重达 70t。1983~1987 年共使用 4 年，管内外未发现腐蚀现象。胜利炼油厂在焦化原油泵与焦化炉对流控制阀之间采用 ϕ219mm 碳钢管，腐蚀率为 1~1.5mm/a，后改用渗铝管，使用 1567 天后，表面完好无腐蚀。综合考虑机械性能、经济因素、耐蚀性能，在油气田井下腐蚀环境中使用渗铝钢管材是比较理想的选择。应用渗铝技术对井下管材进行防护，具备了防腐效果好、经济性强的特点，具有广泛的应用前景。

7.2 各区块腐蚀结垢机理及腐蚀速率评价

7.2.1 西峰油田区块

(1) 腐蚀机理

根据水样水型监测和离子化验结果，以及室内静态挂片腐蚀实验结果，并参考垢样物相组成分析结果，可以大致判定西峰油田区块的腐蚀机理主要是氧腐蚀和二氧化碳腐蚀。其理由如下：

① 在水样化验数据中，溶解氧含量较高，为 0.2~0.8mg/L，且 CO_3^{2-} 和

HCO_3^-离子浓度较高，其中 10 个油井采出水 CO_3^{2-}和 HCO_3^-离子浓度之和是 73. 2~524. 6mg/L，4 个混合水的 CO_3^{2-}和 HCO_3^-离子浓度之和是 0~500. 2mg/L。

② 在垢样分析数据中，存在有 Fe_2O_3、$FeCO_3$等腐蚀产物。

（2）成垢机理

根据垢样物相组成分析结果，并结合水样水型监测和离子化验结果，可以推测西峰油田区块的成垢机理如下：

① 油井：主要是 Ca、Ba、Mg 的碳酸盐成垢。

② 水井：主要是 Ca 碳酸盐、$Fe(CO_3)$等腐蚀产物成垢。

③ 管线：主要是 Ba、Sr 的硫酸盐成垢。

（3）腐蚀速率评价

根据井筒挂环和地面管线挂片腐蚀监测结果，并参考室内静态挂片腐蚀实验结果，可以得到西峰油田区块的腐蚀速率评价结果如下：

① 管线腐蚀挂片监测：西 13 增-西 14 增集油管线、西五转-西四转集油管线、西七转-西二联集油管线、董一转-西二联集油管线、西 8 增-西二转集油管线的平均腐蚀速率分别为 0. 5118mm/a、0. 0248mm/a、0. 211mm/a、0. 3934mm/a、0. 0873mm/a，其腐蚀速率分级分别为极严重、轻微、严重、极严重、中等。

② 井筒挂环腐蚀监测：西 283-3 的井筒挂环监测所得平均腐蚀速率为 0. 0398mm/a，其腐蚀速率分级为中等。

③ 室内静态腐蚀：挂片实验数据中，轻度腐蚀 14. 30%，中度腐蚀 78. 60%，严重腐蚀 7. 10%。

7. 2. 2 温台油田区块

（1）腐蚀机理

根据水样水型监测和离子化验结果，以及室内静态挂片腐蚀实验结果，并参考垢样物相组成分析结果，可以大致判定温台油田区块的腐蚀机理主要是氧腐蚀、二氧化碳腐蚀。其理由如下：

① 在水样化验数据中，溶解氧含量较高，为 0. 05~0. 8mg/L，且 CO_3^{2-}和 HCO_3^-离子浓度较高，其中 8 个油井采出水 CO_3^{2-}和 HCO_3^-离子浓度之和是 1462. 0~2755. 3mg/L，5 个注入水 CO_3^{2-}和 HCO_3^-离子浓度之和是 0~2755. 6mg/L。

② 在垢样分析数据中，存在有 Fe_3O_4、$FeCO_3$等腐蚀产物。

（2）成垢机理

根据垢样物相组成分析结果，并结合水样水型监测和离子化验结果，可以推测温台油田区块的成垢机理如下：

① 油井：主要是 Fe_3O_4、$FeCO_3$ 等腐蚀产物、SiO_2 等沉积产物成垢。

② 水井：主要是 $FeCO_3$ 等腐蚀产物成垢。

③ 管线：主要是 Ca、Mg 的碳酸盐成垢。

(3) 腐蚀速率评价

根据井筒挂环和地面管线挂片腐蚀监测结果，并参考室内静态挂片腐蚀实验结果，可以得到温台油田区块的腐蚀速率评价结果如下：根据室内静态腐蚀挂片实验数据，轻度腐蚀 7.70%，中度腐蚀 38.50%，严重腐蚀 53.80%。

7.2.3 南梁油田区块

(1) 腐蚀机理

根据水样水型监测和离子化验结果，以及室内静态挂片腐蚀实验结果，并参考垢样物相组成分析结果，可以大致判定南梁油田区块的腐蚀机理主要是氧腐蚀、二氧化碳腐蚀。其理由如下：

① 在水样化验数据中，溶解氧含量较高，为 0.3~1.0mg/L，且 CO_3^{2-} 和 HCO_3^- 离子浓度较高，其中 15 个油井采出水 CO_3^{2-} 和 HCO_3^- 离子浓度之和是 505.2~3234.6mg/L，6 个注入水 CO_3^{2-} 和 HCO_3^- 离子浓度之和是 0~2388.3mg/L。

② 在垢样分析数据中，存在有 Fe_3O_4、FeO(OH)、$FeCO_3$、Fe_2O_3 等腐蚀产物。

(2) 成垢机理

根据垢样物相组成分析结果，并结合水样水型监测和离子化验结果，可以推测南梁油田区块的成垢机理如下：

① 油井：主要是 Ca、Mg 碳酸盐，Ba、Sr 硫酸盐，Fe_3O_4、FeO(OH) 等腐蚀产物，SiO_2 等沉积产物成垢。

② 水井：主要是 FeO(OH)、Fe_3O_4、FeS 等腐蚀产物成垢。

③ 管线：主要是 Ba、Sr 的硫酸盐成垢。

(3) 腐蚀速率评价

根据井筒挂环和地面管线挂片腐蚀监测结果，并参考室内静态挂片腐蚀实验结果，可以得到南梁油田区块的腐蚀速率评价结果如下：根据室内静态腐蚀挂片实验数据，轻度腐蚀 4.80%，中度腐蚀 76.20%，严重腐蚀 19.00%。

7.2.4 岭南油田区块

(1) 腐蚀机理

根据水样水型监测和离子化验结果，以及室内静态挂片腐蚀实验结果，并参考垢样物相组成分析结果，可以大致判定岭南油田区块的腐蚀机理主要是氧腐蚀、二氧化碳腐蚀。其理由如下：

① 在水样化验数据中，溶解氧含量较高，为0.2～1.0mg/L，且CO_3^{2-}和HCO_3^-离子浓度较高，其中11个油井采出水CO_3^{2-}和HCO_3^-离子浓度之和是0～7596.4mg/L，3个注入水CO_3^{2-}和HCO_3^-离子浓度之和是0～3221.9mg/L。

② 在垢样分析数据中，存在有Fe_2O_3等腐蚀产物。

（2）成垢机理

根据垢样物相组成分析结果，并结合水样水型监测和离子化验结果，可以推测岭南油田区块的成垢机理如下：

① 油井：主要是Ca、Mg碳酸盐、SiO_2沉积产物成垢。

② 水井：主要是Fe_2O_3、FeS等腐蚀产物成垢。

（3）腐蚀速率评价

根据井筒挂环和地面管线挂片腐蚀监测结果，并参考室内静态挂片腐蚀实验结果，可以得到岭南油田区块的腐蚀速率评价结果如下：根据室内静态腐蚀挂片实验数据，轻度腐蚀6.70%，中度腐蚀66.70%，严重腐蚀26.60%。

7.2.5 城壕油田区块

（1）腐蚀机理

根据水样水型监测和离子化验结果，以及室内静态挂片腐蚀实验结果，并参考垢样物相组成分析结果，可以大致判定城壕油田区块的腐蚀机理主要是氧腐蚀、二氧化碳腐蚀和硫化氢腐蚀。其理由如下：

① 在水样化验数据中，溶解氧含量较高，为0.3～0.8mg/L，硫含量为0.1～0.3mg/L，且CO_3^{2-}和HCO_3^-离子浓度较高，其中10个油井采出水CO_3^{2-}和HCO_3^-离子浓度之和是714.2～5185.8mg/L，8个注入水CO_3^{2-}和HCO_3^-离子浓度之和是947.6～3713.5mg/L。

② 在垢样分析数据中，存在有Fe_2O_3、FeS、$FeSO_3$等腐蚀产物。

（2）成垢机理

根据垢样物相组成分析结果，并结合水样水型监测和离子化验结果，可以推测城壕油田区块的成垢机理如下：

① 油井：主要是$CaCO_3$和FeS、Fe_2O_3等腐蚀产物成垢。

② 水井：主要是$CaCO_3$、FeS成垢。

（3）腐蚀速率评价

根据井筒挂环和地面管线挂片腐蚀监测结果，并参考室内静态挂片腐蚀实验结果，可以得到城壕油田区块的腐蚀速率评价结果如下：根据室内静态腐蚀挂片实验数据，轻度腐蚀22.20%，中度腐蚀77.80%，严重腐蚀0。

7.2.6 华池油田区块

（1）腐蚀机理

根据水样水型监测和离子化验结果，以及室内静态挂片腐蚀实验结果，并参考垢样物相组成分析结果，可以大致判定华池油田区块的腐蚀机理主要是氧腐蚀、二氧化碳腐蚀和硫化氢腐蚀。其中，华 152 区块主要氧腐蚀、二氧化碳腐蚀，而华 201 区块的硫化氢腐蚀较为严重。其理由如下：

① 在水样化验数据中，溶解氧含量较高，为 0.2~1.0mg/L，硫含量最高达 0.3mg/L，且 CO_3^{2-} 和 HCO_3^- 离子浓度较高，其中 12 个油井采出水 CO_3^{2-} 和 HCO_3^- 离子浓度之和是 518.5~5633.7mg/L，9 个注入水 CO_3^{2-} 和 HCO_3^- 离子浓度之和是 772.2~3607.8mg/L。

② 在垢样分析数据中，存在有 FeO(OH)、Fe_3O_4、Fe_2O_3、$FeCO_3$、FeS 等腐蚀产物，其中，华 201 区块的垢样中含有较多 FeS。

（2）成垢机理

根据垢样物相组成分析结果，并结合水样水型监测和离子化验结果，可以推测华池油田区块的成垢机理如下：

① 油井：华 152 区块主要是 $CaCO_3$、$BaSO_4$，并伴有 FeO(OH)、$FeCO_3$、Fe_3O_4 等腐蚀产物成垢；华 201 区块主要是 Ca、Mg 碳酸盐，并伴有 FeS、$FeCO_3$、Fe_2O_3 等腐蚀产物成垢；白 455 区块主要是 Ba、Sr 碳酸盐，并伴有含 Si 沉积产物成垢；镇 488-39 和南 30-19 主要是 Ca、Mg 的碳酸盐成垢。

② 管线：主要是 Ca 的碳酸盐和 Sr、Ba 的硫酸盐成垢。

（3）腐蚀速率评价

根据井筒挂环和地面管线挂片腐蚀监测结果，并参考室内静态挂片腐蚀实验结果，可以得到华池油田区块的腐蚀速率评价结果如下：根据室内静态腐蚀挂片实验数据，轻度腐蚀 9.10%，中度腐蚀 68.20%，严重腐蚀 22.70%。

7.2.7 岭北油田区块

（1）腐蚀机理

根据水样水型监测和离子化验结果，以及室内静态挂片腐蚀实验结果，并参考垢样物相组成分析结果，可以大致判定岭北油田区块的腐蚀机理主要是氧腐蚀、二氧化碳腐蚀和硫化氢腐蚀。其中，北三区的木 H9-3 井和上里塬的里 4-91 井的硫化氢腐蚀较为严重。其理由如下：

① 在水样化验数据中，溶解氧含量较高，为 0.1~1.0mg/L，硫含量最高为 0.2mg/L，且 CO_3^{2-} 和 HCO_3^- 离子浓度较高，其中 6 个油井采出水 CO_3^{2-} 和 HCO_3^- 离

子浓度之和是 1392.2~4867.5mg/L，6 个注入水 CO_3^{2-} 和 HCO_3^- 离子浓度之和是 0~2742.8mg/L。

② 在垢样分析数据中，存在有 Fe_2O_3、FeS 等腐蚀产物，其中，北三区的木 H9-3 井和上里塬的里 4-91 井的垢样中含有较多 FeS。

（2）成垢机理

根据垢样物相组成分析结果，并结合水样水型监测和离子化验结果，可以推测岭北油田区块的成垢机理如下：

① 油井：主要是 Ca 碳酸盐、SiO_2 沉积产物，以及 FeS、Fe_2O_3 等腐蚀产物成垢。

② 水井：主要是 Fe_3O_4 腐蚀产物和 $CaCO_3$，以及少量 SiO_2 沉积产物成垢。

（3）腐蚀速率评价

根据井筒挂环和地面管线挂片腐蚀监测结果，并参考室内静态挂片腐蚀实验结果，可以得到岭北油田区块的腐蚀速率评价结果如下：根据室内静态腐蚀挂片实验数据，轻度腐蚀 16.70%，中度腐蚀 41.70%，严重腐蚀 41.6%。

7.2.8 樊家川油田区块

（1）腐蚀机理

根据水样水型监测和离子化验结果，以及室内静态挂片腐蚀实验结果，并参考垢样物相组成分析结果，可以大致判定樊家川油田区块的腐蚀机理主要是氧腐蚀、二氧化碳腐蚀。其理由如下：

① 在水样化验数据中，溶解氧含量较高，为 0.05~1.0mg/L，硫含量最高为 0.2mg/L，且 CO_3^{2-} 和 HCO_3^- 离子浓度较高，其中 16 个油井采出水 CO_3^{2-} 和 HCO_3^- 离子浓度之和是 1343.9~5307.0mg/L，6 个注入水 CO_3^{2-} 和 HCO_3^- 离子浓度之和是 0~3208.3mg/L。

② 在垢样分析数据中，存在有 Fe_3O_4、Fe_2O_3 等腐蚀产物。

（2）成垢机理

根据垢样物相组成分析结果，并结合水样水型监测和离子化验结果，可以推测樊家川油田区块的成垢机理如下：

① 油井垢样：木 30 区块主要是 Fe_3O_4、Fe_2O_3 腐蚀产物和 SiO_2 沉积产物成垢；环 91 区块主要是 Ca、Mg 碳酸盐和 SiO_2 沉积产物成垢；樊 14-13、环 210-61 主要是 Ca、Mg 碳酸盐和 SiO_2 沉积产物成垢。

② 未明垢样：樊家川-1、樊字川-2 均为 $CaCO_3$ 成垢。

（3）腐蚀速率评价

根据井筒挂环和地面管线挂片腐蚀监测结果，并参考室内静态挂片腐蚀实验结果，可以得到樊家川油田区块的腐蚀速率评价结果如下：根据室内静态腐蚀挂片实验数据，轻度腐蚀 17.40%，中度腐蚀 78.30%，严重腐蚀 4.30%。

7.3 措施与建议

7.3.1 西峰油田区块

根据实验结果，西峰油田区块的腐蚀机理主要是氧腐蚀和二氧化碳腐蚀，成垢机理为：①油井：主要是 Ca、Ba、Mg 的碳酸盐成垢。②水井：主要是 $CaCO_3$、$FeCO_3$等腐蚀产物成垢。③管线：主要是 Ba、Sr 的硫酸盐成垢。

据此提出以下措施与建议：

① 油田区块的CO_3^{2-}和HCO_3^-离子浓度之和较高，有必要对西峰油田作业区的主产区块、主要产层进行二氧化碳腐蚀的针对性研究，并根据实验结果进一步明确其腐蚀机理和腐蚀速率，进而选用合理的防腐工艺措施。

② 该油田区块的Cl^-浓度较高，有必要开展西峰油田主产区块、主要产层的Cl^-点蚀针对性研究，确定其腐蚀机理和腐蚀速率，并据此选用合理防护措施。

③ 该油田区块成垢机理：油井和水井成垢主要是 Ca、Ba、Mg 的碳酸盐成垢；管线成垢主要是 Ba、Sr 的硫酸盐成垢。据此应开展相应的致垢机理和阻垢剂筛选实验分析，并选用合理的阻垢措施。

7.3.2 温台油田区块

根据实验结果，温台油田区块的腐蚀机理主要是氧腐蚀和二氧化碳腐蚀，成垢机理为：①油井：主要是 Fe_3O_4、$FeCO_3$等腐蚀产物、SiO_2等沉积产物成垢。②水井：主要是 $FeCO_3$等腐蚀产物成垢。③管线：主要是 Ca、Mg 的碳酸盐成垢。

据此提出以下措施与建议：

① 该油田区块的腐蚀机理主要是氧腐蚀和二氧化碳腐蚀，有必要对该区的主产区块、主要产层进行针对性研究，并根据实验结果进一步明确其腐蚀机理和腐蚀速率，进而选用合理的防腐工艺措施。

② 该油田区块成垢机理：油井和水井成垢主要是 Fe_3O_4、$FeCO_3$等腐蚀产物和 SiO_2等沉积产物成垢；管线成垢主要是 Ca、Mg 的碳酸盐成垢。应进一步开展相应的致垢机理和阻垢剂筛选实验，据此选用合理的阻垢措施。

7.3.3 南梁油田区块

根据实验结果，南梁油田区块的腐蚀机理主要是氧腐蚀和二氧化碳腐蚀，成垢机理为：①油井：主要是 Ca、Mg 碳酸盐，Ba、Sr 硫酸盐，Fe_3O_4、FeO(OH)等腐蚀产物，SiO_2等沉积产物成垢。②水井：主要是 FeO(OH)、Fe_3O_4、FeS 等腐蚀产物成垢。③管线：主要是 Ba、Sr 的硫酸盐成垢。

据此提出以下措施与建议：

① 该油田区块的腐蚀机理主要是氧腐蚀和二氧化碳腐蚀，有必要对该区的主产区块、主要产层进行针对性研究，并根据实验结果进一步明确其腐蚀机理和腐蚀速率，进而选用合理的防腐工艺措施。

② 该油田区块成垢机理：油井主要是 Ca、Mg 的碳酸盐和 Ba、Sr 硫酸盐成垢；水井主要是 FeO(OH)、Fe_3O_4、FeS 等腐蚀产物成垢，管线主要是 Ba、Sr 的硫酸盐成垢。据此，应进一步开展相应的致垢机理和阻垢剂筛选实验，进而选用合理的阻垢措施。

7.3.4 岭南油田区块

根据实验结果，岭南油田区块的腐蚀机理主要是氧腐蚀和二氧化碳腐蚀，成垢机理为：①油井：主要是 Ca、Mg 碳酸盐、SiO_2沉积产物成垢。②水井：主要是 Fe_2O_3、FeS 等腐蚀产物成垢。

据此提出以下措施与建议：

① 该油田区块的腐蚀机理主要是氧腐蚀和二氧化碳腐蚀，有必要对该区的主产区块、主要产层进行针对性研究，并根据实验结果进一步明确其腐蚀机理和腐蚀速率，进而选用合理的防腐工艺措施。

② 该油田区块成垢机理：油井主要是 Ca、Mg 的碳酸盐和 SiO_2沉积产物成垢；水井主要是 Fe_2O_3、FeS 等腐蚀产物成垢。据此，应进一步开展相应的致垢机理实验，以及防腐、阻垢方法筛选实验，进而选用合理的防腐、阻垢措施。

7.3.5 城壕油田区块

根据实验结果，城壕油田区块的腐蚀机理主要是氧腐蚀、二氧化碳腐蚀和硫化氢腐蚀，成垢机理为：①油井：主要是 $CaCO_3$和 FeS、Fe_2O_3等腐蚀产物成垢。②水井：主要是 $CaCO_3$、FeS 成垢。

据此提出以下措施与建议：

① 该油田作业区的腐蚀机理较为复杂，对于不同的区块和层位，其腐蚀机理可能是氧腐蚀、二氧化碳腐蚀和硫化氢腐蚀，有必要对该区的主产区块、主要产层进行针对性研究，并根据实验结果进一步明确其腐蚀机理和腐蚀速率，进而选用合理的防腐工艺措施。

② 该油田作业区的 CO_3^{2-} 和 HCO_3^-离子浓度之和较高，有必要对该油田作业区

的主产区块、主要产层进行二氧化碳腐蚀的针对性研究，并根据实验结果进一步明确其腐蚀机理和腐蚀速率，进而选用合理的防腐工艺措施。

③ 该油田作业区成垢机理：油井和水井均主要是 Ca 的碳酸盐（$CaCO_3$）和 FeS、Fe_2O_3腐蚀产物成垢。据此，应进一步开展致垢机理和防腐、阻垢方法的筛选实验，进而选用合理的防腐、阻垢措施。

7.3.6 华池油田区块

根据实验结果，华池油田区块的腐蚀机理主要是氧腐蚀、二氧化碳腐蚀和硫化氢腐蚀，其中，华 152 区块主要为氧腐蚀、二氧化碳腐蚀，而华 201 区块的硫化氢腐蚀较为严重。成垢机理为：①油井：华 152 区块主要是 $CaCO_3$、$BaSO_4$，并伴有 FeO(OH)、$FeCO_3$、Fe_3O_4等腐蚀产物成垢；华 201 区块主要是 Ca、Mg 碳酸盐，并伴有 FeS、$FeCO_3$、Fe_2O_3等腐蚀产物成垢；白 455 区块主要是 Ba、Sr 碳酸盐，并伴有含 Si 沉积产物成垢；镇 488-39 和南 30-19 主要是 Ca、Mg 的碳酸盐成垢。②管线：主要是 Ca 的碳酸盐和 Sr、Ba 的硫酸盐成垢。

据此提出以下措施与建议：

① 该油田作业区的腐蚀机理较为复杂，对于不同的区块和层位，其腐蚀机理可能是氧腐蚀、二氧化碳腐蚀和硫化氢腐蚀，有必要对该区的主产区块、主要产层进行针对性研究，并根据实验结果进一步明确其腐蚀机理和腐蚀速率，进而选用合理的防腐工艺措施。

② 该油田作业区的 CO_3^{2-} 和 HCO_3^-离子浓度之和较高，有必要对该油田作业区的主产区块、主要产层进行二氧化碳腐蚀的针对性研究，并根据实验结果进一步明确其腐蚀机理和腐蚀速率，进而选用合理的防腐工艺措施。

③ 华 201 区块的硫化氢腐蚀倾向较大，有必要对其开展针对性研究，明确其机理和腐蚀速率，并选用合理的防腐工艺措施。

④ 该油田作业区成垢机理：油井主要是 Mg、Ca 的碳酸盐和 Ba、Sr 的硫酸盐成垢；管线主要是 Ca 的碳酸盐和 Sr、Ba 的硫酸盐成垢。据此，应进一步开展致垢机理和防腐、阻垢方法的筛选实验，进而选用合理的防腐、阻垢措施。

7.3.7 岭北油田区块

根据实验结果，岭北油田区块的腐蚀机理主要是氧腐蚀、二氧化碳腐蚀和硫化氢腐蚀，其中，北三区的木 H9-3 井和上里塬的里 4-91 井的硫化氢腐蚀较为严重。成垢机理为：①油井：主要是 Ca 碳酸盐、SiO_2 沉积产物，以及 FeS、Fe_2O_3等腐蚀产物成垢。②水井：主要是 Fe_3O_4腐蚀产物和 $CaCO_3$，以及少量 SiO_2 沉积产物成垢。

据此提出以下措施与建议：

① 该油田作业区的腐蚀机理较为复杂，对于不同的区块和层位，其腐蚀机理可能是氧腐蚀、二氧化碳腐蚀和硫化氢腐蚀，有必要对该区的主产区块、主要产层进行针对性研究，并根据实验结果进一步明确其腐蚀机理和腐蚀速率，进而选用合理的防腐工艺措施。

② 北三区的木 H9-3 井和上里塬的里 4-91 井的硫化氢腐蚀倾向较大，有必要对其开展针对性研究，明确其机理和腐蚀速率，并选用合理的防腐工艺措施。

③ 该油田区块的 Cl^-浓度较高，有必要开展西峰油田主产区块、主要产层的 Cl^-点蚀针对性研究，确定其腐蚀机理和腐蚀速率，并据此选用合理防护措施。

④ 该油田作业区成垢机理：油井主要是 Ca 的碳酸盐、SiO_2沉积产物和 FeS、Fe_2O_3等腐蚀产物成垢；水井主要是 Fe_3O_4腐蚀产物和 $CaCO_3$成垢。据此，应进一步开展致垢机理和防腐、阻垢方法的筛选实验，进而选用合理的防腐、阻垢措施。

7.3.8 樊家川油田区块

根据实验结果，樊家川油田区块的腐蚀机理主要是氧腐蚀、二氧化碳腐蚀。成垢机理为：①油井垢样：木 30 区块主要是 Fe_3O_4、Fe_2O_3腐蚀产物和 SiO_2沉积产物成垢；环 91 区块主要是 Ca、Mg 碳酸盐和 SiO_2沉积产物成垢；樊 14-13、环 210-61 主要是 Ca、Mg 碳酸盐和 SiO_2沉积产物成垢。②未明垢样：樊家川-1、樊字川-2 均为 $CaCO_3$成垢。

据此提出以下措施与建议：

① 该油田区块的腐蚀机理主要是氧腐蚀和二氧化碳腐蚀，有必要对该区的主产区块、主要产层进行针对性研究，根据实验结果进一步明确其腐蚀机理(例如，根据现有数据结果，木 30 区块大致是以氧腐蚀为主)，进而选用合理的防腐工艺措施。

② 该油田作业区的 CO_3^{2-}和 HCO_3^-离子浓度之和较高，有必要对该油田作业区的主产区块、主要产层进行二氧化碳腐蚀的针对性研究，并根据实验结果进一步明确其腐蚀机理和腐蚀速率，进而选用合理的防腐工艺措施。

③ 该油田区块的 Cl^-浓度较高，有必要开展西峰油田主产区块、主要产层的 Cl^-点蚀针对性研究，确定其腐蚀机理和腐蚀速率，并据此选用合理防护措施。

④ 该油田作业区成垢机理：油井主要是 Ca、Mg 碳酸盐、Fe_3O_4、Fe_2O_3腐蚀产物和 SiO_2沉积产物成垢，据此，应进一步开展致垢机理和防腐、阻垢方法的筛选实验，进而选用合理的防腐、阻垢措施。

参 考 文 献

[1] 蒋秀，许可，闫柯乐，等．某天然气田油管和集气管道腐蚀结垢行为与控制效果研究[J]．安全、健康和环境，2020，20(11)：18-23.

[2] 庞铭，陈华兴，刘义刚，等．油田水源井油管的腐蚀原因及防治措施[J]．腐蚀与防护，2019，40(02)：137-142.

[3] 林海，许杰，幸雪松，等．L80 油管钢在 CO_2/H_2S 环境中的腐蚀行为[J]．表面技术，2016，45(05)：84-90.

[4] 艾志久，范钰玮，赵乾坤．H_2S 对油气管材的腐蚀及防护研究综述[J]．表面技术，2015，44(09)：108-115.

[5] 梁凤鸣，宋泽鹏，罗腾文，等．油田回注水腐蚀结垢机理研究[J]．清洗世界，2022，38(02)：187-189.

[6] 宫艳红，刘海霞，朱军霞，等．采油井掺水管线腐蚀结垢的原因分析及先导治理[J]．石油石化节能，2021，11(10)：45-47，10.

[7] 罗贤银，张光洲，孙玉才．采油集输管线结垢及腐蚀机理分析[J]．石化技术，2019，26(04)：269.

[8] 钟伟平．油田集输管线的腐蚀原因及防腐措施分析[J]．全面腐蚀控制，2021，35(04)：51-52，59.

[9] Liu Wei，Dou Juanjuan，Lu Songle，et al. Effect of silty sand in formation water on CO_2 corrosion behavior of carbon steel[J]. Applied Surface Science，2016，367：438- 448.

[10] Lin Xueqiang，Liu Wei，Wu Fei，et al. Effect of O_2 on corrosion of 3Cr steel in high temperature and high pressure CO_2-O_2 environment[J]. Applied Surface Science，2015，329：345-350.

[11] Zhou Zhu，Miao Caiwei. Mechanical properties of CO_2 corrosion scale formed at different temperatures and their relationship to corrosion rate [J]. Corrosion Engineering，Science and Technology，2012，47(3)：34-38.

[12] 金广军，谢仕洪．油气集输管道腐蚀结垢与防护措施[J]．化学工程与装备，2021(06)：66，75.

[13] 孙玉鹏，闫旭涛，沈产量，等．油田注水管线腐蚀结垢成因的药剂控制技术研究[J]．应用化工，2019，48(11)：2652-2656.

[14] 耿玉广，张伟，刘云，等．油井管杆腐蚀结垢原因分析及防治技术[J]．腐蚀科学与防护技术，2015，27(03)：305-309.

[15] Zeng Dezhi，Liu Zhendong，Yi Yonggang，et al. Optimizing the performance of a composite corrosion/scale inhibitor for CO_2 flooding wells[J]. Journal of Natural Gas Science and Engineering，2022，102：80-85.

[16] 于宝石，王玉艳，王维旭，等．白驹油田集输系统腐蚀结垢原因分析及防护对策[J]．石油与天然气化工，2012，41(01)：85-89，123.

[17] 徐群．油田井下工具防腐防垢技术研究及应用[J]．内蒙古石油化工，2018，44(02)：107-109.

[18] 任广欣，张鹏，侯建平，等．塔二联轻烃回收装置循环冷却水系统腐蚀结垢分析及对策[J]．油气田地面工程，2022，41(02)：64-67.

[19] 王希友，高浩宏，张裕良，等．川南二叠系煤层气井防腐防垢工艺[J]．石油钻采工艺，2020，42(05)：662-667.

[20] Guo Hao. Study on Growth of Corrosion Scale on Various Iron Based Materials (Grey cast iron/Carbon steel/Ductile Iron) in Water Distribution Systems [J]. International Journal of Electrochemical Science, 2020, 15(9): 67-73.

[21] Cui Yong, Liu Shuming, Kate Smith, et al. Characterization of corrosion scale formed on stainless steel delivery pipe for reclaimed water treatment [J]. Water Research, 2016, 88 (Jan. 1): 112-115.

[22] Zeng Defang, Zhang Wei. The Preparation and Performance Study of a Phosphate - Free Corrosion/Scale Inhibitor [J]. Journal of Water Resource and Protection, 2012, 4 (7): 89-95.

[23] 王佳豪，王丁．油田管道结垢的成因及数值模拟结垢研究[J]．辽宁化工，2022，51(05)：617-619，628.

[24] 欧阳彪．浅析地面管线腐蚀及结垢原因及处理方法[J]．全面腐蚀控制，2022，36(04)：81-82.

[25] 赵海勇，刘曼，李诚，等．镇原油田结垢趋势预测及防垢技术[J]．油田化学，2022，39(01)：140-144.

[26] 刘钲凯，邱正松，李佳，等．陵水 25-1 深水气田结垢预测与防治研究[J]．钻井液与完井液，2022，39(01)：126-132.

[27] 常俊懿．工业循环水管道结垢和腐蚀问题研究[J]．中国设备工程，2022(01)：168-169.

[28] Miao Jian, Zhu Shidong, Wang Qiang, et al. The Electrochemical Characteristics of Corrosion Scale on P110 Carbon Steel[J]. Advanced Materials Research, 2011, 1334: 287-290.

[29] Gaurav R. Joshi, Karyn Cooper, Zhong Xiangli, et al. Temporal Evolution of Sweet Oilfield Corrosion Scale: Phases, Morphologies, Habits, and Protection [J]. Corrosion Science, 2018, 142: 154-162.

[30] Wei Liang, Gao Kewei, Li Qian. Corrosion of low alloy steel containing 0.5% chromium in supercritical CO_2-saturated brine and water-saturated supercritical CO_2 environments[J]. Applied Surface Science, 2018, 440: 456-460.

[31] Yang Fan, Shi Baoyou, Zhang Weiyu, et al. Evaluation of the effect of sulfate, alkalinity and disinfector on iron release of iron pipe and iron corrosion scale characteristics under water quality changing condition using response surface methodology [J]. IOP Conference Series: Earth and Environmental Science, 2018, 113(1): 90-95.

[32] W. Liu, S. -L. Lu, Y. Zhang, et al. Corrosion performance of 3%Cr steel in CO_2-H_2S environment compared with carbon steel[J]. Materials and Corrosion, 2015, 66(11): 45-49.

[33] Yang Fan, Shi Baoyou, Bai Yaohui, et al. Effect of sulfate on the transformation of corrosion scale composition and bacterial community in cast iron water distribution pipes [J]. Water Re-

search，2014，59：98-103.
[34] 吴昊．强碱三元复合驱回注污水结垢与配伍[J]．化学工程与装备，2022(03)：36-37，48.
[35] 乔钇锋，张驰，刘先洋，等．平籍线清管结垢分析及清除技术研究[J]．能源化工，2022，43(01)：71-74.
[36] 张蕾蕾，林莉莉，向煜琪，等．油田采出水结垢腐蚀产物特征研究[J]．油气与新能源，2022，34(01)：87-90.
[37] 韩昭海，吕文昕，郭立川，等．采油井抽油泵结垢分析及防除垢措施研究[J]．当代化工，2021，50(12)：2881-2884.
[38] 杨嫱，贺雪红，黄天怿，等．延长油田XX区块井组管线结垢研究[J]．清洗世界，2021，37(10)：66-67.
[39] 卜宪标，郭志鹏，王令宝．地热流体在井筒中的流动及碳酸钙结垢过程模拟[J]．新能源进展，2021，9(05)：434-442.
[40] 袁鹏，柳雨萌，简霖，等．新疆某油田转油泵结垢成因分析及除垢对策研究[J]．油气田地面工程，2021，40(10)：88-92.
[41] 张伟国，金颢，杜庆杰，等．LH某油田采出水结垢预测及阻垢剂性能评价[J]．石化技术，2021，28(09)：98-102.
[42] Qasim J. M. Slaiman，Emad Y. M. Arabo. Corrosion Fouling of Carbon Steel for Convective Heat Transfer in an Annulus[J]. Heat Transfer Engineering，2011，32(5)：87-90.
[43] Moriconi L.，Nascimento T.，de Souza B. G. B.，et al. Top-down model of calcium carbonate scale formation in turbulent pipe flows[J]. Thermal Science and Engineering Progress，2022，28：80-86.
[44] Mahmoodi Leila，Malayeri M. Reza，Farshchi Tabrizi Farshad. Abatement of scale precipitation in oilfields using green scale inhibitors[J]. Journal of Petroleum Science and Engineering，2022，208：290-300.
[45] Mingxia Zhao. Application of an effective corrosion and scale inhibitor in a block of Honggang District Oil Field[J]. Scientific Journal of Intelligent Systems Research，2021，3(9)：79-86.
[46] Zhao Yue，Dai Zhaoyi，Dai Chong，et al. Semiempirical Model for Predicting Celestite Scale Formation and Inhibition in Oilfield Conditions[J]. ENERGY & FUELS，2021，35(14)：132-136.
[47] 张颖，杨坤，余柳丝，等．油井管接头螺纹腐蚀与防护研究进展[J]．科学技术与工程，2022，22(07)：2563-2572.
[48] 冯斌，林维伟．长输天然气管道压气站运行中的腐蚀与防护分析[J]．中国石油和化工标准与质量，2021，41(15)：27-28.
[49] 马团校．硫化氢腐蚀与防护[J]．全面腐蚀控制，2021，35(01)：91-93，96.
[50] 谷林，周定照，陈欢，等．3Cr管材在含氧气驱生产井中腐蚀行为与防护研究[J]．装备环境工程，2021，18(01)：36-42.
[51] 向利，陈川，杨阳，等．大气中硫化氢对钢材腐蚀影响与防护[J]．装备环境工程，

2020，17(08)：78-84.

[52] El-Maghrabi Heba H.，Ali Hager R.，Zahran Fouad，et al. Functionalized magnetic bentonite-iron oxide nanocomposite and its application to decrease scale formation in tubing of oil/gas production[J]. Applied Surface Science Advances，2021，4：54-59.

[53] Rafael S. Fernandes，Nurielly L. R. Beserra，Miguel A. F. Souza，et al. Experimental and theoretical investigation of a copolymer combined with surfactant for preventing scale formation in oil wells[J]. Journal of Molecular Liquids，2020，318：90-96.

[54] Ali Shabani，Hossein Sisakhti，Sobhan Sheikhi，et al. A reactive transport approach for modeling scale formation and deposition in water injection wells[J]. Journal of Petroleum Science and Engineering，2020，190：176-179.

[55] Song Junchao，Liu Mingyan，Sun Xiuxiu. Model analysis and experimental study on scaling and corrosion tendencies of aerated geothermal water[J]. Geothermics，2020，85(C)：130-134.

[56] Bilousova N. A.，Herasymenko Yu. S.，Red'ko R. M.，et al. Inhibitor Protection of Steel Against Corrosion and Scaling Under the Influence of Ultrasound[J]. Materials Science，2020，55(6)：67-69.

[57] 李皓洁．华庆油田集输系统结垢综合防垢技术研究[D]．西安：西安石油大学，2021(05)：61-63.

[58] 侯园超．气田回注水管道结垢腐蚀动力学规律研究[D]．北京：北京化工大学，2021(10)：120-124.

[59] 冯辉，刘艳，薛磊，等．油田结垢与除垢方法的研究进展[J]．能源与环保，2021，43(04)：188-191，196.

[60] 任小波．油井结垢原因及化学防垢剂的选择[J]．化学工程与装备，2021(03)：53-54.

[61] 邹伟，吴鹏，张涛，等．地面集输系统结垢机理及清防垢技术研究[J]．石油化工应用，2021，40(02)：72-75，85.

[62] 路遥军，石美，刁永强，等．油田采出水结垢趋势及工艺优化技术研究[J]．石油工程建设，2020，46(05)：14-20.

[63] 雷富强，秦芳玲，张淑侠，等．油田注水动态结垢趋势实验研究[J]．油气田地面工程，2020，39(10)：22-25.

[64] 宋佳骏．联合站污水处理系统的腐蚀与防护探讨[J]．全面腐蚀控制，2022，36(05)：128-129.

[65] 刘帅，王艺澎，王少峰．金属腐蚀与防护问题的若干探讨[J]．当代化工研究，2022(09)：23-25.

[66] 葛仙娥，单巧利，张巧生，等．致密油藏采出水结垢趋势和配伍性研究[J]．工业用水与废水，2021，52(04)：25-29.

[67] 朱明禄．高含水期结垢井治理的探索与研究[J]．石油技师，2021(02)：39-43.